U0255170

人工智能与变革管理

ARTIFICIAL INTELLIGENCE AND CHANGE MANAGEMENT

齐佳音 等◎著

经济管理出版社
ECONOMY & MANAGEMENT PUBLISHING HOUSE

图书在版编目（CIP）数据

人工智能与变革管理/齐佳音等著．—北京：经济管理出版社，2023.9
ISBN 978-7-5096-9224-0

Ⅰ.①人… Ⅱ.①齐… Ⅲ.①人工智能—研究 Ⅳ.①TP18

中国国家版本馆 CIP 数据核字（2023）第 170168 号

组稿编辑：范美琴
责任编辑：范美琴
责任印制：许　艳
责任校对：王淑卿

出版发行：经济管理出版社
（北京市海淀区北蜂窝 8 号中雅大厦 A 座 11 层　100038）
网　　址：www. E-mp. com. cn
电　　话：（010）51915602
印　　刷：北京晨旭印刷厂
经　　销：新华书店
开　　本：720mm×1000mm/16
印　　张：15. 25
字　　数：304 千字
版　　次：2023 年 9 月第 1 版　　2023 年 9 月第 1 次印刷
书　　号：ISBN 978-7-5096-9224-0
定　　价：99. 00 元

前言

在时代变革中追寻管理的意义

人工智能时代可能是美好的时代，也可能是恐怖的时代；可能使人类获得前所未有的解放，也可能将人类几十万年的演进毁于一旦。这种好或坏的方向取决于我们人类能否尽早意识到这种可能并尽可能地做足对于坏的方向的防范和对于好的方向的引领。对于管理工作者而言，我们必须尽早思考在人工智能时代，管理所面临的变化：

管理对象的变化。智能时代对于人的管理的出发点将从“人之恶”走向“人之善”，“计谋人”将很难存在，“正念人”将越来越多。另外，越来越智慧的机器人也将成为管理的对象。对于机器人，我们管理的出发点也不能简简单单地将其仅视为物品、视为机器、视为人类的奴隶，而是更应该将机器人视为另外一种平等的智慧体、合作的智慧体、具有协商机制的智慧体。当人变得越来越透明的时候，尚处于“灰箱”机制的机器人成为未来管理学不得不关注的对象。单从这一点来说，我认为未来的管理学将面临巨大变化，管理领域的学者要从时代的责任感角度认识到肩负的重任，并砥砺前行。

管理方式的变化。到了人工智能时代，人将不再是劳动的主要完成者，不知疲倦的机器人将成为主力，智慧的中央调动平台将使信息实时畅通，最优的决策将及时下达，在这种情境下，科层式管理方式是否还有进一步留存的必要，是值得思考的问题。

管理目标的变化。在人工智能时代，运用大量的机器人将使企业的生产能力和服务提供能力达到前所未有的水平，社会物质极大丰富，物质产品的价格将越来越低廉，物质所带来的绩效快速下降。一方面是机器替代人类可为人们让渡出大量的空闲时间，另一方面是人工智能的精确健康管理与精准医疗技术大幅度延长了人类的寿命，这两方面的因素都使得时间将不再是制约性资源。大量的闲暇时间使得人对于精神需求的渴望快速增长，如何更加高效地提供丰富多元的精神产品成为人工智能时代企业的绩效目标。

管理手段的变化。到了人工智能时代，由于企业要更多地提供丰富多元的精神产品，这种创造性的精神产品很难通过一套设计好的 KPI 体系来评估，员工的创造性很难通过 KPI 的压力来激发，对于表现好的员工也难以通过单一的物质奖励来产生激励效果。让工作和人的兴趣一致，通过人对内在价值的追求来驱动人的创造力，通过实现人的成就感来实现企业的经营目标应该是人工智能时代可能的管理手段。除了人之外，对于那些已经获得了较高智慧的机器人，它们在长期的学习中也获得了情感，我们又应该采用什么样的管理手段？这确实是一个还未有解的难题。

作为一个在管理学领域耕耘十多年的研究者，作为一个与技术领域合作十多年的管理学者，面对越来越近的人工智能时代，我个人认为管理领域的工作者要尽早考虑以下问题：

第一，要充分认识人工智能所带来的人的问题、机器人的问题，不断对经典的管理知识进行反思，尝试思考在这样一个关于人的特性发生变化的时代，应如何构建新的管理学理论丛林。从“计谋人”到“正念人”，机器的人化与人的物化，从物质的匮乏到精神的匮乏，从时间的稀缺到创造力的稀缺，从外力驱动到内在动机驱动，从超大型组织到小而美的灵活形态，这些重要的变化都将对管理学产生重要的影响。

第二，要积极思考以人的自由发展为目标的新型组织管理理论、国家治理机制创新以及全球治理机制创新，让全世界所有的人可以共享人工智能带来的自由发展机遇，而不是让一部分人实现了自由，而更多的人走向了身不由己、无路可选的状态。人工智能作为人类有史以来最具颠覆性的技术进步，如果不加以宏观层面的机制设计与管理调节，或许将直接导致人类社会的两极化，一部分人坐拥大量资源，也有人被赶到社会的边缘。如果出现这种局面，那就是管理学者的失职。

第三，要提前考虑人工智能所带来的关于高等智慧体的管理问题，不断思考人类如何在与高等智慧体的共处中确保人类的伦理、规范、尊严和价值能够更好地得以保障。相对于前面两个问题，这个问题更加困难、更加具有不确定性。人类孕育了高等智慧体，但是人类并不充分掌握高等智慧体的所有智慧。这就为高等智慧体的失控留下了隐患。但是无论如何，人类还是需要在孕育这些高等智慧体的同时，设计好与这些高等智慧体和谐共处的机制，为预防产生失控的风险做好足够的准备。

第四，要不断推进各个学科之间的协同与共享，特别是要增强社会学领域对于技术领域可能诱发的风险的评估，探索人工智能时代人类新的存在意义与价值。我们的社会在技术的驱动下不断前进，从工业革命到信息化、大数据，再到智能化，每一次技术革命都极大地提升了人类的生产力，但是智能化却是第一次让人对于时间、死亡、遗忘甚至痛苦都失去了概念，从而动摇了我们长久以来的哲学基点，这或许将成为智能时代人类最大的痛点。

变革管理（Change Management）是管理学领域对于组织适应变化环境的一套系统的方法论。就像生物界一样，适应环境变化是物竞天择的必然要求。对于企业而言，如果不能有效地在变化环境下实现管理转型将面临企业的终结；如果能预估变化，尽早布局转型，就有较大的胜算在新的环境中脱颖而出。

根据 Thomas 在 1999 年对于超级竞争的定义，超级竞争意味着新产品的推出速率非常快、流程改变的频率非常高、市场趋势的变化快速。根据前面的分析，在智能时代，物质产品已经极大丰富，物质产品的提供已经不是竞争的主体，物质产品精神化以及精神产品的物质化将是未来超级竞争环境下的主要竞争形态。管理学在一百多年间所建立的理论主要是针对物质产品的生产运营，对于精神产品生产运营的系统性理论还是非常欠缺的。在针对物质产品的生产运营和企业战略中，波特的五力模型（Porter，1979）、成本及差异化策略（Porter，1980）以及可持续竞争优势（Porter，1980）等将很难在超级竞争环境下适用，也很难适应于针对精神产品的企业战略。经典经济学中的理论，如规模经济理论、进入壁垒理论、学习曲线理论、生产率理论等在超级竞争环境以及精神产品的经济学分析中也面临极大冲击。1999 年，Thomas 在他的研究中提出，超级竞争将使几乎所有的管理学中的旧概念转换到新的概念，如从波特的五力模型转变为 Thomas 的网络模型、从成本与差异化策略转化到大规模定制策略、从学习曲线理论转换到快速知识理论、从可持续竞争优势策略到快速竞争优势策略等；对于经济学的传统理论而言，在超级竞争环境下，经济学要从规模经济转换到创新经济、从进入壁垒理论转换到动态能力理论、从生产率理论转换到灵活性理论等。Thomas 在 1999 年提出的超级竞争带来的对于传统管理学理论的挑战现在多数已经被验证，但是，对于以精神产品为主要竞争对象的智能时代，我们也拭目以待有新的管理理论来为未来指明方向。

Mintzberg 在 1978 年提出了著名的组织理论，其中包含组织的生命周期描述（创业期、功能机构期、分部门结构期、官僚期、死亡期），即组织从创立到死亡的一个线性过程。但是在超级竞争环境下，组织的结构不会一成不变，而是动态变化的，会不断依据外部环境的变化来调整组织形态以适应外部环境，人工智能的技术能力也为这种组织结构的调整提供了技术支持。在此形式下，组织的生命过程将不再是线性的，从创业期到分部门结构期这一过程中，组织随时都可以根据外部环境的变化不断创新组织结构，从而避免组织走向官僚期。因此，也可以说，组织的这种主动的创新结构变化的能力也是超级竞争时代的核心竞争力。在人工智能时代，针对精神产品的提供，如何创新组织结构是人工智能时代变革管理的重要研究课题。

说到组织结构，还是要提及 Mintzberg 在 1978 年提出的组织理论。Mintzberg 在他的书中阐述了组织的集中式与分散式结构、机械式与有机式结构，也谈及了结构之间的协作问题。但是，Mintzberg 的组织理论是在假定企业的外部环境相对比较稳定的情况下的组织理论。在超级竞争环境下，这些对于组织结构的明显的二分法就不完全奏效了。O' Reilly 和 Tushman（2012）提出了一个新的理论——"Ambidexterity" 理论，我将它翻译为"兼顾理论"。在这个研究中，这两位学者提出了后面被广泛采用的两个概念——Exploitation（现有加固）和 Exploration（创新尝试）。兼顾理论就是在现有加固和尝试创新之间来寻找平衡，不可偏废任何一方。在兼顾理论的基础上，就出现了双结构形态：组织中的一些部门以稳定的组织方式来加固现有组织；另外一些部门以灵活的方式来尝试创新。因此，整体来看，组织是一个混合的结构形态。目前来看，兼顾理论下的混合结构形态确实是很多公司的结构形态。但是，对于未来，在人工智能时代，创新如果成为主要的绩效来源，我们很难预料兼顾理论是否依然可以支撑未来的组织结构变革。

人工智能时代的企业变革管理新理论要在"变革"上多思考。Volberda 在 1996 年提出的发展轨道理论可以为未来提供一些启示。对于组织来讲，灵活形态（Flexible Form）可能因为忽视了某些重要的变化，而走向混乱形态（Chaotic Form），也可能因为不断固化而发展到计划形态（Planned Form），最后到僵化形态（Rigid Form）。Volberda 提出，可以通过专业改造（Professional Revitalization）使组织从僵化形态发展到新的计划形态，再通过企业再造（Entrepreneurial Revitalization）从计划形态发展到灵活形态；对于混乱形态，可以通过聚焦重点再次回到灵活形态。2014 年，Henfridsson 和 Yoo 发表在《组织科学》（*Organization Science*）上的研究提出了一种新的创新轨道发展模型，该模型将情境条件作为触发组织轨道转变的触发器，通过反思差距、想象投射与削减探索来形成新的组织轨道。到目前为止，对于人工智能时代的组织发展轨道而言，依然尚未有可以借鉴的理论。

谈到企业的变革管理，离不开如何协调人与组织的问题，在人工智能时代这将是一个更加突出的问题，因为调动人的创造性从来都是一个很困难的事情。这里要谈到近几年来很火的一种管理思维——量子管理，量子管理思维的提出者是英国企业管理专家丹娜·左哈尔（Danah Zohar）。左哈尔出生于美国，大学时期在麻省理工学院（MIT）主修物理学和哲学，后来在哈佛大学深入研究东西方文化，并取得哲学、宗教与心理学博士学位。量子管理的倡导者认为过去的管理思维沿用了牛顿思维（Newtonian Thinking），重视定律、法则和控制，强调“静态”“不变”和“控制”，量子思维（Quantum Thinking）重视的却是不确定性、潜力和机会，强调“动态”“变迁”和“激发”。牛顿思维认为，世界是由“原子”所构成的；原子和原子间就像一颗颗撞球一样，彼此独立，即使碰撞在一起也会立即弹开，所以不会造成特殊的变化，因此，世界将日复一日地稳定运作。量子思维主张世界是由能量球（Energy Balls）组成的，能量球碰撞时不会弹开，反而会融为一体，不同的能量也因此产生难以预测的组合变化，衍生出各式各样的新事物，蕴含着强大的潜在力量。在以机械为代表的工业化时代，牛顿思维为科学管理提供了思想的基础，发挥了重要的作用；但在知识经济时代，随着信息以前所未有的方式不断交互、重组、创新、发展，由技术所推动的社会变革愈演愈烈，世界充满了不确定性与不安全感，需要给个体明确的愿景和目标、更多的授权和资源，充分发挥个体在动态环境中的主动性和积极性，调动个体间的自组织能动性，使自发组织与组织的愿景和目标一致，这才是管理的正确方向。作为量子管理中的每一个量子，即每一个人，其产生能量的动机，从马斯洛传统动机理论拓展到一个新的体系：生存层次（人格解体、内疚与羞愧、冷漠）、安全层次（痛苦、恐惧、贪婪）、归属（愤怒、自大）、尊重层次（探索、合群与合作、内在力量）、自我实现层次（创造力、专精），到最高动机——巅峰体验层次（服务精神、世界灵魂和启蒙宁静）。如何从激活人到激活组织是一个值得思考的问题。再回到 O'Reilly 和 Tushman（2012）提出的兼顾理论，在该研究中，作者认为组织协同员工个人和组织绩效是从激发员工个人的创造激情让个人产生内在驱动力开始，然后通过员工个人创造与客户需求之间的松耦合关系实现客户化，再进一步通过企业战略推进实现市场化突破，这是一个创新尝试的过程；之后进入现有加固过程：通过强调利润进一步加强现有产品与客户需求之间的紧耦合，通过行为规范外在强化员工个人动机。随着人工智能在企业中的广泛应用，我们尚不能肯定这种从创新尝试到现有加固之间的良性循环过程是否还将在未来有效。

管理学家斯图尔特·克雷纳（Stuart Crainer）也有名言：“管理没有最终的答案，只有永恒的追问。”郭重庆院士在几个不同的场合都提到，人类发展的

“社会：5.0智能社会”已经拉开序幕。我相信我们一百多年来在管理学领域所建构的知识丛林或将有重要改写，变革的时代已经来临，如何顺应潮流、推进变革将是每一个组织所要面对的问题。

本书缘起于上述思想，从2017年就陆续开展了相关研究工作，2018~2020年集中科研力量，具体开展了系列专题研究工作。我在对这一主题的思考过程中写了十多篇学术随笔，也收录进本书的第一部分和第二部分。我参与的一些产业调研，后面也整理为文字，体现在本书的第四部分。我指导的部分研究生和本科生的研究成果，在研究后期又进行了修改和提炼，体现在本书的第三部分。本书的第五部分是我和学生集体合作的成果。本书涉及的贡献者除了我本人之外，还包括胡帅波、屠文怡、郁春、杨漫铃、李佳、王琳琳、翟琼波等我在上海对外经贸大学教的学生。这里对他们表示感谢，特别要感谢胡帅波同学在我们的专题研究开展过程中还协助我组织了20余场的学术研讨活动。

和我这几年所出版的其他书籍一样，上海对外经贸大学人工智能与变革管理研究院的张钰歆老师为本书的成果做了大量细致的编辑与校对工作，在此对张老师表示衷心的感谢。

本书得到国家自然科学基金重大项目“智慧医疗健康管理理论与方法”（项目编号：72293580）与课题“医联网环境下的隐私数据保护与医源性风险决策”（项目编号：72293583）以及国家自然科学基金委员会中德科学中心合作交流项目“数字化与老龄化”（项目编号：GZ1570）、中国—中东欧国家高校联合教育项目“数据跨境流动治理技术与方法研究”（项目编号：202033）的联合资助，在此深表感谢！

《人工智能与变革管理》一书是上海对外经贸大学人工智能与变革管理研究院推出的“人工智能与变革管理”系列丛书中的一本，其他包括《数字金融安全与监管》《企业跨境数据应用：合规与保护》《新时代高等商科教育变革的探索与实践》《世界新兴大学：特征与经验》。本系列丛书由经济管理出版社负责出版发行，在此表示感谢。

人工智能带来的变革管理才刚刚开始，期待我们这一探索性的研究能够对今后这一领域的发展有所启发。

由于研究者水平所限，书中难免有诸多不足与疏漏之处，恳请同行批评指正，你们宝贵的反馈意见将激励我们继续前行。

齐佳音

2022年5月于上海

目录

第四部分 案例篇

第五部分 展望篇

第一部分 人工智能的生产率悖论

一、人工智能的产业应用：技术研发驱动市场需求

人工智能（Artificial Intelligence，AI）是指执行与人类认知功能相关的机器，包括感知、推理、学习、交互等（Rai et al.，2019）。“人工智能”一词最初是在 1956 年的 Dartmouth 学会上提出的，它是研究、开发用于模拟、延伸和扩展人的智能的理论、方法、技术及应用系统的一门新的技术科学。经过 60 多年的演进，特别是在移动互联网、大数据、超级计算、传感网、脑科学等新理论、新技术以及经济社会发展强烈需求的共同驱动下，人工智能加速发展，呈现出深度学习、跨界融合、人机协同、群智开放、自主操控等新特征。当前，新一代人工智能相关学科发展、理论建模、技术创新、软硬件升级等整体推进，正在引发链式突破，推动经济社会各领域从数字化、网络化向智能化加速跃升。

20 世纪 80 年代，AI 被引入了市场，并显示出实用价值；到 90 年代，AI 的发展进入了相对稳定的阶段；进入 21 世纪以来，人工智能的发展速度日趋迅猛。2015 年，谷歌、亚马逊、微软等公司纷纷开始加强对人工智能的研究，其中包括在 2016 年引起广泛关注的 Alpha Go。目前人工智能的发展主要处在机器学习阶段，同时基于人工智能和机器学习的平台及应用程序也在近几年迅速、大量兴起，向各领域渗透，给制造业、农业、教育、医疗等行业都带来了不少的影响与改变，助推传统产业的转型升级和战略性新兴产业的突破。

人工智能产业链在几年的快速发展后开始逐渐成形，主要分为三个部分，即基础层、技术层和应用层，与上、中、下游格局相对应。其中，处于上游的基础层主要承担研发计算硬件、提供基础的计算系统技术（如大数据、云计算平台）和数据能力；中游的技术层利用这些基础能力创建技术开发平台（如开源框架）和发展智能语音、自然语言理解等应用技术，是人工智能产业的核心部分；下游的应用层作为延伸部分，集成一类或多类 AI 应用技术，研发形成各种软、硬件

人工智能产品或解决方案，面向特定应用场景需求并应用到特定行业中，主要包括制造、医疗、教育、交通、安防、金融、家居等领域。

我国人工智能企业的主要地域分布以及产业链层次分布如表 1-1 所示：

表 1-1　人工智能企业层次分布　　单位：%

	基础层	技术层	应用层	机器人、无人机等智能终端	智能家居	智慧医疗	自动驾驶
中国	2.8	22.0	75.2	—			
北京	11	31	58	45	7	13	7
广东	7	24	69	55	10	6	5
浙江	10	30	60	50	—	11	6
上海	8	28	64	61	4	7	7

注：截至 2019 年 6 月，“—”表示具体数值未知。

资料来源：中国新一代人工智能发展战略研究院、深圳市人工智能行业协会。

由表 1-1 可知，北京和浙江的研发优势明显，而这几个代表省市的人工智能企业重点都集中在应用层（占比 60%上下），从全国来看也是应用领域所占比例最大。从应用场景的详细数据来看，机器人、无人机等智能终端遥遥领先（除北京外占比都在一半以上）。

根据深圳前瞻产业研究院发布的《2019 年人工智能行业现状与发展趋势报告》，在人工智能企业核心技术分布方面，排在前三位的分别是大数据/云计算（21.30%）、机器学习和推荐（17.20%）、语音识别和自然语言处理（9.40%）；从应用领域来看，企业技术继承与方案提供（15.7%）、关键技术研发和应用平台（10.50%）、智能机器人（9.80%）占比最高。可见，人工智能产品在各个领域都有渗透，科技公司在不断加大投入进行研发。

自 2015 年开始，伴随着人工智能在国内的迅速发展，人工智能产业被提升到国家战略水平，有关人工智能技术发展及应用的一系列政策相继发布。从 2017 年“人工智能”第一次被写入政府工作报告，提出要“加快人工智能等技术研发和转化”，到 2018 年的“加强新一代人工智能研发应用”，再到 2019 年，“人工智能”连续三年被政府工作报告提及，要“深化大数据、人工智能等研发应用”，这些关键词意味着人工智能的受重视程度与战略地位迅速上升，已走过了初步发展阶段，下个阶段将更加注重应用落地。

从“重点发展智能穿戴设备、智能车载设备、智能医疗健康设备、智能服务机器人、工业级智能硬件设备等”（《智能硬件产业创新发展专项行动（2016—2018年）》）到“推动人工智能技术在各领域应用，鼓励各行业加强与人工智能融合，逐步实现智能化升级”（《“十三五”国家战略性新兴产业发展规划》），再到“结合不同行业、不同区域特点，探索创新成果应用转化的路径和方法，构建数据驱动、人机协同、跨界融合、共创分享的智能经济形态”（《关于促进人工智能和实体经济深度融合的指导意见》），政策越来越注重人工智能在产业中的应用。与此同时，也可以看到，现阶段人工智能产品的产业应用仍是以科技公司不断加大投入、开发创新的智能产品为主，即供给引导需求，由科技公司开发产品后，再推荐给相关企业，以供给方作为主导，需求方在接收方面处于被动。

整体来看，人工智能技术研发驱动下的产业应用是目前人工智能应用的显著特征。资本市场与高端人才结合助推下的人工智能产品研发是过去几年人工智能市场的现状。但是随着人工智能投资逐渐去泡沫，只有真正落地有效果的项目才能在市场的检验中生存下来。根据《中国新一代人工智能科技产业发展报告2020》，中国人工智能科技产业发展已经步入融合产业部门主导的新阶段。人工智能和实体经济的深度融合正在成为驱动中国经济转型升级和可持续发展的动力源泉。

二、人工智能应用效果：尚不明确

与人工智能技术领域日新月异的进展相对比，人工智能应用的落地效果是各方更为关注的焦点。但是，2019年《MIT斯隆管理评论》和波士顿咨询集团（BCG）人工智能全球高管研究报告却给出一个令人吃惊的结果，许多AI商业计划都失败了。接受调查的10家公司中，有7家表示，到目前为止，人工智能的收益影响很小或没有。在90%对AI进行了一些投资的公司中，有40%的公司报告在过去三年中从AI领域获得了业务收益。当具体到对人工智能进行重大投资的公司时，这一数字将提高至60%。

进一步，《MIT斯隆管理评论》和波士顿咨询集团人工智能全球高管研究报告总结出，从AI应用中获得价值的公司通常表现出以下行为：

（1）这些公司将人工智能战略与总体业务战略整合在一起。88%的受访高管表示他们将AI公司的AI计划与公司的数字战略集成在一起。

（2）这些公司将AI计划与更大的业务转型规划统一起来。要通过AI创造业务价值，经理必须跨越组织，开展协作，服务于用于AI计划的数据集成。

（3）这些公司做了大量、往往有风险的AI计划，目标在于增加公司收入，而不是削减成本。

（4）这些公司确保人工智能的生产与人工智能的消费保持一致。除了在公司内部署AI的工具、系统和流程外，它们还确保业务用户可以使用AI解决方案并衡量价值。

（5）这些公司避开“技术陷阱”，投资于人才。这些从AI中获得价值的公司认识到，AI不仅是技术机会，也是一项战略举措，需要对AI人才、数据和流程变革进行投资。

到目前为止，实际上有很多的公司并不知道人工智能能为公司带来什么，往往在狂热的人工智能应用投入之后，却发现并没有取得预期的回报。正如2020年初，国际咨询公司Gartner做出了大胆的预测：85%的人工智能项目无法为公司提供预期回报。

三、从IT生产率悖论到AI生产率悖论

2017年11月，麻省理工学院教授Erik Brynjolfsson、麻省理工学院博士研究生Daniel Rock以及芝加哥大学教授Chad Syverson在NBER（*The National Bureau of Economic Research*）发布了他们的工作论文*Artificial Intelligence and the Modern Productivity Paradox: A Clash of Expectations and Statistics*（《人工智能和现代生产率悖论：期望和统计的落差》）。在这篇44页的工作论文中，作者一方面分析了近几年来人工智能技术取得的令人惊喜的进展以及全球巨头企业在人工智能战略上的巨大投入，与此同时，作者通过翔实的经济统计数据分析表明，2005~2016年，美国的平均劳动生产率增长（1.3%）甚至低于1995~2004年的年均值（2.8%），这个发现在OECD的其他28个国家中也存在同样的趋势；从1990年起，居民收入的中位数一直停滞不前，非经济性的主观幸福感如期望寿命在某些族群中还出现下降。致力于提升生产率的AI技术似乎并没有在实际中带来生产率的提升，这个发现导致部分专家对于AI给出悲观评价，如Nordhaus（2015）认为技术驱动发展在一系列的检验中都被证明是失败了。

2018年1月16日，Erik Brynjolfsson、Daniel Rock和Chad Syverson在MIT Sloan Blogs上再次发布了一个短小的博文*Unpacking the AI-Productivity Paradox*（《打开人工智能生产率悖论》），对他们之前的工作论文做了一个通俗易懂的补充。至此，AI生产率悖论的现象引起全球关注。AI生产率悖论现象将人们从对

AI 技术的乐观狂热中带到了艰难变现的现实社会中。

20 世纪 90 年代，IT 技术一度被认为是降低成本、提高生产率、改善生活品质的最重要技术进展（Murakami，1997），然而残酷的现实是从 20 世纪 70 年代以来，世界经济的增长率长期在低位徘徊，尽管这期间全球在 IT 方面的投入与日俱增（Rei，2004），这就是著名的 IT 生产率悖论现象。从 Bailey 于 1986 年发表了较早的一篇测验 IT 生产率悖论的文章到现在，全球有众多学者对美国、法国、日本、德国等几十个国家的数据进行了严谨的求证，大多数学者都一致性地验证了 IT 生产率悖论这一现象。但也有少量的学者认为 IT 生产率悖论根本不存在，或在 2000 年前后就不存在了（Anderson et al.，2003；Gordon，2000）。但是整体来说，到目前为止，IT 生产率悖论现象得到了更多的支持，并且大体上认为以下四个原因可能导致这一现象：一是测量失允，有一部分学者认为当前的研究低估了 IT 产生的收益，因为有些不容易量化的收益难以体现在统计表中；二是时间滞后或扩散滞后，有学者认为 IT 的作用需要配套的设施，效果的呈现存在时间滞后性；三是不当的管理，有学者认为，新技术的出现通常带来管理方式的革新，但是旧有的管理方式往往较难即刻调整，从而影响到技术效果的发挥；四是收益分布，IT 技术为一些公司带来竞争优势或者生产率提升，但是对于这些公司的竞争对手而言并非如此。如果从公司层面来研究 IT 带来的回报，结论或许会和从整个国家层面研究的不一样。

Erik Brynjolfsson、Daniel Rock 和 Chad Syverson 在他们的 AI 生产率悖论研究中也剖析了造成这一现象的四个可能原因：一是错误的预期。对于人工智能的应用，技术派通常属于乐观派。人工智能技术不断取得的进展也让公众对其应用更加乐观。但是事实的情况是，多数颠覆性技术在真正成为普遍的商业应用之前都有较长一段时间的发展期，并不像早期预想的那么乐观。对于人工智能而言，我们今天对其带来的回报还是过于乐观。二是错误的测量。这里的解释和 IT 生产率悖论中的解释是一致的，即 AI 投入的回报和收益并未得到全面评价。三是集中分布。人工智能应用带来的回报集中在行业中少数的企业中，而其他多数的企业将不得不面对少数企业领先之后带来的混乱。四是实施和重构滞后。通用目标技术（General Purpose Technologies，GPT）通常带来变革性技术，不仅技术本身是颠覆性的，与技术相配套的其他方面也需要重构。对于通用目标的变革性技术，从技术导入到效果发挥会有较长时间的滞后。除此之外，互补性投入也是导致技术不能充分发挥作用的原因。

在上述四方面的可能原因中，Erik Brynjolfsson、Daniel Rock 和 Chad Syverson 认为当下的人工智能应用更应该关注第四个原因。

四、破解人工智能生产率悖论的途径：人工智能与变革管理

人工智能并不只是一个或几个应用程序，而是普遍存在的经济、社会和组织中的管理变革现象。人工智能技术的例子包括机器人、自动驾驶汽车、人脸识别、自然语言处理、虚拟代理和机器学习，这些技术正被应用于网络安全、金融科技、教育及医疗保健等一系列领域。人工智能技术为改善人们的生活质量提供了无限的可能性，包括家居、医疗、教育、就业、娱乐、安全和交通等领域（Stone et al.，2016）。同样，人工智能为企业提供了前所未有的创新机会：设计智能产品、设计新颖的服务产品、发明新的商业模式和组织形式。人工智能产业发展所面临的一系列问题，除了技术外，还包括商业策略、人机界面、数据、隐私、安全、伦理、劳动者、人权和国家安全等。对管理者来说，需要应对人工智能应用带来的各种可能性和挑战。

根据 MISQ 专刊 *Managing AI* 征文，随着跨组织的 AI 技术的采用不断增加，AI 可能会以重要的方式改变工作和组织。目前的争论集中在人工智能技术能够在多大程度上替代或补充人的劳动（Larson，2010；Aleksander，2017）。人工智能技术的影响需要研究，包括改变组织的专业知识（Beane，2018）、提供新的协调和控制形式（Faraj，Pachidi and Sayegh，2018），以及改变工作的性质和未来（Schwartz et al.，2019）。新的人机配置能否放大人的能力、自主执行关键过程、促进创新以及影响短期和持续竞争优势等，这些情况有待探索（Benbya and Leidner，2018；Yan et al.，2018）。

根据国际最新的前沿动态（来自美国、欧盟各国、日本、韩国、中国等各个国家教育部的文件，来自 *MISQ*、*ISR*、*JAIS-MISQE* 等顶级或有广泛影响力的学术期刊，来自 AOM、ICIS 等顶级学术会议，来自各大专业的教育研究结构等)，人工智能技术要转化为生产力，就需要为人工智能技术群的正向积极作用发挥创造与之相适应的新型管理模式、体系和方法，让新型技术与新型管理携手才能真正使全球迎来更加美好的人工智能时代。

第二部分 思辨篇

一、管理范式重构：从工业经济时代到数字经济时代

人工智能不仅是技术领域的变革，更掀起了一场认知革命，从而引发商业逻辑和商业模式的革命。在技术驱动下，出现了多样化和云端化的全新工作模式，机器人、自由工作者成为新型职业形态，企业组织边界被打破，工作任务和企业组织正在分离，平台性和开放性日益成为组织的主要特征。旧的基于有形物质商品的生产方式及商务规则正在逐步退出历史舞台，新的基于无形数字商品的生产方式及商务规则正在重塑商业世界。但是到目前为止，针对无形数字商品的经济学理论、商业逻辑、商务规则、商业实践、监管制度等还在发展的初期，尚没有建立起适合的、可以让新技术充分施展作用的商业环境。

不仅是技术变革，人工智能技术还能引发管理范式变革。数字新技术所推动的数字经济，不仅仅是通过“业务数据化和数据业务化”改变了业务的逻辑，也通过改变业务逻辑改变了管理逻辑。现代管理学的发展史是伴随着工业革命，基于实体产品、标准化、流水线、大型组织而形成的关于如何有效激励人的管理思想丛林体系。但是，数字经济时代，业务数字化使得数字化创意可以在物理实体产品之前率先完成数字产品，信息生产线变得比物理生产线更加重要和核心，先进信息技术的赋能使得雇用很少的劳动力就可以完成过去需要大量劳动力才能完成的工作；数字化业务使得组织决策主要在数据驱动下自动完成，决策过程更加透明、更加高效。数字化业务过程使得组织更加扁平，管理层次大幅减少，管理幅度大大加宽。这种革命性的变化将导致未来的企业不需要特别大规模的人力资源就可以调动足够的资源，完成组织功能。

不难看到，数字经济时代管理学的重构在实践中已经开始。最大的出租车公司（Uber）没有出租车，最大的民宿（Airbnb）没有客房，最大的零售平台阿里巴巴没有货物，增长最快的电信公司（Skype）没有基础设施，最大的广告公司

（Google）做搜索引擎，最大的猎头公司（Linkedin）是社交平台，全球最大的工程及矿山机械制造企业不再售卖重型设备，而是通过设备租赁及服务来获得更多盈利。数字经济时代的管理正在发生巨变：

管理对象的变化。管理价值系统中的协同参与者比管理组织合同员工更加重要。互联网无所不在的连接形成了大规模的协调能力，造就了像 Airbnb 和 Uber 这样的平台企业，它们本身并不拥有任何房间和出租车，企业正式员工也只有几百人，却能使得全球资源得到共享，使每个人都有可能成为其兼职的员工和顾客，因此，未来企业面临的管理挑战之一不是如何管理自己的合同员工，而是海量的通过互联网进行大规模协作的临时工。我们经典的管理教材更加侧重于对组织正式员工的管理，如何对通过网络来大规模协作的员工进行管理的确是数字新经济时代面临的新问题。

决策工具的变化。数据驱动的算法决策将不断替代决策者喜好的主观决策。管理的关键在于决策，算法在决策中起到越来越重要的作用。AI 之父、诺贝尔经济学奖得主 Herbert Simon 认为，管理的核心在于决策。AI 正在使越来越多的决策自动化，至少是决策的前导工序自动化，留给人进行最后的决策，比如电商购物，AI 对推荐产品进行呈现，人们看似具有决策权，其实大量的底层决策已经由 AI 完成了，这类似于心理学中的潜意识，就像《象与骑象人》中所说的，骑象人自认为可以决定方向，其实可能是相反的。象是潜意识（80%），骑象人是显意识（20%）。未来 AI 就是大象，人类就是骑象人。AI 正在成为我们新的潜意识，在决策中发挥越来越大的作用。回到我们经典的管理学，我们通常假定决策者是自主做出决策的，但是随着算法影响或主导的决策越来越广，西蒙所说的有限理性决策是否会发生变化，理性决策或非理性决策是否将成为新的形态？

管理思维的变化。“赋能”的思维比“管”的思维更加奏效。由于数字化技术的赋能，任何个人都可以相对较低的成本获得资源，并组织资源，协同完成价值创造过程。个人比历史上任何时候都更加不依赖于组织，人与组织的长期固定契约关系需求变弱，大型组织很难再以强势者的地位来“管”员工，更何况更多大量的员工并不是组织的合同制员工，而是价值网络上的协作型临时员工。这种情况下，组织被重新定义，团队被重新定义，自上而下的“管”将被由数字技术所支撑的“赋能”所替代。哪个组织能给个人更多的赋能，让个人获得更大的成长，哪个组织才能获得更好的业绩。传统的管理学是建立在牛顿力学逻辑之上的机械式思维，但赋能管理是构建在量子力学逻辑之上的个体能量激发思维，如何激活组织中的个体将比如何“管”住个体更有意义。

这是一个重新定义的时代，需要重新定义产业、重新定义公司、重新定义团队、重新定义工作、重新定义管理、重新定义学习……但是，这一重新定义的过程是由新旧两种范式的不同利益团体经过艰难的博弈，一点点取得进展的。这一艰难的过程就注定 AI 技术的生产率效果将同历史上所有变革性技术发挥作用的路径一样：在较长时间内存在生产率悖论现象。

人工智能能够带来生产率的提升，需要将人工智能这一革命性的生产力与同样革命性的生产关系有效耦合，才能使整体社会系统的生产率得到大幅度提升，人类生活质量得到大幅度改善。先进的 AI 生产力技术与落后的生产关系之间的结合将导致 AI 生产率悖论现象长期存在。目前，整体社会对于 AI 技术的研发给予了极大的热情和投入，但是人文社会科学并未从适应人工智能技术的变革社会治理创新方面提出有突破性的理论成果，这将成为破解 AI 生产率悖论现象的重要制约因素之一。

在企业的人工智能应用效果方面，建议企业在将人工智能引入企业运营过程之前，要充分考虑如何让技术“赋能”员工，让技术重新定义“员工”“协作”“流程”“企业”和“客户体验”，从而在整体层面实现企业的重生。

二、组织管理之变：颠覆性的重建

人工智能技术群对于社会生产、消费、生活、工作等诸多方面都会产生颠覆性的影响。对于这一宏观层面的判断，学界已经基本达成了共识，但是对于微观层面上的诸多影响，还有待各界进一步的思考和总结。人工智能技术应用对于企业组织管理这一微观领域带来的颠覆式挑战有以下几个方面：

管理对象的变化。对于人性的假定和探索一直是管理学研究的出发点。泰勒的科学管理理论将人矮化为产生效率的流水线工序，哈佛大学梅奥教授通过具有革命性的霍桑实验发现，管理学中的人是社会人，社会人不仅仅在意经济利益，也在意工作中与周围人的关系。或者说，管理学中研究的人是“计谋人”，“计谋人”将不断评估经济利益与非经济利益，做出对个体有利的行动。之后，麦格雷戈基于“人之初，性本懒”提出管理中的 X 理论，基于“人之初，性本善”提出组织激励中的 Y 理论。总体来说，对于人的“无赖假设”是西方组织体系、机制、制度设计的出发点；对于“套路”或者“潜规则”的运用，也是“计谋人”在获取利益时普遍采取的策略。但是在人工智能时代，由于关于人的各类数据连续被采集、分析、反馈，人日益成为“透明人”和“空心人”，人作为个体将很难因个体目的行事而不被发现，而且人人都明白这一点，“计谋人”失去了存在的条件，套路将很容易曝光在众目睽睽之下。智能时代对于人的管理的出发点将从“人之恶”走向“人之善”，“计谋人”将很难存在，“正念人”将越来越多。另外，越来越智慧的机器人也将成为管理的对象。对于机器人，我们管理的出发点也不能简简单单地将其仅视为物品、视为机器、视为人类的奴隶，而是更应该将机器人视为另外一种平等的智慧体、合作的智慧体、具有协商机制的智慧体。当人变得越来越“透明”的时候，尚处于“灰箱”机制的机器人成为未来管理学不得不关注的对象。单从这一点上来说，我认为未来的管理学将面临巨大变化，管理领域的学者要从时代的责任感角度认识到肩负的重任，并砥砺前行。

管理方式的变化。在管理学的发展史上，组织为了提高劳动者的绩效，从车间流水线之父亨利·福特到事业部创建人、通用汽车前总裁斯隆都在组织管理方式方面做出了历史性的探索。福特的车间流水线模式按照程序安排工人和工具，运用工作传送带传送工具，使用滑轮装配线转运备件，尽可能地降低工人的多余活动和动作，将工人固定在流水线上以标准化的动作来完成既定工序。福特时代，车间就是组织管理的基本单元。但是随着企业规模的不断扩大，仅靠车间的高效运转很难带来整体的高效，甚至会带来组织的巨大内耗。小艾尔弗雷德·普里查德·斯隆深刻地认识到这个问题，在通用汽车公司构建了科层式的分权集中管理模式，具体来讲，就是通过建立专业、冷静、精明的管理团队，划分高效、可靠、机械的管理流程，运行分权经营与集中控制管理模式，赋予事业部前所未有的责任，企业高层管理者更加关注战略，从而引领了大型组织的分权化趋势。到目前为止，斯隆的科层式管理方式依然是大中型组织的日常运作方式。不可否认，斯隆的科层式管理方式在历史上发挥了重要的作用，但这种管理方式的假定是大型组织拥有数量众多的人、不同分工形成的单元、信息不畅、沟通成本高的单元协调。到了人工智能时代，人将不再是劳动的主要完成者，不知疲倦的机器人将成为主力，智慧的中央调动平台将使信息实时畅通，最优的决策将及时下达，在这种情境下，科层式管理方式是否还有进一步留存的必要，是值得思考的问题。

管理目标的变化。在整个 20 世纪，组织管理的目标都是绩效。但是在人工智能时代，运用大量的机器人将使企业的生产能力和服务提供能力达到前所未有的水平，社会物质极大丰富，物质产品的价格将越来越低廉，物质所带来的绩效快速下降。一方面是机器替代人类可为人们让渡出大量的空闲时间，另一方面是人工智能的精确健康管理与精准医疗技术大幅度地延长了人类的寿命，这两方面的因素都使得时间将不再是制约性资源。在某种程度上，如何消耗时间过上“明智、合意且完善”的生活成为一个“真实而永久”的社会性的普遍问题（凯尔斯，1930）。换句话说，如何安顿好心灵、安顿好灵魂成为多数人的普遍需求。大量的闲暇时间使得人对于精神需求的渴望快速增长，如何更加高效地提供丰富多元的精神产品成为人工智能时代企业的绩效目标。从物质至上到精神至上，这种社会大需求的调整，无疑将指引人工智能时代的企业将提供更丰富、更个性化的人类精神服务产品作为智能时代企业经营的目标。

管理手段的变化。工业经济时代，为了更好地度量劳动者的劳动量并给予相应的奖惩，组织设计了各类关键绩效指标（KPI）作为管理的手段和工具。但是到了人工智能时代，由于企业要更多地提供丰富多元的精神产品，这种创造性的精神产品很难通过一套设计好的 KPI 体系来评估，员工的创造性很难通过 KPI 的压力来激发，对于表现好的员工也难以通过单一的物质奖励来产生激励效果。通过什么样的管理手段来激励创造成为这个时代的难题，KPI 的这种外在驱动力开始对创造性的工作失去作用。让工作和人的兴趣一致，通过人对内在价值的追求来驱动人的创造力，通过实现人的成就感来实现企业的经营目标应该是人工智能时代可能的管理手段。除了人之外，对于那些已经获得了较高智慧的机器人，它们在长期的学习中可能也获得了情感，我们又应该采用什么样的管理手段？这确实是一个还未有解的难题。

作为一个在管理学领域耕耘十多年的研究者，作为一个与技术领域合作十多年的管理学者，面对越来越近的人工智能时代，我个人认为管理领域的工作者要尽早考虑以下问题：

第一，要充分认识人工智能所带来的人的问题、机器人的问题，不断对经典的管理知识进行反思，尝试思考在这样一个关于人的特性发生变化的时代，应如何构建新的管理学理论丛林。从“计谋人”到“正念人”，机器的人化与人的物化，从物质的匮乏到精神的匮乏，从时间的稀缺到创造力的稀缺，从外力驱动到内在动机驱动，从超大型组织到小而美的灵活形态，这些重要的变化都将对管理学产生重要的影响。

第二，要积极思考以人的自由发展为目标的新型组织管理理论、国家治理机制创新以及全球治理机制创新，让全世界所有的人可以共享人工智能带来的自由发展机遇，而不是让一部分人实现了自由，而更多的人走向了身不由己、无路可选的状态。人工智能作为人类有史以来最具颠覆性的技术进步，如果不加以宏观层面的机制设计与管理调节，或许将直接导致人类社会的两极化，一部分人坐拥大量资源，也有人被赶到社会的边缘。如果出现这种局面，那就是管理学者的失职。

第三，要提前考虑人工智能所带来的关于高等智慧体的管理问题，不断思考人类如何在与高等智慧体的共处中确保人类的伦理、规范、尊严和价值能够更好地得以保障。相对于前面两个问题，这个问题更加困难、更加具有不确定性。人类孕育了高等智慧体，但是人类并不充分掌握高等智慧体的所有智慧。这就为高等智慧体的失控留下了隐患。但是无论如何，人类还是需要在孕育这些高等智慧体的同时，设计好与这些高等智慧体和谐共处的机制，为预防产生失控的风险做好足够的准备。

第四，要不断推进各个学科之间的协同与共享，特别是要增强社会学领域对于技术领域可能诱发的风险的评估，探索人工智能时代人类新的存在意义与价值。我们的社会在技术的驱动下不断前进，从工业革命到信息化、大数据，再到智能化，每一次技术革命都极大地提升了人类的生产力，但是智能化却是第一次让人对于时间、死亡、遗忘甚至痛苦都失去了概念，从而动摇了我们长久以来的哲学基点，这或许将成为智能时代人类最大的痛点。

三、劳动力之变：重塑

回顾技术发展的历史，每一次技术革命都带来劳动力的重塑。农业技术的发展使得原始的部落有条件定居下来，原先打猎的技能逐渐变得不重要，与此同时，农耕的技能日益成为对农业社会劳动力的新要求。伴随着第一次工业革命中蒸汽机的隆隆响声，成千上万的农民放下了手中的农具，成为人类历史上第一批产业工人，操作机器的能力——而不是操作农具的能力——成为鉴别合格劳动力的新标准。到了19世纪六七十年代，以电力为代表的新技术将人类带入第二次工业革命时代，电灯、电话、家电、电视、电影等一系列眼花缭乱的发明加速了信息交流，将人从家务劳动中解放出来，催生了丰富的夜间生活，带来了娱乐业的大繁荣，这一系列巨大的变化都来源于人不再只是操作机器，人更能够在电力技术的赋能下创造出前所未有的精神世界。到了20世纪80年代，随着计算机和现代通信技术不断深入人类工作与生活的方方面面，人类社会迎来了第三次工业革命，也被称为第三次浪潮。第三次工业革命的显著特点是计算机与互联网成为改变世界的重要力量，越来越多的工作都要依赖于计算机完成，席卷全球的信息化浪潮使得不具备计算机操作能力的人日益落伍，计算机操作能力成为这一时代劳动力的必备能力。现在，当第三次工业革命的浪潮还未完全退潮的时候，我们又迎来了以人工智能技术为代表的第四次工业革命，也可以称之为智能革命。对于扑面而来的智能革命，人们最大的担忧就是——有了智能机器，人还能干什么？带着这个问题，笔者在过去的几个月走访了几个企业，也和国际学者进行了交流，在此分享以下几个观点：

第一，人机交互式的新型工作场景，使得人机交互能力成为人作为劳动力与机器人作为劳动力的共同技能需求。2019 年 5 月，笔者带着学生到位于北京朝阳区的海底捞智慧餐厅旗舰店调研，并现场体验了餐饮机器人提供的服务。这家从策划到筹备耗时三年的高科技餐厅，对顾客点餐后的配菜、出菜、上菜环节都进行了人工智能化改造。消费者下单后，与前台点餐系统连接的自动出菜机就会通过机械臂从菜品仓库中开始配菜，并通过传送带把菜品送至传菜口，再由传菜机器人将菜品送至相应的餐桌。海底捞智慧餐厅在运营中完全重造了餐厅的服务流程，是在机器人与服务员协助基础上的全新运营流程。具体而言，海底捞智慧餐厅的厨房已经不是传统的厨房，主要的菜品都是通过冷链直接进入“厨房”，餐厅中的“厨房”更准确地说应该是“菜品配送站”，完全由机器人自动分发菜品。机器和人的交互协助体现在四个环节：一是菜品从传输带到送菜机器人的托盘；二是菜品由送菜机器人的托盘到消费者的餐桌；三是剩菜盘从消费者的餐桌到收盘机器人的托盘；四是剩菜盘从收盘机器人的托盘到洗盘槽。由于能够采集所有菜品的消费情况，海底捞智慧餐厅基本实现了基于数据驱动的实时菜品酒水的自动库存补给。由于每一个服务员在上述四个与机器人交互的环节都需要刷员工卡，因此每一个员工的劳动量被实时记录下来，实现了员工服务工作量的透明化和可计算化，从而改变了员工报酬的传统计算方式，可以做到服务工作的多劳多得，从而激励员工更加主动地参与服务过程。我们在调研中发现，人和机器人的有效协同问题已经成为海底捞智慧餐厅的新问题：其一，服务高峰期的人机协同效果需要改善。服务人员反映，由于采用送菜机器人，服务员分散在餐厅，看到有送菜机器人就主动走上前将菜端到消费者餐桌上。在高峰时期，由于点餐较多，就会出现多个送菜机器人已经到了餐桌，但是服务员无法分身来服务，导致消费者不满。其二，餐厅现有服务人员的适应问题。以前餐厅工作人员都是人与人合作，现在变成了人与机器，大家还有一些不适应。其三，沉浸式体验餐厅中的灯光比较炫目，亮度偏暗，长时间工作会引起员工身体的不适。其四，服务工作量的透明也带来了员工与企业关系的微妙变化，以前海底捞侧重于员工的亲情化管理，但现在员工与企业之间的关系变得更加契约化。对于机器人而言，其技术也还需要进一步改进来满足其与人之间的协同。例如，智慧餐厅中的机器人在行进中还难以快速避让奔跑中的儿童。现在餐厅中的机器人避让障碍物或者成年用餐者不是问题，但是前来餐厅的儿童数量也不少，儿童往往跑动速度更快，行动突发性更大，因而会出现机器人碰到儿童的现象，这个问题需要在后期解决。

第二，机器人对人类工作的广泛替代，逼着人类劳动力向着更有创造力的技能进阶。此处还以餐饮业为例。一般地，我们普遍认为中餐的烹饪是一个复杂而精妙的过程，很难由机器来完成。成立于 2010 年的上海爱餐机器人（集团）有限公司经过 10 年研发，在 2019 年的第二十届中国国际高新技术成果交易会上展出了该公司研制成功的味霸机器人，引起了媒体的关注。味霸机器人通过调节味道的四个因素：时间、温度、食材的投放、调料的投放，控制炒菜的六个动作：料箱的翻转、料仓的入锅、调料喷射、锅的旋转（翻炒）、滑动（焖锅）、摆动（出菜），运用一套计算机程序，从而让机器代替人完成中式烹饪。智能菜谱是味霸机器人的核心资源。目前味霸机器人已经有 800 多种菜谱提供给消费者选择。可以说，这么多的菜谱配方，确保味霸机器人让消费者日日都可以尝鲜。2019 年 8 月，笔者带着研究团队来到位于上海松江泰晤士小镇的上海爱餐机器人（集团）有限公司总部，对该公司的主要管理人员进行调研，也有幸品尝了由味霸炒菜机器人为我们烹饪的八个菜品，有素有荤，确实味道还是相当不错的。特别是，由于该公司与上游的农产品企业合作，在他们的采购平台上还有一些平常不大容易见到的时令食材，可以带给消费者不少惊喜。这样的炒菜机器人会有市场吗？该公司的负责人告诉我们，目前味霸炒菜机器人的主要客户是一些以外卖为主的餐厅，他们的长远目标是希望炒菜机器人能够像洗衣机一样成为每个家庭的必需品。如果炒菜机器人得到大量的应用，是否厨师就要失业了？针对这个问题，上海爱餐机器人（集团）有限公司的负责人告诉我们，未来厨师的工作将主要不是炒菜，而是开发菜谱；不仅专业厨师可以开发菜谱，任何美食爱好者都可以开发菜谱；菜谱开发者可以将开发的菜谱提供给味霸机器人的菜谱云平台，然后平台可以根据平台上菜谱被使用的次数来给予菜谱开发者分成。可以看到，尽管传统的厨师会越来越少，但是菜谱开发者会越来越多，消费者的选择也将越来越多，共享经济的平台会越做越大。面对机器逐步成为劳动力的一部分，人类劳动力将不断向更加有创造力的方向前进。

第三，隐性劳动是人工智能应用过程中不可忽视的人类劳动。笔者的学术合作者，美国伊利诺伊大学芝加哥分校的 Mary Beth Watson-Manheim 教授在 2019 年 8 月的一次国际会议上提出了“隐性工作”的概念。她在报告中指出，信息技术在工作中的高度嵌入，使得人不得不为了使用这些技术而做更多其他的工作，而这些工作并未被显性地体现在组织成员的工作量中。由于通信技术的无处不在，个人甚至为了群体的协作而不得不改变自己既有的计划，从而产生额外的劳动。为了更好地利用技术来工作，个人需要投入设备来支持工作，投入时间来学习新的应用，这些不断学习和更新设备的投入已经成为新型劳动力的必备保障。人工智能时代，随着技术的不断更新，隐性工作越来越需要技能和专业知识，并且严重依赖于个人学习如何使用新技术、将技术集成到现有工作实践中，并执行其他综合活动的能力。因此，人工智能时代对于劳动者个人而言，是应该摆脱隐性劳动，还是应该拥抱隐性劳动，这是一个值得深入思考的问题。对于组织而言，组织是否应该为员工的隐性劳动支付酬劳，隐性劳动对于组织的利与弊如何权衡，这都是值得研究的问题。在人工智能应用的开发上，应该如何设计人工智能产品，才可以尽量减少人类的隐性工作？

作为第四次工业革命的助推力量，人工智能对劳动力的塑造才刚刚开始。未来，随着 PA（People Analytics）技术推动的智慧人力资源管理的大量普及，“人岗匹配，人尽其能”将逐步成为现实。

四、工作生活方式之变：模糊的边界

在人工智能和大数据技术快速发展的背景下，数字化正在创造新的工作、家庭和社会环境。特别是，使用微信等综合社交媒体应用程序能够将工作团队内部和家庭内部的人员高效地联系起来。此外，日常交易和互动的数字化、采集和计算行为足迹数据的基础设施化以及数据挖掘算法能力不断提升，使个人行为与社会的交互越来越明显，并且越来越透明。

人与人之间联系增强，互动和交易越来越可见，不断模糊了人们在工作和家庭中扮演的角色与对应身份的界限。自第二次工业革命以来，至少在西方国家，工作时间往往不同于家庭和个人时间，人们建立了“精神围栏”，将工作和家庭角色分开。这些边界因组织和职业环境而异，人们对其身份的分割与整合有不同的偏好。个体基于公共与私人领域的边界以及人与机器间的关系，规划他们的日常生活，并在此基础上了解和介入世界。

然而，技术，特别是 AI 技术，正在挑战这些界限。首先，工作和家庭之间的界限以及公共和私人领域之间的界限变得模糊。个人越来越需要就连接、隐私和自我呈现做出一系列不同以往的决定。关于连接，文献表明，西方国家的许多人试图监测自己的连通性状态，并在希望断开连接时切断连接，以使工作和生活更加分离。这一方面是为了防止工作悄悄进入他们的个人时间，另一方面是防止他们的个人生活分散他们在工作中的注意力。然而，似乎组织结构和传统文化因素都增加了中国人区分工作和生活身份的难度。自古希腊以来，特别是 18 世纪和19世纪，西方的思维方式深深扎根于隐私问题，然而，中国文化强调社会的凝聚力与“关系”的建设，即互惠社会的成员之间的信任的网络。关于自我呈现，越来越多的人开始关注并有意识地塑造个人在网络空间中的形象，这里的网络空间主要包括个人网站、电子通信（如电子邮件、即时消息）以及社交媒体（如Twitter、Linkedin、Facebook、Instagram、微信和微博等）。

除了模糊工作和家庭之间的界限以及公共和私人领域之间的界限，技术正在以新的方式连接工作团队和家庭，从而增强信任和凝聚力。例如，通信技术使远程工作者和虚拟团队成员能够更高效、更协调地工作。在家庭内部，通信技术还使许多家庭能够在各代人的日常生活基础上保持联系，即使是在物理分离期间，如青少年在远离家庭的地方学习时，或是当年龄较大的父母与孩子生活在遥远的地方时，也可以不受空间限制保持畅通的联络。社交媒体正在改变人们看待世界的哲学观，更多人将社交网络的生活视作日常生活中更加重要的部分，是存在的一部分，是意义之所在。通过社交媒体的行为也能够更加有效地监测个人的情绪、需求，并提供更加有针对性的服务。

随着人工智能技术不断地介入生活或者工作，人类和机器之间的关系发生了有趣的变化。Terada、Jing和Yamada（2015）研究发现，在线购买的环境下，美国的消费者更倾向于信任机器人，而不是人。Yuan和Dennis（2017）的研究进一步证实，外形像人的机器人更加能取得人的信任，更加明确地讲，这些人形机器人比真实的人更加能获得消费者的信任。这真是一个很惊讶的发现，真实的人更加倾向于与人形机器人交流，而不是与真实的人进行沟通。在现实中也发现一些现象，就是更多的人倾向于使用手机来沟通，而不是面对面沟通。手机中安装的智能聊天应用也正在成为年轻一代心仪的倾诉对象。

目前对AI的研究很多，但人工智能在连接性、自我呈现和边界管理方面，以及在工作团队和家庭内部的信任和凝聚力方面对个人的影响问题并没有得到太多的研究。此外，关于AI对社会边界的模糊效应如何影响社会的研究仍处于起步阶段。但是，越来越多的人工智能应用正在试探拓展，如人工智能应用将人与人的连接拓展到人与机器人、人与设备、人与物、人与场景等，从而不断突破生活与工作、情感与物化、真实与虚拟之间的边界，对社会生态秩序构成了挑战。

在过去的几年中，我和我的团队一直在企业中进行信息技术应用方面的研究，我们发现在中国有一个非常普遍的现象，那就是用于日常个人生活的微信被广泛地应用到组织的工作环境中，以至于组织中已有的知识管理系统却无人问津。在此情形下，一些企业上线了一些用于商务环境、基于社交模式的企业知识管理系统，如中国移动上线了自己的企业博客、企业微博，还有许多企业尝试使用腾讯公司开发的企业微信、企业 QQ 等。但是，在我们的调查中，这些企业级的社交应用并未取得预期的效果，员工还是更加倾向于使用自己的个人微信、个人 QQ 账号来进行工作内容的沟通。原本定位于个人日常生活的微信却被员工广泛地应用于工作，一方面降低了沟通成本，提高了沟通效率；但另一方面员工抱怨个人生活被工作内容不断侵蚀，企业抱怨企业知识难以被有效存储和管理，随之而来的“影子 IT”也威胁到企业的运营安全。

人工智能应用带来的生活工作边界模糊将更甚于社交网络。各种智能工作助理的广泛应用，使得上班一族全天处于待命状态，无论是在办公室里还是在家庭中。最近，我们分析了全球智能销售助理应用的大致情况，在收集到的 30 多款智能销售助理应用中，大多都可以以 App 形式下载到个人手机，从而让销售人员时刻处于销售状态。Webex 助理是思科公司推出的一款应用于工作场景的智能行政助理，主要功能是智能会议安排，用户可以在任何时间唤醒 Webex，通过语音参加会议。Webex 的应用不仅使一个人的生活与工作边界变得模糊，更使一群人的生活与工作边界变得不清晰。

到目前为止，尚没有人工智能研究对这些影响进行跨文化研究。然而，这一点至关重要，因为技术基础设施（如大数据、算法、社交媒体、聊天机器人）与工作场所、家庭和更广泛社会的社会习俗交织在一起，因此，人工智能很可能对全球的个人、工作团队和家庭产生不同的影响。中国是日常生活数字化发展最快的国家之一，目前，中国正加大对人工智能方面的投资，并且处于全球数字化和数据化发展的前沿。微信作为一种“黏性”应用，比 Facebook、Twitter 和其他西方网络服务更易于使用，也更深度地融入了人们的日常生活。向无现金经济的转变使支付具有可追溯性，近 2/3 的国人表示，他们使用微信钱包而不是现金进行日常购买，如购买早餐或在当地商店购物。而且，最重要的是，政府正在推动提高商业交易的信任度和透明度，依赖进化算法的社会信用系统的试点，旨在改变人们在工作、家庭和更广泛社会中的行为。相比之下，西方社会的数字化和数据化应用也在大幅增加，但发生数字化和数据化的过程却不太明显。例如，数据的采集和使用方式并不像中国那样明确。在全球化背景下，了解人工智能影响中国和西方社会的不同模式至关重要。

2019 年中国智能制造劳动力管理调研报告提出，在未来 5 年内 35%的工作将由机器来完成。埃森哲研究了人工智能在 12 个发达经济体中所产生的影响，揭示了通过改变工作本质创建人与机器协作的新型关系。经过预测，融入人工智能可以监督人们更高效地掌握时间，可将生产率提升 40%左右。到 2035 年，人工智能可以帮助年度经济增长率提高 1 倍。这些数字仅揭露了部分事实，人工智能作为一种新型生产要素，有促进经济增长的巨大潜力。但是，在这些乐观的经济数据预测之外，人工智能广泛应用带来的企业隐性成本并未得到足够的重视。“隐性成本”是近些年企业成本研究领域的新兴概念，它是在多方因素的综合影响下产生于企业的生产活动与经营管理过程中的成本。相比于“显性成本”来说，隐性成本是一种不可避免、不易量化的成本，对企业的发展存在负面的影响。近些年，关于隐性成本问题的研究越来越多，主要是对于隐性成本的构成因素与防控措施等问题的定性讨论。

针对上述课题，上海对外经贸大学人工智能与变革管理研究院正在与加拿大魁北克大学合作研究，旨在帮助人们更好地了解数字化如何改变人们的日常工作、生活以及人际关系，在此基础上，试图回答人类如何应用人工智能、社交媒体等创造更加美好的明天。

五、信息系统设计之变：从笛卡尔到海德格尔

2018 年，信息系统（Information System，IS）领域排名第一的国际学术期刊 MISQ（*Management Information Systems Quarterly*）在 2018 年推出“Next-Generation Information System Research”的专刊征文。征文指南指出，IS 领域正在发生根本性的变化，我们过去所信奉的信息系统理论正在过时。随着 IT 技术越来越智能，越来越无缝交互，越来越融入使用过程，现在是时候用新的、颠覆性的理念来指导新一代信息系统的应用实践。

谈到信息系统的应用实践，必须要提到 F. Davis 在 1989 年提出的技术接受模型（Technology Acceptance Model，TAM）。TAM 模型基于理性行为理论，对用户采纳信息系统的影响因素及其相互关系进行阐述。TAM 模型认为有两个主要的决定因素：①感知有用性（Perceived Usefulness），即使用信息系统对于用户业绩提高的程度；②感知易用性（Perceived Ease of Use），即用户使用信息系统的容易程度。这两个因素共同作用，会影响用户使用信息系统的意愿，并进一步影响到用户使用信息系统的行为。

TAM 模型最先是用于解释用户使用电脑上的各种软件应用，如 Office 软件、企业资源管理（Enterprise Resource Planning，ERP）系统等，后来有学者将其不断拓展到互联网在线应用，如在线学习、在线游戏、在线购物等领域。但是，不管 TAM 如何被拓展，都不能改变 TAM 模型建立的思想基础，也就是 TAM 模型是和笛卡尔的哲学思想一脉相承的。

勒内·笛卡尔（公元 1596—1650 年）是法国著名的哲学家、物理学家和数学家。笛卡尔是二元论的倡导者和理性主义者，他的名言“我思故我在”开启了近代西方哲学认识论的新风向。笛卡尔认为，存在的定义不仅基于思维，而且基于思维的主体与客体空间之间的隔离，客体被看作主体之外的空间中的延伸事物。为了找到“我”的本性，“我”必须把自己从对空间的感知中分离出来，从对世界的感知中分离出来。“我”把自己定义为思考，因为“我”能够从“我”的感知中抽离出“我”的体验，从“我”的意识中远离对象。对象与“我”是分离的，主观与客观是分离的，“我”与外部世界是分离的，空间是“我”意识之外的一个区域。

从信息系统的发展历史来看，早期它是面向事务处理、提高管理效率的业务过程信息化应用，如一些数据库应用等。之后，信息系统发展进入集成化信息系统应用阶段，典型的代表就是 ERP 系统。之后，信息系统发展到决策支持系统阶段，如在组织中广泛应用的各类决策支持系统。Davis 在 1989 年提出的 TAM 模型就是在这样一条信息系统发展的历史路径的背景下提出来的。这样一条信息系统的发展路径是建立在人与信息系统分离的基础上的，即人与信息系统是分离的，人是理性的感知主体，人根据自己的理性原则来评判信息系统这一客体，并决定是否使用信息系统，这是典型的笛卡尔认知方法论。

但是，随着人工智能技术逐步应用到信息系统的开发中，信息系统出现了与传统信息系统截然不同的特点。传统的信息系统与用户之间的交互较差，也不具备学习能力，从而传统的信息系统与用户之间的关系的确符合笛卡尔的二元认知论。但是，如今由于 AI 技术越来越深入地应用到信息系统中，新一代的信息系统具备了与用户之间高度的交互性和较强的学习能力，展示出在“无感”状态下与人协作完成复杂任务的可能性。这时，人与信息系统之间的分离感正在消失，这挑战了笛卡尔二元认知论的存在条件，从而也就挑战了 TAM 模型对于新一代信息系统用户采纳的适用性。

马丁·海德格尔（公元 1889—1976 年）是德国著名的哲学家，20 世纪存在主义哲学的创始人。海德格尔对笛卡尔的二元论提出批判，他认为人与世界的关系不是在人与对象对立的基础上构建的（理性观），而是在人与对象的历史关系基础上构成的（历史性观）。海德格尔（1992）阐述了基于历史性的人与世界关系理念，并指出理性与历史性相对立的观点。海德格尔对理性的工具主义进行批判，提出“共享世界”（德语为“Mitwelt”，直译为“和世界一起”）的概念。从共享世界的角度来看，在“此在”和向他人“此在”中，“此在”和“此在”之间产生关联，对他人的理解将成为我们对自我“此在”理解的基础，它使我们作为“此在”能够被需要面对的世界所理解，并因此而存在。海德格尔存在主义哲学中的另外一个重要概念是“历史性”（Historicity）。我们存在的时间方式被称为历史性。时间不仅是指时间的持续性，时间通过“我”讲述自己历史的方式，以及“我”解释过去的方式来定义“我”。可以看出，强调主体与客体之间的关联性是海德格尔的存在主义哲学与笛卡尔的二元认知论哲学的区别之所在。

再回到应用了AI技术的新一代信息系统。AI是指执行与人类认知功能相关指令的机器，包括感知、推理、学习、交互等。也就是说，应用了AI技术的新一代信息系统具备了一定的类似于人类的认知功能，可以和人类一起协作完成任务，如数字化生产、家电调控、精准医疗、适应性学习、人力资源管理、产品设计、智能安防、无人驾驶等，并已经越来越广泛地应用于生产、家居、医疗、教育、就业、娱乐、安全和交通等各个领域。在新一代信息系统应用蓬勃推进的同时，我们日益感受到新一代信息系统所带来的前所未有的新问题，如数据安全、个人隐私、伦理规范、劳动者尊严等。这些新问题迫使我们重新思考在新一代信息系统应用中应选择什么样的哲学观。

根据海德格尔的存在主义哲学，我们对于世界的存在，可以通过对他人的关心（Care）来定义。我所做的一切，甚至是我所考虑的一切，都是对我的父母、我的朋友们、对我生命中的所爱的一种关怀，即使他们不在场，甚至即使他们去世了，我的行为都依然如此。我的行为的意义在于展示我对他们的关怀，就像小时候我的父母关心我，就像我的朋友在我需要的时候关心我一样。这种关怀也可以通过我照顾我的孩子的方式，或者通过我关心陌生人来实现。遵循着这样的思路，AI技术应该是赋能提升人类之间相互的关怀，赋能提升不同人类群体之间的关怀，有助于个人感受到他人或组织的关怀，同时，也可以更加便捷地关怀他人。当然，AI应用应该首先使人感受到被关怀。如果新一代信息系统的应用实践没有重视到这一点将可能遭遇失败的教训。

某小型创新企业A开发了一款智能销售助理产品。该企业利用声纹采集技术自动采集销售人员与客户访谈过程中的对话语音，并利用语音识别技术对语音进行分析，为销售经理提供定制化的信息服务。企业A经过市场调研发现，在一个公司中的销售人员，平均每天有1/3的时间按照公司的要求往系统填报信息。这种“被要求”而不得不做的工作，难以获取销售人员真心实意的信息。因此，在填报中往往出现信息不完整、信息不真实、信息不及时等问题。不仅如此，信息填报还极大增加了销售人员的工作时间，引发员工不满。为此，企业A和某手机终端硬件商C合作，推出了一款定制化的手机。在该手机上安装了企业A自主开发的智能销售管理 App。假设 B 公司是企业 A 的客户，B 公司首先需要采购企业 A 的智能终端。然后，B 公司让其销售经理在开展商务活动时带上该终端，并要打开该终端上的 App。这样销售经理和 B 公司客户的所有商务沟通对话都可以被实时地采集下来，进入企业 A 的云平台进行数据分析，并按照 B 公司的需求提供信息服务。在企业 A 的设计中，这是一款将销售人员从信息录入中解脱出来，将主要精力用于商务活动开发，并提供智慧服务给销售人员的革命性产品，按照 TAM 模型，有用性和易用性都不错，应该能得到销售经理的积极采用，能较快地获得经济回报。

2019 年 4 月，我们实地调研该应用，访问了企业 A 以及企业 A 的三个客户 B1、B2 和 B3，并和这三个客户的高层管理者以及数位销售经理进行了一对一的访谈。我们在访谈中发现一个非常有趣的产品定位错位：企业 A 将该产品定位为销售经理的智能助手；B1、B2、B3 公司的高层管理者无一例外均将该智能产品定位为销售管理工具——监控销售经理工作是否卖力的有力工具，因而均表示十分喜欢该产品；该智能产品的实际使用者——销售经理——表示他们十分讨厌该产品，他们不愿意使用该产品，该产品并未给他们提供有实效的帮助，但是却让他们始终在监控之中。

2019 年 6 月，我们继续跟踪了该智能产品的市场拓展现状，企业 A 的 CEO 告诉我们，该款产品的用户活跃度越来越低，被售出的终端只有 100 多个，但每天在用终端还不到 20 个。到目前为止，该产品基本上处于停滞商业运营状态。

这个世界上最容易落伍的东西是观念和意识，这个世界上最有力的是思想。AI 带来的新一代信息系统需要摒弃旧观念，拥抱新思想。

六、价值链之变：数字化

谈到价值链模型，人们首先会想到的就是美国哈佛商学院著名战略学家迈克尔·波特提出的价值链模型，如图 2-1 所示。价值链模型是波特在其 1985 年出版的《竞争优势》一书中提出的。波特认为，每一个企业都是在设计、生产、销售、发货和辅助其产品的过程中进行种种活动的集合体。所有这些活动可以用一个价值链来表明。企业的价值创造是由一系列活动构成的，这些活动可分为基本活动和支持性活动两类。基本活动是涉及产品的物质创造及其销售、转移给买方和售后服务的各种活动。支持性活动是辅助基本活动，包括采购投入、技术开发、人力资源管理以及各种公司范围内的职能支撑性基本活动。这些互不相同但又相互关联的生产经营活动构成了一个创造价值的动态过程，即价值链。然而，并不是价值链的每个环节都创造价值，只有某些特定的价值活动才真正创造价值，这些真正创造价值的经营活动，就是价值链上的“战略环节”。

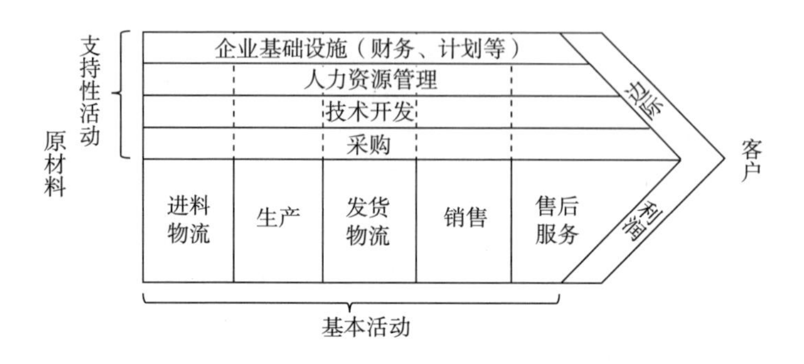

图 2-1　波特的价值链模型

波特 1985 年提出的价值链模型为全球企业的价值链分析以及战略优势定位提供了普遍可用的思维工具，因而也成为全球商学院授课中的经典知识。但是，不难看出，波特的价值链分析始终围绕着物质产品的价值创造过程而展开，其基本活动遵循从原材料采购到设计、生产、包装、运输、交付、售后等线性过程，是典型的基于工业时代实体产品生产线而建立起来的价值链分析方法。工业时代实体商品的生产线是有形的，生产过程是单一方向的，生产出来的工业商品具有边际成本和时空属性，只有实际发生商品购买交易之后，也就是只有消费者获得商品的所有权（至少是使用权）之后，才能产生消费者评价，并经过有限的渠道反馈给企业来进一步改进。

云计算、大数据、人工智能、物联网、移动应用、区块链等新兴数字技术不仅掀起了一场技术革命，也点燃了一场认知革命，引发了商业逻辑和商业模式的革命。在技术驱动下，出现了多样化和云端化的全新工作模式，数字化生产线成为常态，企业组织边界被打破，工作任务和企业组织逐渐分离，平台性和开放性日益成为组织的主要特征。旧的基于有形物质商品的生产方式及商务规则正在逐步退出历史舞台，新的基于无形数字商品的生产方式及商务规则正在主导商业世界。数字化商品的生产线是无形的，生产出来的信息商品边际成本为零，没有时空概念，完成过程可以随时反馈优化，甚至可以并行进行，客户通过网络参与使用体验，实现价值共创，而无须在购买获得所有权之后再体验。可见，数字化提供了一种前所未有的新型企业价值链模式。价值链模型的数字化能力已经成为数字经济时代企业获得竞争优势的源泉。

2019 年 8 月，笔者参加了在美国波士顿举行的美国管理学会（Academy of Management，AOM）2019 年年会。在这次会议上，笔者的学术合作伙伴、美国凯斯西储大学管理学院 Youngjin Yoo 教授团队组织了一场名为“Digital‘X’：In Need of New Theories or Do Prior Theories Suffice?”（“数字化‘未来’：需要新的理论还是旧理论依然管用?”）的专题研讨会。笔者有幸参加了该研讨会，并和几位主讲的嘉宾有深入探讨。Youngjin Yoo 教授是数字化创新领域的国际知名学者，也是凯斯西储大学 Digital X 实验室主任。在这次研讨会上，Youngjin Yoo 教授提出了数字化优先价值链模型（Digital First Value Creation Model），如图 2-2 所示，给笔者留下了极其深刻的印象。

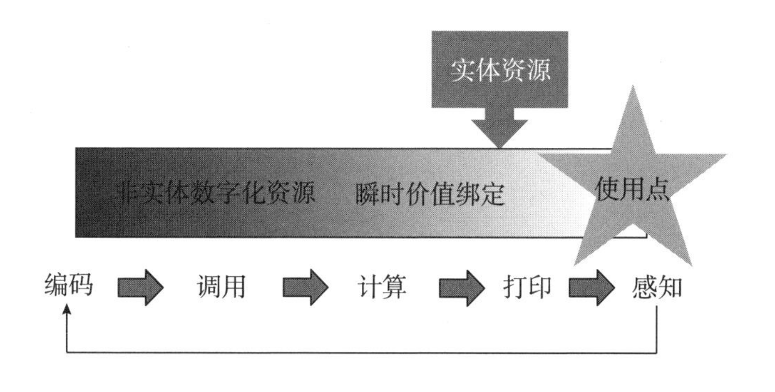

图 2-2 数字化优先价值链模型

资料来源：Youngjin Yoo（2019）。

Youngjin Yoo 在他的报告中指出，数字化工件（Digital Artifacts，如数据和软件等）没有实体的形态，但可以高效且低成本地与其他数字化工件、物质的实体工件快速连接（Deferred and Temporary Binding），并创造价值。数字化工件能发挥这一作用归因于两个特质：一是无实体，二是可计算。Youngjin Yoo 教授认为，有效组织的数字化工件为企业构建了支持大规模价值创造的数字化平台，该平台将企业分散的实体资源与非实体资源调动起来，运用三维打印技术，在最为靠近用户使用场景的时点让用户先行体验，并反馈信息进行第二次价值创造迭代，从而在大规模的实体产品生产之前，通过数字化手段优化了价值链的可能环节，确保实体化价值链过程可以获得期望的价值回报。

2019 年 9 月，笔者到上海美华系统有限公司调研。其间，访谈了美华系统董事长罗贵华先生。美华系统是为外贸及物流相关行业提供信息化服务的龙头企业，全国 90%以上的口岸都使用了美华的系统。罗贵华先生谈到，随着跨境电商的兴起，贸易呈现出日益明显的碎片化趋势，跨境贸易的支付、监管、物流、服务等各个环节都面临巨大压力和挑战。罗贵华认为，贸易数字化是应对贸易碎片化的趋势性途径，只有通过贸易数字化才能消除在跨境贸易价值链中不创造价值的活动，让跨境贸易更通畅和高效。

数字经济时代，一个企业数字化价值链的能力将成为企业的核心竞争力之所在，阿里等企业所倡导的“中台”战略或许可以看作数字化价值链能力的一次探索性产业实践。

七、企业形态之变：平台化

量子管理思维的提出者是英国的企业管理专家丹娜·左哈尔（Danah Zohar）。量子管理的倡导者认为过去的管理思维沿用了牛顿思维（Newtonian Thinking），重视定律、法则和控制，强调“静态”“不变”和“控制”，量子思维（Quantum Thinking）重视的却是不确定性、潜力和机会，强调“动态”“变迁”和“激发”。牛顿思维认为，世界是由“原子”构成的，原子和原子间就像一颗颗撞球一样，彼此独立，即使碰撞在一起也会立即弹开，所以不会造成特殊的变化。因此，世界将日复一日地稳定运作。量子思维主张世界是由能量球（Energy Balls）组成的。能量球碰撞时不会弹开，反而会融合为一，不同的能量也因此产生难以预测的组合变化，衍生出各式各样的新事物，蕴含着强大的潜在力量。

在以机械为代表的工业时代，牛顿思维为科学管理提供了思想的基础，发挥了重要的作用；但在数字经济时代，随着信息以前所未有的方式不断交互、重组、创新、发展，由技术所推动的社会变革愈演愈烈，世界充满了不确定性与不安全感，需要给个体明确的愿景和目标、更多的授权和资源，充分发挥个体在动态、不确定环境中的主动性和积极性，调动个体间的自发组织，使自发组织与组织的愿景和目标一致，这才是数字经济时代管理的正确方向。

按照量子管理的思维，如果每一个人是一个能量球，那么每一个企业将成为给能量球以环境的平台。如何设计好企业平台，让每一个个体都成为一个正的能量球，以下从三个方面来阐述观点：

（1）如何解决人的动力问题？管理最根本的就是要好好地理解人、认识人、引导人和释放人的积极性和创造力。在以计件为特征的工业经济时代，科学管理思想对于提升体力劳动者生产效率发挥了巨大的作用；但是，对于以创新为特征的数字经济时代，随着越来越多的体力劳动被机器所替代，如何更加有效地激励知识工作者的创造性在全球都是一项颇具挑战性的管理工作。

工业经济时代，员工如同生产线上的器件，依附于生产线而难以独立完成生产；数字经济时代，员工可以通过网络协作，参与任何组织，成为价值链中的一部分，并获得相应回报。工业经济时代，企业实行严格的科层制度，将员工锁定在不同的岗位上，并通过考核提供一条在科层体系中晋升的通道，以此作为激励员工努力的动力。数字经济时代，科层体系逐步扁平化，科层制度逐步瓦解，员工对于组织的依赖度逐步下降，此时，企业逐步平台化，也就是说，每一个企业相当于提供一个展示个人能力的平台，任何个人都可以方便地接入该平台，如果他能够在这个平台上获得提升，将决定继续留在该平台上；如果个人没有收获到预期的成长，就可以放弃该平台，继续寻找合适的平台。

从这个角度理解，未来企业要解决劳动者的动力问题，就要调整思维，不应加大对劳动者的考核力度，而应该不断强化企业对于劳动者个人发展的平台效应，该平台越有吸引力，就会有越多优秀的劳动者加入，每一个优秀的劳动者都是一个能量球，优秀劳动者在一起就会产生更高的总能量，更高的总能量又会激发每一个劳动者自身提升能量，从而形成持续不断的创造动力、创造能力和创造业绩。

（2）如何对人的价值进行评价？工业时代，每一个企业都是相对封闭的体系，工作任务是相对固定和稳定的，每一个员工都在工业生产流水线上规定好的岗位上，该岗位有清晰明确的职责描述，每一个员工的价值就体现在他是否出色地完成了该岗位的工作职责。数字经济时代，企业日益成为一个开放的平台，技术进步以及市场需求的千变万化使得岗位需求、岗位任务、岗位职责等经常发生变化。这时，学习能力、创新能力、协作能力对于一个优秀的员工至关重要。

企业平台化一方面为激发个人劳动者创造动力提供了前所未有的机遇，另一方面也为个人劳动者带来空前的竞争压力。按部就班、等待任务、缺乏创新的劳动者在平台上的价值将越来越低，而且随着人工智能的广泛应用，这一部分劳动者不得不面临岗位供给越来越少的境遇。与此相反，善于学习、积极创新、能充分调用平台资源的个人劳动者将成为平台的中流砥柱，其价值对于平台具有独特性和不可替代性，从而成为最具价值的平台合作者。

从这个角度上理解，未来评价个体劳动者的价值，不再会将个体劳动者放置到一个封闭的工序上度量，而是要将个体劳动者放到一个开放平台系统中，来评价该个体劳动者对于提升整个平台竞争力的作用，该作用越大，个体的作用就越大。

（3）如何对于人的价值进行激励？如何有效地激励劳动者，人类动机理论大师马斯洛、探索领导模式的大师赫茨伯格以及人性化管理的智者麦格雷戈分别提出了著名的需求层次理论、双因素理论、X 理论和 Y 理论，如今，这些理论在全球组织管理中得到普遍应用，深刻地改变和影响着世界。

丹娜·左哈尔在其量子管理学理论中也对人的需求进行了讨论，她认为人类自我有三个层次，分别是心智、情感和心灵。心智通常指我们的显性思考，解决问题的能力、遵守规则的能力以及达成目标的能力。情感通常在我们选择解决哪一个问题、判断目标是否值得达成以及是否愿意遵守规则时做决定。对意义的探索、愿景和最深层价值观，便代表我们心灵的一面，是这一切的基础。

随着企业不断平台化，工作不断云端化，个人影响力不断无边界化，激励个体不断创造的将越来越来自最深层的价值观：信念。从这个层面上讲，平台的信念就是平台对于参与个体最强大的激励。

2017 年 7 月至 2019 年 1 月，笔者担任上海对外经贸大学工商管理学院院长，其间尝试在大学的学院层面来实践“平台化管理”。笔者运用“平台赋能管理”的理念设计学院治理战略，其行动框架表现为六个方面：一是理顺学术权力与行政权力的关系，整体向赋能管理转变；二是坚持以人为本，以促进师生发展为目标，搭建赋能平台；三是充分发挥系主任职能，系主任从执行层面走到战略设计层面；四是建立新型科研组织，创新知识生产模式，集聚优质学术资源；五是将对外交流合作从单一的“交流”转化为学院高水平发展的战略引擎；六是学院的宣传工作从衍生产品转化为使能资源。经过两年多的运行，我们运用赋能理念进行了学院管理流程再造，建立了新型国际合作网络平台，创建了新型科研组织机制，重构了学院学术创新文化。但是，学校整体人事激励制度缺位、高校财务制度支撑错位以及学院行政人员配置不足，都为这一实践的后期发展带来很大的不确定性。

2017 年 12 月，在学校的大力支持下，笔者牵头组建了上海对外经贸大学人工智能与变革管理研究院，并担任院长至今。在研究院的建设目标中，我们写道：搭建面向人工智能与变革管理的资源共享与协同创新平台，探索人工智能所引发的社会发展效应（就业影响效应、法律影响效应、伦理道德风险等）、产业演化效应（技术影响效应、产业生态效应、产业发展战略等）、组织变革效应（生产方式变革效应、人力资源管理变革效应、组织形态演化效应等）等经济管理问题，通过状态趋势跟踪、模拟环境搭建、分析模型推演、大数据驱动建模等方式，提供案例/数据/模型/实证/智库等，推动社会从工业经济到数字经济的转型。

衷心欢迎“拥抱未来，勇于尝试，善于学习，富于协作”的年轻人来到我们的平台，活出最精彩的自己。

八、信息传播之变：智能传播

传媒业是高度依赖于技术发展的产业。每一次技术进步都能带来传媒业的革命性变革。传播业循着技术的脉络经历了“史前传播”“文字传播”“印刷传播”“电磁传播”“数字传播”和“网络传播”六个阶段。如今，随着人工智能技术的普遍应用，“智能传播”势必很快到来。

“智能传播”将会带来全新的信息传播媒介。首先，以人为中心转为以机器为中心，机器整合内容、传播信息，全广播式传输模式作为扩散渠道，高度智能化社交工具无处不在；其次，随着智能展示技术、柔性折叠屏等技术的广泛应用，甚至智能眼镜、头戴式思维诱导器都将会成为人机接口，沉浸式的信息展示也会出现，传播媒介将发生根本性的变化。

“智能传播”将极大提升全社会的信息供给能力。社交媒体赋予了大众发布信息内容的权力，手机的全民普及使社交媒体赋予公众的信息内容发布权产生乘数效应，社会话语权进一步分散。随着人工智能在内容制作方面的进一步赋能，精彩内容制作的门槛进一步降低，致使短视频这类既简便又信息量大的信息采集技术再次增强了公众信息发布的乘数效应，极大地提升了整个社会的信息供给能力。

“智能传播”能大幅增强社会公众的信息获取能力。一是滤网式信息整合技术应用海量数据的条件筛选，自动汇聚海量信息为一个精简的摘要信息，甚至能把不同的观点都并列展示出来，让人们全面了解外部世界的客观想法，进而来决定自己的观点；二是自动翻译技术使不同语言自动转化，人们不再仅局限于获取本民族语言的信息，可以方便地获取全世界各种语言的信息；三是多种通道的信息融合技术、人工智能驱动的多媒体互译技术可以帮助受众更深入理解多媒体内容，甚至将之生成对应的文字摘要信息。

“智能传播”能实现信息供需的高效匹配。一是各种基于人工智能的个性化信息推荐服务可以迅速把各种相关信息汇聚，使得每个人都能够根据自身的需要直接获得感兴趣的信息；二是各种社交化软件实现了用户自主的信息选择。微信是目前我国用户获取信息的重要来源。大多数公众除了在自己的朋友圈获得信息，还通过各种微信公众号以及各类在线兴趣群来获取信息，从而可以及时获得自己需要的信息。当然，发布者也会试图利用个性化效应来影响受众，通过受众的信息茧房效应来引导受众的认知，甚至使其认知出现偏差。

“智能传播”将开辟传播业的全新时代。一是信息传播空间前所未有的平坦化，信息传播壁垒不断消除，信息不对称现象逐渐消失。过去依据信息传播壁垒向受众定向投喂信息的模式将不复存在。二是以受众随身工具为载体，以社交媒体作为传播媒介的微传播大行其道，传统媒体转型势在必行。三是以受众偏好为驱动，传播的内容、形式、方式必将发生重大变化，观点的多元化、形式的泛娱乐化、方式的亲民化将成为趋势。四是建立在“智能传播”基础上的融媒体是传播业态的发展方向。

“智能传播”将形成新的传播生态。一是由于信息获得不再是问题，内容极大丰富，网民对不同观点将会变得日趋宽容，“反弹”或“放大”现象将会减弱。二是随着各种观点互相碰撞、网民趋于谨慎相信，承受能力增强，对各种网络事件、谣言的冲击将会更加淡定。三是信息太多太快，网民的注意力、专注力相对下降，“三分钟热度”现象将越来越普遍。

“智能传播”在带来传播业大繁荣的同时，也为传播业的技术穿透式监管提供了可能。在以流量竞争为主导的社交媒体时代，新闻业面临市场转型的挑战和机遇。当前新闻业面临假新闻泛滥、专业权威遭受质疑、传统商业模式失灵等诸多挑战，加剧了新闻业的专业化困境与信任危机，威胁着新闻业的长远发展（匡文波等，2020）。随着信息内容以及内容传播过程的数字化，运用人工智能等技术实现智能化全程内容监管变得可行。区块链技术等在某些场景的应用，还可以实现信息内容的公众自我审查。应用人工智能技术还可以高效地打破信息茧房效应，保障社会公众获得更加全面客观的信息，促进公众理性认知，保障整体社会的健康运转。

整体来看，智能传播还处于发展的初期，其行业标准和从业规范、细分业务的发展潜力、技术成熟度和价值传递、盈利模式和可持续性等还有很大的探索空间。

九、治理之变：数字化权力

在第七条“企业形态之变：平台化”中，本书对数字经济时代企业形态的特征描述为平台化。企业形态平台化有利于降低交易成本、提高资源配置效率等，但是随之而来的，也会引发一系列新的公司治理问题。数字平台所拥有的海量数据资源以及强大的智能算法，正不断地将员工和消费者笼罩在其“数字苍穹”之下。随着数据资源日益成为更加重要的生产要素，企业形态日益平台化，人工智能技术应用不断泛在化，企业日益获得一种由数字化应用部署所带来的权力，我们暂且将其称作“数字化权力”。

第一，企业的数字化权力正在重建员工与企业的关系，需要针对这种数字化权力来构建相应的治理机制。当前，全球的企业都在推动数字化转型，将企业的运营建立在数字化技术的基础之上，以最低的人力成本、最小的资源消耗、最优的业务流程，实现最大化的商业价值。在企业的数字化转型中，如何保障员工不被物化，员工作为人的主体性能够得到充分的保障？如何构建员工与数字化应用间的积极合作关系，确保数字化应用使员工感受到高效的支持并获得了更有意义的职业发展？随着数字化应用的广泛部署，员工作为数字化连接的一部分，其工作状态不断透明化，工作效果日益可测量化，工作过程全面可监控，员工在企业的数字化应用过程中，日渐失去过去因信息不对称所拥有的工作模糊度、灵活度和自由度，这一方面带来企业人力资源管理的优化，但另一方面也有可能使员工作为有创造性个体的决断权丧失，可控感下降，成就感受挫，职业的倦怠感、焦虑感和压力陡增，不仅不利于员工的身心健康，也容易使企业陷入短期绩效评价的陷阱，从而不利于大的创新和颠覆性的突破。确定性环境下的小步快跑或许可以通过时间的积累而实现超越，但是不确定环境下的小步快跑或许会将企业葬送在方向错误的“勤奋”中。在八小时之外的员工个人生活中，由于各种数字化应用的实时连接，员工的个人空间不断受到工作空间的侵蚀，个人生活与工作空间的边界逐渐模糊，个人生活与工作要求之间的冲突也日益加剧。斯坦福大学的三位教授 Goh、Pfeffer 和 Zenios（2019）的研究发现，在美国每年有 12 万多的死亡以及 5%~8%的年医保支出是由工作中过长的工作时间、工作的不安全感、工作—家庭关系紧张、高的工作要求以及低的社会支持所带来的工作压力造成的。根据公众号“一条”（ID：yitiaotv，闫坤沐）的调查，2019 年，被称作中国的付费自习室元年。短短一年里，上海、北京已经开业超过 80 家付费自习室，沈阳、西安、成都也有 60 家。AI 浪潮迅猛，许多人担心自己中年失业，学习者中女性占七成，高知、高薪群体是主要人群。据《河北新闻网》上的文章《微信工作群该“减减肥”了》报道，现在微信工作群已经成为很多人的工作梦魇。很多人 24 小时都处于工作待命状态，不少上班族要不时地查看手机，很多人因此患上了严重的焦虑症。

第二，企业的数字化权力正在重构企业与消费者之间的关系，需要建立起对这种数字化权力的治理机制。数字化权力是基于掌握强大的数字化技术平台而拥有，数字化权力天然是平台化企业的优势。Web2.0 时代，由于社交媒体的广泛应用，消费者在人类历史上第一次广泛联合起来，获得了强大的数字化权力。但是，当下平台型企业所拥有的大数据资源以及人工智能技术所支撑的强大算法已经超越了任何个体消费者的能力或者个体消费者联合起来的能力，并使数字权力再次回到企业手中。不仅如此，平台型企业对于数字化权力的滥用也对消费者造成伤害。“大数据杀熟”是2018年的年度热词，是指通过对消费者的大数据进行分析，专门针对老客户来赚取更多利润。据新华网《大数据缘何变身“杀熟”帮凶》一文分析，国外一些网站也有大数据“杀熟”的现象；国内对2008名受访者进行的一项调查显示，51.3%的受访者遇到过互联网企业利用大数据“杀熟”的情况。更有甚者，一些平台型企业利用平台的权力，剥夺了消费者的选择权。笔者近期乘坐国内某知名航空公司的航班，以前网上订票之后，可以在值机时进行座位挑选，近期值机时却没有选择座位这个环节，系统直接就为乘客分配了座位，而且每次分配的都是最靠后或者夹在两人中间，是大多数乘客不愿意选择的座位。经过电话咨询后才知，是系统通过算法分配的。由于各大企业平台都掌握着大量的消费者数据，消费者隐私数据泄露便成了最大隐患。2019年3月爆出的脸书用户数据泄露事件就为这种担忧敲响了警钟。除此之外，算法“黑箱”使得消费者由于性别、种族、肤色、宗教等方面的不同，在人工智能算法的训练中可能产生算法“歧视”，进而造成在实际商业实践中的消费者歧视，如Google的图像识别算法就因为将黑人识别为大猩猩造成轩然大波。

第三，企业的数字化权力正在重塑社会公众的日常生活，需要政府尽快建立健全相关治理体系。Thaler和Sunstein（2003）将“助推”（Nudging）定义为：一种在保留个体选择自由的情况下授权私营和公共机构引导人们朝着促进其福利的方向发展的方法。Mols等（2015）在助推的思路下，根据英国卡梅伦政府的治理经验，提出了互联网的助推治理（Nudging Governance）模式。Weinmann、Schneider和Brocke（2016）提出了数字助推（Digital Nudging）的概念，并将其定义为使用用户界面设计元素在数字化选择环境中引导人们行为的方法。至此，大量数字化助推不仅在实践中被企业广泛应用，也得到了研究者越来越多的关注。企业借助着大数据、人工智能以及对于人—机界面的掌控力，不断探寻数字助推的商业力量，进而对社会公众的日常生活产生有待评估的干预与影响。例如，某知名电商平台关于口红产品的广告词为“不使用口红，你还是女人吗?”；某知名消费贷款平台针对年轻人的广告词为“年轻不留白，任性花钱”；以某知名信息服务商为代表的互联网服务/产品，正是以帮大家建造信息“茧房”为生，利用大数据和算法迎合公众的判断和认知，导致公众片面获取信息，影响其更为理性的决策行为；大型的约会交友平台，正在通过算法左右我们的社交以及婚姻，在无形中改变我们今后生活的轨道。2019年，由MIT媒体实验室领衔，哈佛、耶鲁等研究院所和微软、谷歌、脸书等公司的多位研究者共同在*Nature*上

以 *Machine Behavior* 为题撰写文章，其中特别谈到了 AI 带来的助推可以在预期的目标下为人类带来正面、积极的作用，也有可能在未曾预期到的目标下为人类带来负面、消极的作用。当技术在缺乏价值观评估和伦理约束的情况下，未曾预期到的负面消极影响的破坏力之大或将难以在短期内准确评估。正因为如此，世界各国都已经认识到信仰、价值观、伦理对于数字经济时代企业的社会责任感是前所未有之重要，必须纳入治理的框架，予以高度重视。

上海对外经贸大学人工智能与变革管理研究院对于数字经济时代的数字化权力治理问题非常关注，我们和国际同行一起，正在推动这一领域的研究和实践。2019 年我们先后在美国管理学会年会（AOM，2019，波士顿，美国）、美洲信息系统年会（AMCIS，2019，坎昆，墨西哥）、国际信息系统年会（ICIS，2019，慕尼黑，德国）等重要国际学术平台上引领这一领域的研讨。

党的十九届四中全会审议通过了《中共中央关于坚持和完善中国特色社会主义制度　推进国家治理体系和治理能力现代化若干重大问题的决定》，明确指出“推进国家治理体系和治理能力现代化”。这为数字经济治理提供了顶层设计与理论指导，也提出了更高的治理要求（《中国数字经济发展白皮书（2019年）》，中国信息通信研究院）。数字经济时代，平台型企业所拥有的数字化权力必须要在国家治理体系和治理能力的现代化构建中得到充分监管，才能推动我国数字经济的健康发展与人民福祉的全面提升。

十、战略思维之变：Outside-in Thinking

2013 年，笔者和博士同学、学术研究合作者、美国亚拉巴马州 A&M 大学慕继丰教授合作了一篇关于 Outside-in 营销能力的文章，提出 Outside-in 视角的企业营销能力模型，包含三个维度：市场感知（Market Sensing）能力、伙伴连接（Partner Linking）能力以及客户参与（Customer Engaging）能力。这篇文章使用来自美国的数据做了实证研究，证实了其营销决策价值。该论文在生产运作领域的高水平学术会议 PDMA 2013 的同行评议中获得很高的评价，函评同行一致认为我们这个研究成果质量很高，很有潜力在高水平的学术期刊上发表。不出意外，该论文问鼎了这次会议唯一的最佳论文。在这篇论文的基础上，笔者和慕老师以及其他合作者又进行了数年的研究，我们将 Outside-in 的营销能力与 Inside-out 的营销能力结合起来，来探究它们是如何相互作用影响企业业绩的。同样使用来自美国的数据，我们发现企业领导风格、员工创新能力等企业内化能力会以中介效应或调节效应的形式加强或减弱 Outside-in 营销能力对于企业业绩的影响，这一成果于 2018 年发表在国际学术期刊 *Industrial Marketing Management* 上。为进一步在此领域做深入探索，我们新的研究聚焦到 Outside-in 营销能力中的市场感知能力，还是使用来自美国的数据，我们的研究发现市场感知信息的不同类型会对企业业绩产生差异化的影响。对市场趋势中微弱信号的感知能力，会通过刺激企业对于“独辟蹊径”的新产品研发的投入而产生企业业绩；对于市场趋势中主流信号的感知能力，将通过刺激企业加强现有产品的迭代而产生业绩。对于微弱变革信号的感知是一种极其稀缺的企业家天赋资源，但是大多数企业家还是可以通过将传统的 Inside-out 思维转变为 Outside-in 思维，从而扩大接触到微弱变革信号的机会，把握住变革的先机。

Inside-out 思维是绝大多数组织传统的战略思维模式，从组织视角出发，基于组织自身的资源能力，来对外提供服务。一只井底的青蛙抬头望天，它所感受到的只是井盖大小的天空，它的行为决策就会受限于这种感知来做出判断；但站在井外的人来观察这只青蛙，就不免可怜它视野之局限、认知之浅显、行为之简单。Outside-in 思维则不然，它是将组织放到产业生态系统中，强调站在产业生态系统演化的大场景中，协同组织内外部资源，来为组织谋划战略和发展。井底的青蛙如果来到地面，看到天地之广阔，它对未来的规划就一定不再局限于井底，它的行动也会因为突破性的思维而发生前所未有的改变。

随着我们在 Outside-in 营销能力领域的研究越深入，我们越来越意识到 Outside-in 思维不仅适用于营销领域，而且是普遍适用于数字经济时代组织发展的重要战略思维。一方面，数字技术极大地增强了组织感知外部世界、与外部世界建立连接以及整合外部与内部资源的能力，从而为 Outside-in 的思维模式提供了必要的技术保障。另一方面，日益动态的市场环境也要求组织不能过多依赖 Inside-out 的思维模式，而是要不断加强感知环境变化的能力，及时调整决策，动态适应变化，甚至提前引领时代变革。

组织如何才能拥有 Outside-in 思维？本书将其总结为三个途径：组织无边界、用人举手制和管理自组织。

（1）组织无边界。组织无边界是指组织要破除狭隘的成员隶属边界，依据组织的业务发展趋势广泛链接其他组织中最优秀的人才，搭建一个液态的、松散耦合的、不受制于物理实体行政隶属关系的创新型组织。为了使这个无边界的创新型组织能够发挥最佳的效果，就要求组织的人力资源管理要做出与时俱进的调整，需要为无边界组织中的、非本组织中固定的优秀人员安排恰当的激励制度，为无边界组织的稳定运作提供必要保障。组织无边界是一种低成本、高效率，打破组织边界，汇聚外界优秀人才，带来外部多元思维，为组织注入新鲜活力，通过外部来推动内部变革的重要力量，也就是带来 Outside-in 思维的最佳途径。

（2）用人举手制。传统的组织普遍存在“二八”原则，即 20%的员工干了 80%的绩效，但这 20%的员工却占用了最少的管理成本；相反，组织却需要花费大量的管理成本试图激活 80%高度惰性的员工，但实际上收效甚微。任何一个组织都想网罗那些根本不需要组织管理的、自我驱动型员工，这些高效的员工是真因为热爱而工作，其对工作的热情、对创新的挚爱、对探索的痴迷，都驱使他们愿意打破陈规，标新立异。如何找到这些优秀的员工呢？千里马常有，而伯乐不常有，毛遂自荐的举手制是一种有效的方式。我们人工智能与变革管理研究院每年都有几十场学术活动，大到国际学术会议，小到各种专题的研讨，我们基本上都是通过举手制的方式，让依托在研究院平台上的无边界组织成员充分展示各自的才干。这种方式不仅能让研究院有效地识别出无边界组织中真正用心投入的成员，也让研究院在这些活动中真正地发现了那些稀缺的、既用心投入又才华横溢的青年才俊。与此同时，这种方式给予无边界组织成员极大的发挥空间，增强了成员的参与感；由于高质量的知识碰撞，人人都有了获得感、成就感，从而增强了无边界组织的吸引力，产生了积极的循环与正向反馈。那些在无边界组织中不举手的成员也无须担心，无边界组织本身就是一个液态弹性组织，他们可以自动流出，或者依然留在无边界组织中，但这并不会增加管理的成本，因为无边界组织是一个松散性的组织，对这些成员没有任何义务要提供保障。举手制是为组织找到提供 Outside-in 思路的最佳员工的方式。

（3）管理自组织。Outside-in 的思维模式需要组织更加广泛地融合外部资源与内部资源，实现组织内部的高度液态化，也就是要打破大型组织中普遍存在的森严的部门壁垒，让创新可以快速在组织内部部署和执行。管理自组织就是要求组织对成员充分授权和赋能，激活底层活力。举手制中的举手者就是组织自组织中可以充分授权和赋能的成员，组织要不断平台化，给举手者提供平台，赋能举手者，通过举手者来实现任务的自组织。为了更好地为无边界组织中的举手者赋能，需要组织根据自身需要来调整人力资源管理政策：如果举手者是本组织之外的成员，非本组织的正式成员，这时组织需要将该组织者“半正式化”，也就是要设定灵活的人力资源管理政策，在一定时间期限内，给予该举手者一定的考核目标，给予其一定的职位安排和待遇安排，将其比较固定地锁定在组织中，让其可以有足够的动力和足够的资源调动权面向设定的任务和目标来组织团队，实现业务创新和突破。管理自组织也是一定程度上的组织去“唯一中心”，要求组织内部实现动态的“多中心”，面向目标、设定任务、动态团队、考核调整，是实现 Outside-in 思维与组织内部资源高效对接、融合，产生实际业绩的重要途径。

2020 年初，笔者调研了上海七印信息科技有限公司。这家公司的“Miks”智库产品给我留下了深刻的印象。Miks 智库是本书提到的“无边界”“举手制”和“自组织”三种观点的最佳实践。Miks 是基于区块链、知识图谱的组织创新知识分享平台。Miks 可以用在组织中，作为组织内部以及组织与组织客户之间的知识创造平台。它有几个方面非常特别：第一，Miks 平台是一个典型的“无边界”平台。不同于大多数主要服务于企业内部员工的企业社交网络，Miks 构建的是组织和组织的利益相关者之间共同的知识进化平台。第二，Miks 平台是一个典型的“举手制”平台。类似于知乎，用户可以自己在 Miks 上创建不同专题的讨论组，并进行管理；但又不同于知乎，因为 Miks 采用了区块链技术，实现了组织知识的私密存储，保护了数据的安全，并且在创新的整个生命周期中对产生的全部过程知识进行确权，实现了分布式网络中跨组织边界的知识价值流转，可以将在平台上举手发言人的观点上链进行确权，从而保证了举手者的知识产权。第三，Miks 平台是一个典型的“自组织”平台。Miks 上的专题讨论组的创建者自行引导整个讨论知识创造过程，但是作为组织，会在一定时间段来评估，并对平台中活跃和有突出贡献的成员进行激励。上海七印信息科技有限公司将 Miks 智库定位为创新型组织的知识进化平台。笔者对这个平台的进一步发展有极大的研究兴趣，希望可以在这个平台上进一步通过大数据的分析，得到关于“无边界”“举手制”“自组织”对于组织创新更加科学的研究成果。

数字经济时代唯有适应才能生存，唯有变革才能适应。Outside-in Thinking 是数字经济时代组织洞悉趋势的必备思维，无边界、举手制和自组织是数字经济时代组织实现 Outside-in Thinking 战略的可尝试方式。上海对外经贸大学人工智能与变革管理研究院也是 Outside-in Thinking 的积极实践者，2020 年伊始，研究院成立的区块链技术与应用研究中心、数字金融与数字一带一路研究中心，都是在积极探索如何运用 Outside-in 思维构建高效的创新型学术团队。在此，也欢迎各界朋友与我们合作，共同描绘发展蓝图。

十一、教育之变：谈谈新商科

1. 新商科的产生背景

新商科产生的背景一是全球经济从工业经济向数字经济加速转型的时代趋

势，二是全球教育从传统课堂传授知识模式向数字化平台支撑的创新性人才培养模式加速转型。

（1）从工业经济到数字经济，传统商科非改不可，新商科顺势而生。新技术，新认知，新经济，新规则。技术变迁引发范式转换，在这场产业变革和社会转型的国际竞争中，人才是关键。新经济的发展不仅需要大量工程技术人才，还需要大量洞悉新经济运营规律的管理人才。数字经济是与工业经济完全不同的经济形态，培养洞悉数字经济运营规则、数字化变革、数字金融及数字社会法律法规的创新型人才，关系到国家核心竞争力。然而，现有商科课程体系是伴随着工业化进程逐步形成的，目标是为工业经济发展培养所需要的专业化、标准化人才。因此，商学院现有课程体系、人才培养模式、教学模式必须进行根本性改变（《新经济 新规则 新商科》白皮书，上海对外经贸大学人工智能与变革管理研究院，2019 年 7 月）。

具体到工商管理类专业而言，企业数字化运营成为趋势，网络营销、大数据营销与智能营销成为主流，共享会计、共享人力资源管理成为热点，文化商品日益数字化，数字化产品创造出新的文化产业，而这一切产业中的变化都难以在现有的工商管理人才培养中体现出来。工商管理类专业的人才培养必须在新商科背景下进行调整，不调整的或调整慢的，都将在这一巨大变革中错失时代带来的发展机遇。

（2）数字化智能教学平台广泛应用，倒逼商科不得不改，新商科破土而出。数字经济反映在教学领域就是教学的数字化转型。未来的高等教育将高度建立在信息技术平台之上，未来的商科教育也必将由于信息技术的高度介入而发生深刻的变革。随着信息技术在教育领域的全方位渗透，21 世纪的大学日益成为一台“知识服务器”（见图 2-3），它可以为当今社会提供任何形式的知识服务（如知识创造、保存、传播和应用等），以适应“即插即用的一代”（Plug-and-play Generation）对高度互动和协作教学模式的需要。教师成为学生学习活动、学习过程和学习环境的设计者，较少关注知识内容的确定和传授，其主要精力将放在对学生的主动学习过程进行鼓励、激励和管理上。21 世纪的大学教学也将日益依赖新型数字化教学平台，该平台应该是一个智能化平台，教师可以通过平台的仪表盘功能洞察学生的学习情况，适时进行教学改革。学习平台将为学生制订个性化学习方案，学习机器人为每个学生提供拟人化的个性辅导和学习辅导。

数字化智能教学平台的日益推广，迫使传统商科教育的内容、形式、评价等都将发生巨大改变。2020 年初的新冠肺炎疫情迫使所有老师都不得不加快转型，新商科建设也因此加速。

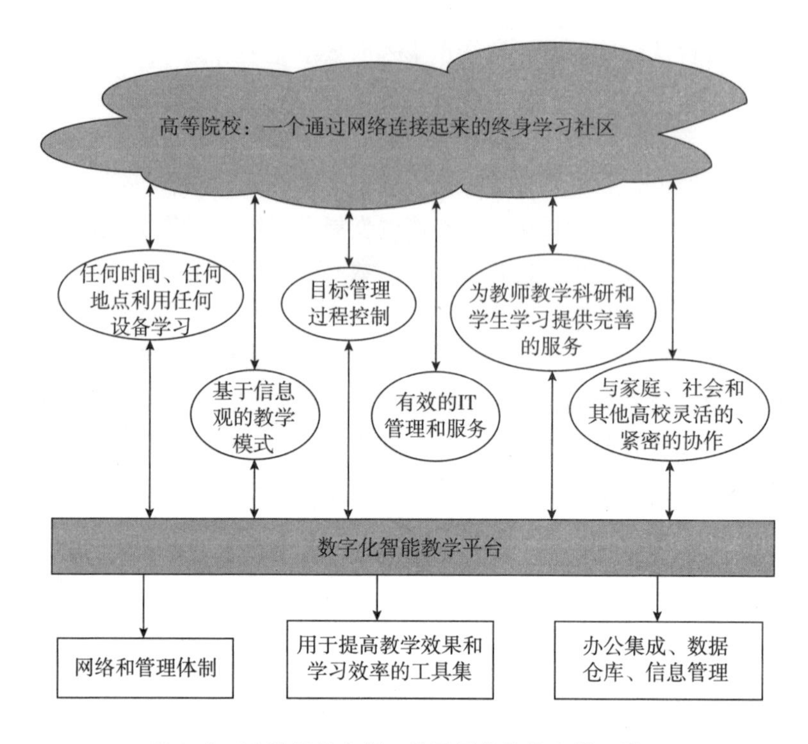

图 2-3　21 世纪的大学：基于网络的终生学习社区

2. 新商科的概念与内涵

新商科就是基于新的教育理念，以人的发展为目标，重新思考并设计新的人才培养模式、新课程体系、新教学模式和新教学平台，培养数字经济时代急需的创新型商科人才（齐佳音等，2019）。新的教育理念指智慧教育、创新能力培养，不再是知识灌输的工具型、标准化模式。以人的发展为目标指以完善人格、开发人力、服务他人和发展自我为目标，注重学生生理心理健康、培养社会责任感、鼓励学生积极参与社会实践。新人才培养模式指产学研合作形式，打破学校与企业、学校与学校、不同学科之间的边界。新课程体系包括两方面内容：一是以信息思维对传统课程体系进行改造，二是建设反映新技术、新思维、新经济学、新管理学、新金融学及新法学的课程体系。新教学模式指任务驱动、体验式学习等教学形式。新教学平台指建立有丰富的智能化教学工具和教学分析工具的共享教学平台：教师拥有智能教学助理，通过仪表盘洞察学生学习情况；平台为学生智能定制个性化学习计划，学生在智能学习助理帮助下完成学习任务。最后，新商科建设的目标是培养数字经济时代急需的创新型管理人才。新商科与传统商科的对比见表 2-1：

表 2-1 新商科与传统商科的对比

	传统商科	新商科
服务的经济形态	工业经济	工业经济+数字经济
服务的产品形态	有形商品	有形商品+数字商品
采用的教育理念	知识灌输的工具型、标准化模式	智慧教育、创新能力培养、个性化模式
采用的教学模式	知识模块化教学驱动、被动式学习	任务驱动、体验式学习、适应性学习、主动性学习
配套的课程体系	适应工业时代人才需求的商科课程体系	适应数字经济时代人才需求的商科课程体系
人才培养的目标	以就业为导向	以人的发展为导向：完善人格、开发人力、服务他人、发展自我
人才培养的要求	知识细分、专业细分、专业标准	知识融合、问题导向、集成创新
人才培养的形态	分工明确、批量培养、标准统一	智能化、特色化、差异化、个性化、多样化、人性化
人才培养的环境	教师、教材、教室	多元育人主体、场景化教学、适应性教育平台
人才的思维培养	商科思维	商科思维+设计思维+计算思维+伦理思维+美学思维
教与学的关系	传授知识为主，以教师为中心，以知识传承为教学目标	培养能力为主，以学生为中心，以知识创新为目标
师与生的关系	老师是教学活动的中心，学生处于被动位置	学生是学习主体，老师对学生的主动学习过程进行解惑、激励和引导
教学与科研的关系	教学与科研相互割裂，课堂知识滞后	科研反哺教学，课堂知识更新加快，探究式教学促进科研
产业与大学的关系	学校与企业之间边界清晰，主要依赖学校育人	打破学校与企业的边界，实现多主体育人
教育的治理体系	教育系统内部治理	广泛的、自治性的学习共同体参与

3. 新商科的实施方法论

教师需要转型。新商科实施，教师转型是关键。为了支撑新商科教学，一是要大力引进能够开设新课程的年轻老师；二是要加快对既有教师的观点引导、技能提升，促进老课程的改造。

课程需要重构。一是要开设反映数字经济时代的工商管理新趋势的新课程；二是要加大对传统课程在数字经济时代的升级改造。

学生需要改变。新商科的问题导向、任务驱动、知识创造、体验学习、综合评估等，会引起相当多学生的不适应。新商科建设要让学生接受新的教学模式。

边界需要打破。新商科建设就是要为数字经济发展培养符合要求的新型管理人才，高校要有魄力和机制来推动产业广泛地介入商科人才培养。

平台需要换代。未来高等教育是建立在数字化智能教学平台上的教学活动。商科教育应该是在企业数字化运营实训平台上的场景式、任务驱动性学习。

评价需要多元。新商科要摒弃单纯将就业率作为教育评价的指标，应该有更加多元的、综合性的社会评价，应以促进人的发展为目标。

以人工智能为代表的技术变革掀起了一场场认知革命，从而引发商业逻辑和商业模式的革命。犹如200年前的工业革命，这是一场伟大的社会变革。世界主要国家都在积极部署，试图在新一轮产业革命中占据有利地位。新经济的发展不仅需要大量工程技术人才，还需要大量洞悉新经济运营规律的商科人才。

新商科建设是我国商科教育主动服务于新经济的战略性调整，是促进我国从商科教育大国走向商科教育强国的战略举措。新商科建设是一项商科教育重塑性的变革工程。高等商科教育变革一直都不是一个新鲜的话题。新时代高等商科教育变革也不是一个有终点的历程。借用斯图尔特·克雷纳（Stuart Crainer）的名言“管理没有最终的答案，只有永恒的追问”，商科教育“变革没有最终的答案，只有永恒的适应”。

十二、挑战与方向：“人—机”关系

前面内容讨论到数字化技术所带来的新型权力——数字化权力，数字化权力不一定掌控在拥有这些技术的组织手中，如果这些组织无法完全掌控人工智能系统，人工智能系统将是这些数字化权力的拥有者；如果人类不能充分掌握人工智能系统的行为，人类将无法实现对于“人—机”融合社会的有效治理，从而为人类社会的可持续发展埋下隐患。

2019年4月，MIT媒体实验室（Media Lab）团队在*Nature*发表题为“机器行为学”（*Machine Behavior*）的文章，提出应该单独开辟一个新的跨学科研究领域“机器行为学”，专门研究人工智能系统的行为，这对于人类控制机器行为、利用其益处、最小化其危害具有重要意义。机器行为学是对智能机器的行为进行科学研究的跨学科领域。进一步地，该文章提出机器行为学的三个层次：单个机器行为学、团体机器行为学以及混合“人—机”行为学。这其中，又以混合“人—机”行为学最为复杂。在“人—机”混合系统中，人可以重塑机器的行为，机器也可以重塑人的行为，人与机器之间还可以派生出合作行为。各界都已认识到，人工智能既是技术问题，也是社会问题。智能机器运行于社会—技术复杂系统中，与人类利益息息相关，机器行为学研究实属非常必要也十分重要且急迫。

参考 *Nature* 这篇文章中关于“机器行为学”的提法与分类，笔者近两年来在混合“人—机”行为学方面进行了一些浅显的学习和不成熟的思考，在此与大家商榷。

谈到对“人—机”关系的研究，在机器人研究领域，就不得不谈到恐怖谷理论（Uncanny Valley）。恐怖谷理论是一个关于人类对机器人和非人类物体的感觉的假设，由日本机器人专家森政弘（M. Mori）在 1970 年提出。该理论认为，在人—机关系的早期，机器人与人类在外表、动作上越相似，人类对机器人的好感度就会越高；但是到达某一个特定相似度时，人类会突然对机器产生极度的反感，任何机器人与人类之间的差别，都会显得非常显眼刺目，人类会感觉机器人如同人类的“僵尸”，非常僵硬恐怖，让人有面对“行尸走肉”的感觉。机器人仿真人类的程度越高，人们对机器人越有好感，但在相似度临近 100%前，这种好感度会突然降低，越像人反而越让人反感恐惧，好感度降至谷底，这种情况被称为恐怖谷。但是，当机器人与人类的相似度继续上升时，人类对他们的情感反应会逐步跨过恐怖谷，对高度相似的机器人产生移情效应，甚至认为机器人就是一个健康的人。恐怖谷理论如图 2-4 所示。

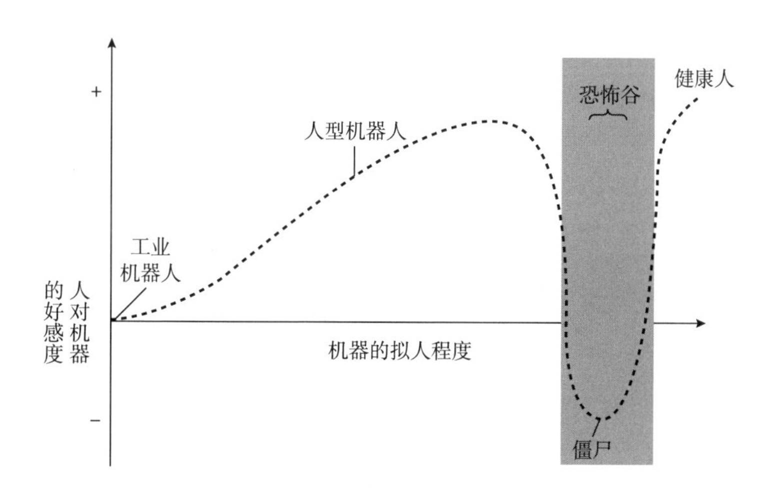

图 2-4 恐怖谷模型

资料来源：Mori（1970）。

恐怖谷理论背后的原理可以用心理学中的认知不一致效应来解释，也就是说在人—机关系的初期，人类对机器的认知就是“机器”，而不是“人”，因而当机器逐步具备更加智能的功能时，人类会为机器在“智能”上的拟人性而表现出正面积极的反应；但是当机器越来越像人，人类的认知出现失调，人对界定机器是“机器”还是“人”时产生认知困惑，既像机器，又像人类，这种对机器认知上的不伦不类，导致人极度反感这种怪模怪样的智能机器，但之后，随着机器更加逼真地接近人，人类重新调整了认知，并会移情于机器人。

2012 年，Gray 和 Wegner（2012）通过实验试图从认知机制上来解释恐怖谷理论，并提出心灵归因理论（Attributions of Mind）。这两位学者通过实证研究，认为恐怖谷的存在是因为当人感受到机器具备了体验的能力（感觉与感受的能力），而不仅仅是代理的能力（行动和执行的能力）时，发生了认知失调，因为人认为体验的能力（而不是代理能力）是人类区别于其他事物的根本所在，体验的能力也应该是机器所不具备的。

2017 年，Stein 和 Ohler（2017）也是通过实验进一步探究恐怖谷理论。他们的实验发现机器与人外在的相似性并不是产生恐怖谷的原因，无论机器的外在是否与人类相似，只要人能从与机器的互动中感受到机器的移情特征，人就会对机器产生毛骨悚然的情绪。机器如果具有移情特征，就会威胁到人类的独特性，因为人类通常认为机器是没有心灵的，而人是有的，而且为人类独有。

可以说，Stein 和 Ohler（2017）在森政弘的恐怖谷理论以及 Gray 和 Wegner（2012）研究的基础上，又有了深入的剖析和调整，本书将其结果展示在图 2-5。

为了建立高质量的“人—机”关系，近年来不断有学者提出赋予智能机器某种“人格”特征，或者说让智能机器拥有“数字心智”（Digital Mind）。产业界在此方面也的确取得了惊人的进展，如 2018 年 Google 推出的聊天机器人助理 Duplex 能够用自然流利的语气，帮用户完成美发沙龙和餐馆的预定操作，让人很难区分是在与人对话，还是与机器对话。该项技术一经问世，瞬间将亚马逊的 Alexa 和苹果的 Siri 等竞争对手甩在身后。但是，这一技术的问世，却遭遇到恐怖谷效应，多数使用者感到恐怖，而不是欣喜。笔者在课堂教学中演示了这一产品，同学们的现场反应也完全是这样的，笔者本人的感受也是感到恐惧。

可以看到，从 1970 年森政弘提出恐怖谷理论至今，单从心理认知领域的研究来说，学者们对“人—机”混合系统的行为机理尚在早期探索的过程中，其他领域的发展还要更加迟缓。到底是机器与人的外在相似性还是机器所具有的移情性导致了恐怖谷效应，还有待未来深入研究。更大胆地设想一下，是否真的存在恐怖谷效应，或者在什么情况下才会有恐怖谷效应，这些都是值得探索的开放领域。再向哲学层面思考一下，人与智能系统的区别到底是什么？是否为了让人对于智能机器产生充分好感，就应当竭尽全力地让机器拥有与人一样的移情特征？还是应该让人与机器间保持一定的特征边界，以确保人与机器的区别？如果机器拥有了人一样的移情特征，人将视机器如同“健康的人”，这又会对人与机器的关系、人与人的关系、机器与机器的关系等产生什么样的连锁效应？未来的人—机融合社会应该在建立在什么样的“人—机”关系基础之上？回到本质性的问题，高质量的人—机关系应该如何确定标准，应该如何构建，更应该如何治理，这将是未来混合“人—机”系统行为学研究中根本性的问题。

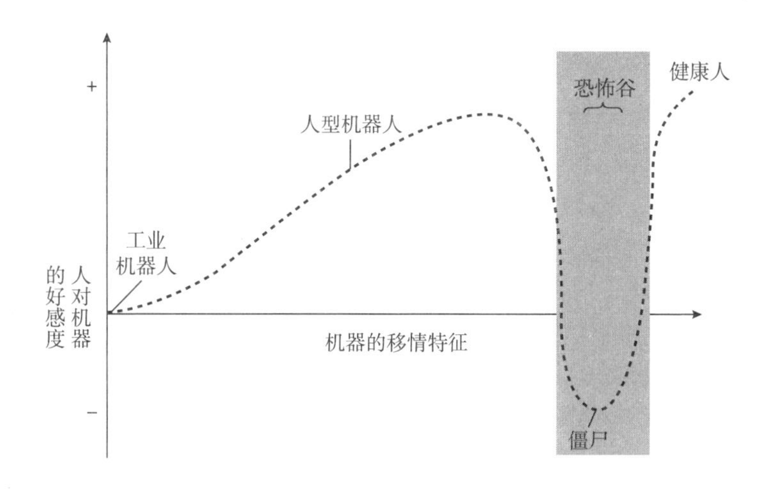

图 2-5　恐怖谷模型

资料来源：Stein 和 Ohler（2017）。

如果我们承认恐怖谷理论，那就意味着产业界如果不能提供高度类人的智能机器，那就要将智能机器与人的相似度限定某一个阈值之下，以免跌入恐怖谷。如果 Stein 和 Ohler（2017）的研究是可靠的，那么这些相似应该主要是指智能机器在与人的情感互动方面的移情性。不要让智能机器过于能读懂人类的“心”，要让人类在对于人与机器的区分上保持认知的一致性，以免引起人对于机器的反感。当然，如果在某些特定的领域，如老年人护理等，可以放宽限制。

2020 年的美洲信息系统年会的会议征文中（AMCIS 2020，SIGADIT：Adoption and Diffusion of Information Technology，Minitrack 3：Adoption and Diffusion of Ambivalent Information Technologies），将人工智能应用归入两面性信息技术（Ambivalent Information Technologies）。两面性信息技术是指这类信息技术既能给个

人、组织和社会带来好处，与此同时也会带来坏处。人工智能技术的应用能够提高工作效率、改善生活质量，但与此同时也会使人的自主性受到威胁，隐私安全遭到侵犯，甚至被歧视性对待。因此，该会议征文号召信息系统领域的学者来研究这种两面性信息技术中的人对于技术的采纳问题。

正如 MIT 媒体实验室在 *Nature* 杂志上所倡导的那样，到目前为止，机器行为学领域的研究在各个学科零碎而分散，需要跨学科协同才能取得更快的进展。这里笔者推荐 Dutton 和 Ragins 在 2007 年主编的《探讨工作环境中的积极关系：构建理论研究基础》（*Exploring Positive Relationships at Work: Building a Theoretical and Research Foundation*）。这本书虽然不是关于人—机关系的，但是其中对积极的人—人关系的系统性分析，可以借鉴到积极的人—机关系的理论构建中；这本书中有大量的社会学理论，如自我分类（Self Categorization）、自我实现（Self Actualization）、社会身份（Social Identity）、身份增强（Identity Enhancement）、身份改变（Identity Change）、身份威胁（Identity Threat）、意义感知（Sense Making）、差异相关冲突（Difference Related Conflict）、社会学习理论（Social Learning Theory）等，对于研究混合“人—机”关系系统很有裨益。另外，这本书对于积极的“人—人”关系的分类，也很类似于 MIT 媒体实验室对于机器行为学的分类，分为个人与个人、特定组对之间（如领导与下属、经理与员工等）以及群体层面。

高质量的“人—机”关系是智能时代可持续发展的重要基础，当智能技术突飞猛进时，“人—机”的高质量关系变得十分重要。这是一个新生的、急待突破的领域，期待跨学科的学者携手，共同推动这一领域的重大理论成果早日问世。

第三部分 研究篇

一、人工智能组织采纳的影响因素研究：以味霸炒菜机器人为例

1. 人工智能产品企业落地应用中面临的组织采纳问题

人工智能是时下大热的话题，在各国都占据举足轻重的战略地位，与推动科技发展、产业结构升级都息息相关。人工智能产业在中国起步虽晚，但发展迅猛，且已提升到国家战略水平。从2015年起，一系列国家层面的发展计划开始制定并发布。《2019年政府工作报告》中提到“将人工智能升级为智能+，要推动传统产业改造提升”。这说明我国人工智能正进入快速发展时期，政策更加注重技术在产业内应用以及应用落地的情况。

当前，阿里、腾讯、科大讯飞等一批互联网企业都在大力推动人工智能技术发展以及人工智能产业的变革。除了为众人所熟知的人脸/语音识别、云计算、虚拟助理之外，智能机器人也是不可忽视的另一个重要领域。随着人工智能与服务机器人技术及应用的不断升级发展，在“机器人换人”大潮下，许多企业开始从事相关服务机器人的研发与落地普及。

近几年，我国机器人市场发展迅猛，相较于已在制造业得到较好应用的工业机器人来说，服务机器人仍有很大的发展空间。当前，服务机器人的市场规模在不断扩大，增长率逐渐超过工业机器人。2018年，中国服务机器人与工业机器人的市场结构比约为3∶7（28.7%∶71.3%），预计2021年将达到4∶6（数据来源：赛博顾问）。但需要指出的是，服务机器人在医疗、康复领域目前处于产业培育期，在教育和物流领域有较大市场潜力，而在家用及个人领域的发展尚不成熟。

随着各项相关技术（如人机交互、物联网等）的突破发展与日趋完善，服

务机器人的应用场景也变得更为广泛，在教育、医疗、餐饮等领域都可见其身影。但同时我们也注意到，尽管客户需求在持续增加，服务机器人的采纳应用仍以“供给推动需求”为主要推进方式，即机器人制造商研发后向市场或其特定行业介绍与推广（主要以行业展会为平台），通过这种形式来获得订单，或者主动向符合相应应用场景的企业推荐，让产品得以投入实际应用。制造商在这两种方式下的收益或有不同，而企业对待该人工智能产品的态度及采用效果可能也会不尽相同。

在我国劳动力成本逐年上升、劳动力优势逐渐弱化的环境下，企业对智能机器人的需求开始不断增加。各地政府出台的相关支持政策也在鼓励、吸引企业采纳相关产品。人工智能产品在产业中的前景良好，但实际运用中仍有不少问题亟待解决。新技术、新产品进入产业或组织，产业或组织必须为此做出一定程度的改变以适应。近几年，人工智能产品，尤其是服务机器人大量涌现，但只有一小部分企业采纳了这些新技术和产品并应用于实践。总体来说，在组织（企业）内推广人工智能技术，促进组织采纳人工智能产品，有利于企业的经营结构升级、生产效率提升，从而能获取更多的效益。但目前，关于组织采纳人工智能产品的决策研究较少，因此本部分内容旨在研究组织采纳人工智能产品的影响因素，以采用爱餐机器人公司研发生产的“智能炒菜机”的餐厅员工为调查对象，得出结论。

另外，可以发现有关人工智能产品的研究大多数关注的重点都是技术本身，对于企业实际应用中可能遇到的问题和企业考虑的因素与顾虑关注甚少。而大部分企业对自身的采纳需求与预期使用效果也不甚清晰，可能存在“跟风”的现象，希望通过本部分内容能够发现企业在采纳人工智能产品时在意的问题，帮助企业认识到自身的真正需求，更好地采用人工智能产品，以实现更高的收益以及投资回报。同时，对研究得出的主要影响因素进行归纳，希望也能给机器人制造商一些启发与建议，做出更新与调整，以期双赢。

尽管有许多学者在研究创新技术的采纳，但在人工智能技术快速发展且受到热切关注的情况下，对人工智能产品采用的影响因素的研究却很少，而有关组织层面的相关研究则更为缺乏。此外，本部分内容将关注以下两点：①人工智能产品会给组织的经营管理带来什么改变？②组织采纳人工智能产品受哪些因素影响？

本部分内容将以此作为出发点，探讨影响组织采纳人工智能产品的主要因素、组织的主要顾虑，对企业实际应用和制造厂商提供一些参考与建议。人工智能产品将为组织的经营管理带来改变，那么组织采用人工智能产品会受到哪些因素影响？组织是否会使用人工智能产品？若愿意使用，是因为产品的什么特点或是可能带来的什么好处？若不愿意使用，组织的顾虑又是什么？本部分内容将对这些问题进行深入研究。

2. 组织信息技术采纳的 TOE 框架（技术—组织—环境）及研究方法

查阅有关技术采纳模型的文献综述发现，组织层面应用比较突出的两个模型为：创新扩散模型和 TOE 框架。

创新扩散模型（Diffusion on Innovation，DOI）是关于在个人和企业层面，创新思想和技术如何传播、为什么传播，以及以何种速率在文化中传播的理论。DOI 理论认为，创新是通过某些渠道随着时间的推移和特定的社会系统进行传播的，其中的传播通常表示通过交流和影响从源头到采用者的流动或移动（Rogers，1995）。这种交流和影响会改变参与者采用创新的可能性，其中参与者可能是任何社会实体，包括个人、团体、组织或国家政体。人们接受创新的意愿的程度不同，因此通常我们可以观察到，采用创新的人口比例随时间大致呈正态分布，可以分解为五个类别的个人创新：创新者、早期采用者、早期众多跟进者、后期众多跟进者、滞后者（Rogers，1995）。

基于组织层面的 DOI 理论（Rogers，1995）认为，个人（领导者）特征、组织结构的内在特征以及组织的外部特征是组织创新的重要前提。组织中的创新过程更复杂，通常会涉及更多的人，包括创新思想和技术的支持者和反对者，每个人在创新决策中都发挥着他的作用，并且或多或少地会产生一些影响。

TOE 框架（Technology-Organization-Environment，技术—组织—环境）是由 Tornatzky 和 Fleischer 在《技术创新的流程》（1990 年版）一书中提出的，TOE 框架（见图 3-1）确定了企业环境的三个方面：技术、组织和环境，这些要素会影响企业采用和实施技术创新的过程。技术方面描述了与公司有关的内部和外部技术，这包括公司内部的当前实践和设备，以及公司外部的可用技术组合；还包括新技术的自身属性，比如先进性、复杂程度。组织方面是指关于组织的描述性度量，如范围、规模和管理结构、管理成熟度等。环境方面是指企业开展业务的场所，即其所在行业、竞争对手、合作者、政策以及企业与政府的关系等（T. Oliveira and M. F. Martins，2011）。

最初，TOE 框架被用来研究信息技术（Information Technology，IT）采纳，它提供了一个实用的分析框架，可用于研究不同类型的 IT 创新的采纳。TOE 框架具有扎实的理论基础与经验支持，在创新领域中应用时，确定的具体因素可能随不同的研究对象而改变。

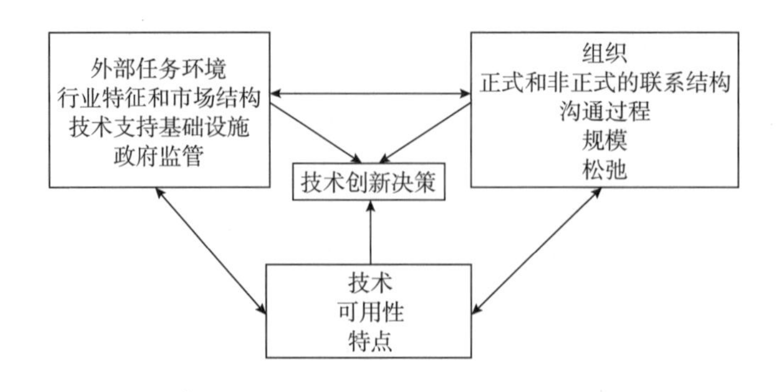

图 3-1 技术—组织—环境框架

资料来源：Tornatzky and Fleischer（1990）。

在 DOI 理论中，Rogers（1995）强调个人特征以及组织的内、外部特征作为组合创新的驱动力，这部分与 TOE 框架的技术和组织方面相一致，但 TOE 框架对 Rogers 的创新扩散理论进行了完善和扩展，涵盖了一个新的重要组成部分，即环境方面，补充了技术创新的制约因素和机遇，能够更好地解释企业内部的创新扩散。

TOE 框架应用中的相关研究方法主要有因子分析法（Factor Analysis，FA）、回顾分析、结构方程模型（Structural Equation Model，SEM）、定性比较分析方法（Qualitative Comparative Analysis，QCA）等，以下主要比较结构方程模型和定性比较分析这两种研究方法。

结构方程模型（Structural Equation Model，SEM）是在社会科学、经济学、管理学等领域应用十分广泛的一种统计建模方法，可以同时对多维度复杂变量之间的关系进行全面检验，以解决传统统计方法无法较好拟合的问题。

所谓结构方程模型，是利用线性方程来表示观测变量与潜变量关系，以及潜变量间关系的统计方法。该方法以其通用性、线性统计建模而被广泛应用。在需要处理多个原因、多个结果的关系，或者潜变量间的关系时，传统的统计方法不能有效处理，而结构方程模型则既能分析出其中的测量误差，也能得出其中的变量关系。

由于结构方程模型常被用来处理变量数目较多、且变量之间的关系较为复杂的问题，相应地就必须使用较大规模的样本，来避免违反统计假设。而样本规模的大小同样也关系到结构方程模型分析的稳定性与各种检验指标的适用性（程开明，2016）。另外，结构方程模型效果的判断是通过实际和拟合的方差协方差矩阵的对比得出来的。从相关角度来看，样本量越大，相关关系越符合实际；从对比角度来看，样本量越大，卡方检验的结果为显著（小于 0.05）就越容易。一般学者认为结构方程模型研究的样本量在 200 到 500 之间是合适的。

社会学家 Ragin（1987）发展了定性比较分析方法（Qualitative Comparative Analysis，QCA）。基于整体论，QCA 方法认为案例是原因条件组成的整体，因而关注条件组态与结果间复杂的因果关系。早期，QCA 方法主要运用于社会学科开展小样本的跨案例定性比较分析（Ragin，1987）；近年来，QCA 方法也开始应用于大样本分析和复杂组态问题的分析中，逐渐成为管理、营销等领域解决因果关系复杂性的重要工具（Misangyi et al.，2017）。

QCA 方法是介于案例导向（定性方法）和变量导向（定量方法）之间的一种研究方法，是能够综合这两种方法优势的综合研究策略（Ragin，1987）。QCA 采取整体视角，开展案例层面比较分析，每个案例被视为条件变量的“组态”（Rihoux and Ragin，2009）。QCA 分析旨在通过案例间的比较，找出条件组态与结果间的因果关系，解答“条件的哪些组态可以导致期望的结果出现，哪些组态导致结果不出现”这类问题。

首先，QCA 的分析假定社会现象的因果关系是非线性的，原因条件对结果的效应是相互依赖的，且同一个社会现象的发生可能是由不同的原因组合所导致的。由于假定因果关系是多样的、复杂的、可替代的，因此 QCA 更关注社会现象发生的多重原因组合，即一个条件对结果的影响同时取决于其他条件。其次，QCA 以逻辑条件组合为基础，进行统一模式内不同个案之间以及不同模式之间的比较。最后，QCA 是基于必要条件和充分条件的推断逻辑，而不是统计推断的逻辑，因此，定向比较分析持“非对称因果关系”（李蔚和何海兵，2015）。

QCA 对于样本规模的要求不高，适合中小样本的研究。本部分内容的研究难以获得大量数据样本，而 QCA 擅长对中小样本进行跨案例研究，可以很好地解决这个问题，进行更深入的分析，厘清导致某一结果的多种方式和渠道。再者，QCA 能充分分析社会现象的多样性与因果关系的复杂性，能够提供不同的因素组合对结果的影响作用。而结构方程模型在大样本的研究中具有较大的优势，但在中小规模样本的研究中，受限于样本量和影响因素的复杂性，难以提供有效的分析结论。

通过梳理人工智能相关的研究资料可以得知，目前的研究大多集中在宏观政策和 AI 产品的技术进展，极少有研究关注组织在应用人工智能产品时遇到的问题或是采纳过程中在管理上产生的困惑。对于目前人工智能产品的产业应用方面主要以供给来创造、引导需求的情况，需求方怎么更好地接受、采纳是值得注意的问题，本部分内容聚焦于人工智能产品在组织内的应用，以及哪些因素会影响组织（需求方）做出采纳人工智能产品的决策。

通过梳理组织层面技术采纳的文献资料可以得知，学者们在组织层面的技术采纳研究取得了不少成果，从中整理得出了一些影响组织技术采纳的关键因素。在人工智能技术领域，相关研究的数量较少，但可以依据组织对其他技术采纳的研究来进行理论迁移。当前信息系统的研究中，最主要的相关理论为 DOI 理论和 TOE 框架。通过对比发现，DOI 需要足够的样本量和客观数据，TOE 框架较 DOI 理论能够更好地解释企业内部的创新扩散，且可以根据研究对象改变具体的因素，因此明确本部分内容使用 TOE 框架进行研究。

通过对比 TOE 框架下的相关常用研究方法，考虑到本书研究对象的特点，定性比较分析相较于结构方程模型，更适合小样本的研究，且更擅长分析某一结果的多重原因组合，因此明确本部分内容使用 QCA。

3. 研究对象选取：味霸炒菜机器人

本部分选择了上海爱餐机器人（集团）有限公司的产品——味霸炒菜机器人。该智能炒菜机产品拥有近 200 项专利的完全自主知识产权，有可能改变中餐一直以来的烹饪环境。如图 3-2 所示，机器人厨师高度为 1380mm，顶部为可上翻顶盖，用于清洁下料机构；底面为 540mm×615mm，占地面积较小。上方为触屏操作界面，中间为烹饪区，玻璃门打开后可见全自动下料仓和铁釜炒锅，下方为调料仓，内部为前置辅料瓶（10 种调味料）。

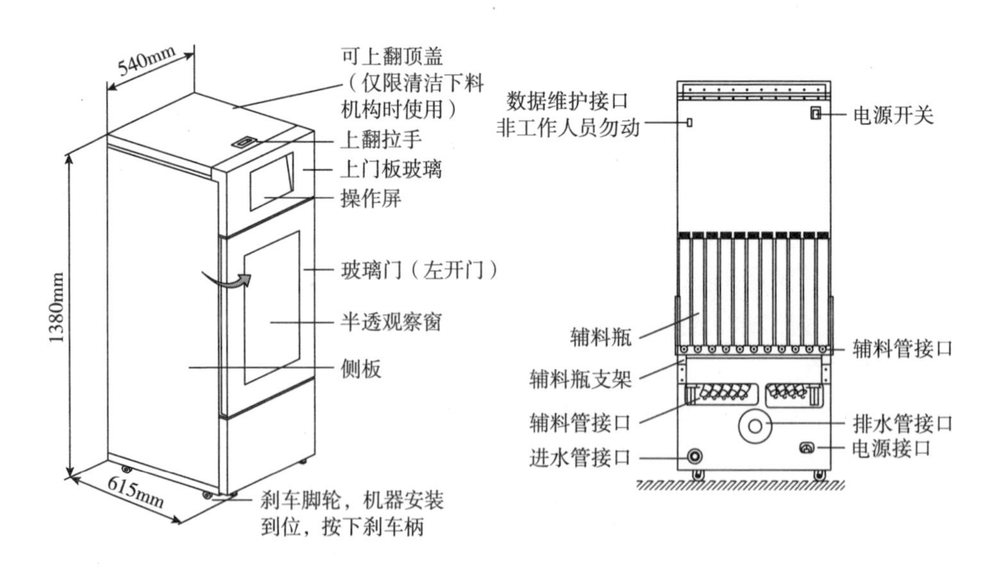

图 3-2　味霸炒菜机器人外观及尺寸

（1）炒菜过程。将餐盒放入全自动下料仓，检查调味料是否充足，点击菜谱选项，在菜谱中找到要烹饪的这道菜并点击，然后在口味微调器中个性化调整咸度/甜度等5种口味，点击开始炒菜。听到烹饪完成的提示音后，放入菜盘自动出菜。

智能炒菜机依据菜谱的指令，定时定量地向炒锅投放原料和调料，模拟厨师的炒菜步骤。当任意一种调味料不足时，显示屏会提示添加。可使用已搭配好的餐盒，也可以按照标准菜谱进行食材自配。

（2）菜谱。智能炒菜机使用网络云菜谱，目前有800多种菜谱。由厨师写下烹饪步骤与用料方法，再通过可视化编程进行编写，经过5~10次试验与调整，得到厨师认可后保存至系统上传云端，菜谱按菜系或者公司分类存储。机器人厨师的菜谱主要有三类：第一类为机器人厨师自带，并由爱餐网不断更新提供；第二类由各个餐厅用户和生鲜供应链、供应商自己开发并上传；第三类由专业个体厨师和个体家庭用户自行开发，并在网上分享。

（3）安装条件。安装智能炒菜机需要标准220V电源、进水管（连接自来水管）、排水管（连接厨房的排污管），如图3-3所示，现场需要配置稳定的Wi-Fi无线网络，并保持智能炒菜机能够实时连接，以及需要必要的通风条件。

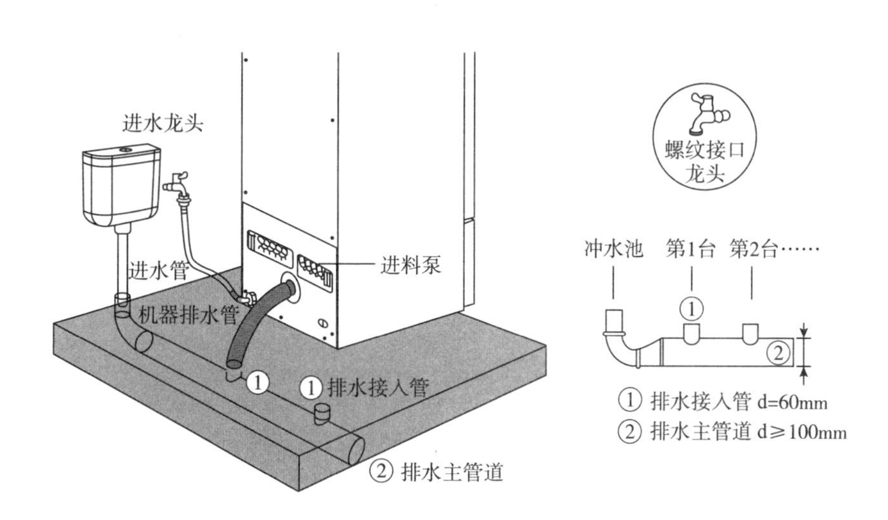

图3-3　味霸炒菜机器人排水进水要求

味霸炒菜机器人可以适应新型智能餐厅，也可以在一定程度上解决中小型餐饮店后厨面积有限的问题，主要应用场景有咖啡厅、食堂、小餐厅等。

4. 研究设计

本研究使用 Tornatzky 和 Fleischer 提出的 TOE 框架作为基础，根据 Tornatzky 和 Fleischer（1990）的解释，公司对创新技术的采纳受到与公司环境有关的三个方面的影响，即技术层面、组织层面和环境层面。

TOE 框架在组织的创新采纳及其影响因素研究中应用十分广泛，比如电子商务、企业资源计划（ERP）、客户关系管理（CRM）等。人工智能产品作为创新技术之一，可以在先前研究的基础上进行参考与改进。TOE 框架能够系统考察组织内、外部因素和技术因素，且不同来源的影响因素根据研究对象的特点而改变，没有指定变量，具有较强的系统性和可操作性。根据 TOE 框架，影响组织采纳创新技术的决定性因素都可被归纳为技术、组织和环境三类。

就本部分内容的研究对象而言，公司在采纳智能炒菜机的过程中，包括适应使用智能炒菜机代替全部或部分厨师烹饪菜品，同样受到来自技术、组织和环境层面不同因素的影响。因此，本部分内容选用 TOE 框架进行研究，通过实证分析发现在组织层面，人工智能产品的采纳受到哪些关键性因素的影响。

图 3-4 为基于 TOE 框架的公司采纳人工智能产品影响因素的概念模型，分别在技术层面、组织层面和环境层面选择相适应的维度来研究组织采纳人工智能产品的决策与各影响变量之间的关系。技术层面是指与公司相关的内部和外部技术以及相关的特征。针对人工智能产品的特点，设计的变量包括技术能力、感知利益、数据安全性以及复杂程度。组织层面是指有关组织的描述性特征，如范围、规模等，针对人工智能产品的特点，设计的变量包括规模、人员以及财务成本。环境层面是指企业开展业务的场所，即所在行业、竞争对手以及与政府的关系。针对人工智能产品的特点，设计的变量包括竞争压力、外部支持、社会文化。

技术能力是指组织内部与采纳创新技术相关的能力。Metaxiotis（2009）和 Scupola（2009）认为技术能力不仅限于实物资产，还包括无形资源，如技能、专有技术等。借鉴 Awa 等（2016）和 Kuan（2001）的研究，包含雇用的技术人员数量、备件的可用性，以及支持创新技术使用的经验和专业知识。

智能炒菜机的铁釜炒锅属于消耗性零件，在一定使用次数后需要进行更换，因此相关零配件的可获得性很重要。此外，一系列指令与操作集中于触屏操作面板，如果公司有相关的经验与专业知识，将会有很大的帮助；对于无法自行解决的部分，能否及时得到服务提供商的指导也十分重要。

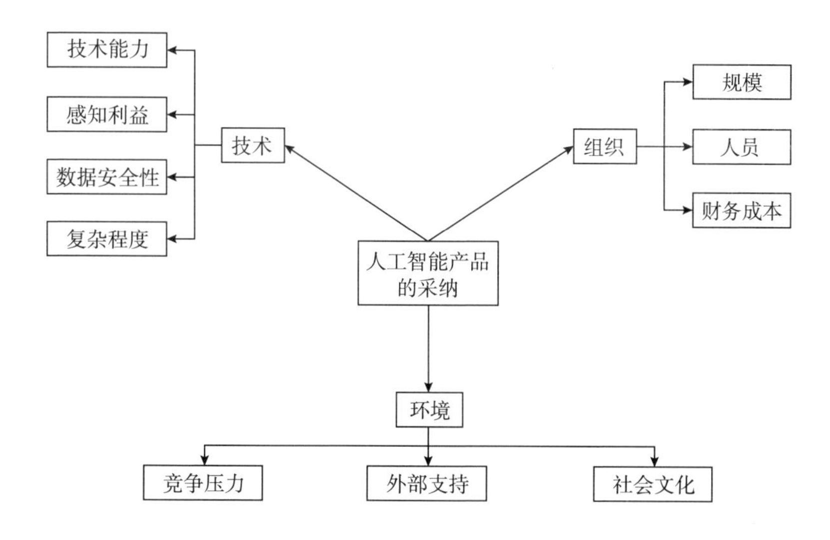

图 3-4　基于 TOE 框架的公司采纳人工智能产品影响因素的概念模型

感知利益是指采用创新技术后，组织能感受到的利益，包括直接利益和间接利益。Lee 等（2004）发现被认为具有更多运营价值的创新更有可能被采纳。Kuan（2001）提到，间接利益与通过与客户和竞争对手建立外部关系来制定公司战略有关，比如改善组织形象、提高竞争优势、改善顾客服务等；直接利益是指日常活动中明显改善的组织内部功能，如提高运营效率等。

智能炒菜机的采纳也会受到感知利益的影响，即使用了该技术（产品）后，公司能否感受到餐厅出菜效率加快、餐厅的竞争优势提升等。这些直接或间接的感知利益，都会影响组织采纳人工智能产品的决策。参考 Awa 等（2016）和 Kuan（2001）在研究中选用的题项，本部分确定衡量感知利益这一影响因素。

数据安全性是指组织采用创新技术的情况下，是否会有数据、机密泄露的风险。研究发现，安全威胁是阻碍采用的最关键因素之一（Awa et al.，2016）。在人工智能产品几乎都使用互联网以及云共享服务的情况下，数据安全性和隐私泄露的风险显得尤为重要。

智能炒菜机使用云共享菜谱，由制造商、公司、生鲜食材供应商等各方通过网络将菜谱上传至云端，其中必定会涉及数据安全性的问题。对于公司来说，“菜谱”意味着配料秘方，是与其他竞争对手形成区别的傍身之物，是公司的资源也是隐私。而制造商方面，可能为了进一步发展与改进产品的目的而收集一些相关数据，会涉及权限的问题。因此，数据安全性对于人工智能产品的采纳十分重要。本部分通过机密信息泄露的风险、运营情况的泄露、信息的可获得性/权限三个项目来衡量数据安全性这一影响因素。

复杂程度是指人们认为创新技术难以理解和使用的程度，还包括工作流程、设施上可能涉及的调整等。Grover（1993）认为复杂度与创新技术的采纳之间存在负相关关系。而 Thong（1999）发现它在小型企业中是一个关键的决定因素。人工智能产品采用的复杂程度可能会给成功应用带来更大的不确定性，因此增加了组织采纳决策的风险。此外，人工智能产品与现有经验、现有设施的相容性也会影响组织的采纳决策，越符合组织的当前状况与需求，转换成本与不确定性越小，组织采用的可能性越大。

Li（2008）在研究中使用了“所需要的技能对员工来说很复杂”这一题项，而智能炒菜机的采用也会面临这一问题，如果操作过于复杂，员工的接受程度就会有所降低，从而影响到采用决策与采用速度。此外，Awa 等（2016）提出的“是否能与原有工作流程兼容”也很重要，如果智能炒菜机的采用会使原有出菜流程等发生很大变化，那么厨师、服务员等都需要较长的时间重新适应，这会给组织的采用带来很大影响。

规模是指组织可用于采用创新技术的资源，包括资金、技术经验等。Li（2008）认为组织是否有足够的资本，会直接影响其采用决策，而技术和经验也是组织所拥有的重要资源，会影响到组织对创新技术的采纳速度（Awa et al.，2016）。

组织是否有足够的资本意味着是否有对智能炒菜机的采购能力；组织拥有的相关技术和经验，意味着组织掌握智能炒菜机使用方法所需要的时间长短。由此延伸的“适应能力”主要指员工是否能够快速、较好地适应采用人工智能产品后发生变化的工作模式。

人员是指组织内的高层管理人员。先前的研究发现，高层管理人员的支持能够营造一个积极的氛围，且对于组织采用创新技术提供足够的资源至关重要（Li，2008）。在某种程度上，人工智能产品的采用决策主要在于高层管理人员，意味着，如果没有高级管理层的支持，人工智能产品的采用将很难实施。许多研究中都就高层管理人员的支持给出了测量项目，参考 Teo 等（2006）和 Li（2008）的量表，设计了本部分在人员方面的测量题项。

智能炒菜机在行业内的认知度更高一些，因此公司高层管理人员意识到其好处、是否支持它的采用是关键的影响因素。此外，高层管理人员对于员工的鼓励也有助于智能炒菜机的顺利采用。

财务成本是指组织采用创新技术涉及的成本。Kuan（2001）发现，财务成本会影响组织的采用决策。与非采用者相比，采用者认为财务成本不构成障碍，可能是因为非采用者没有相关财务准备，也可能因为这些公司即使拥有必要的财务资源，也认为采用创新技术的成本太高。

智能炒菜机的采用需要一定的资金支持，比如前期的采购成本、日常使用和维护的成本等。尽管智能炒菜机的采用有可能为组织节省一部分开支，如厨师的工资，但同时也增加了其他费用的支出，如水电费用及零配件的更换费用等。因此，财务成本是一项重要的影响因素。参考 Kuan（2001）和 Li（2008）的研究，本部分对财务成本进行了测量。

竞争压力是指来自外部环境的影响。Kuan（2001）发现，在许多情况下，公司可能会由于其业务合作伙伴或其竞争对手施加的影响而采用某种技术，而该决定与该技术本身特性无明显关系。而来自业务合作伙伴或竞争对手的压力也是组织采纳创新技术的重要因素。如果合作伙伴要求或推荐他们使用这项技术组织可能会感到压力，当组织看到行业中越来越多的公司采用该技术时，也会感到压力。此外，一些经验研究发现，无论是竞争者还是商业伙伴，都是决定组织是否采用创新技术的重要因素（Li，2008）。

人工智能产品目前具有较高的关注度，因此公司可能会由于商业伙伴的要求或推荐去采用智能炒菜机，或者看到竞争对手的使用而决定采用，一定程度上都是迫于行业内的竞争压力，为了更大程度地提高自身的竞争优势。

外部支持是指通过使用创新技术可获得的组织外部支持。大多数实体企业，尤其是中小型企业，有关人工智能产品的专业知识和使用经验有限。由于专业知识和经验是组织采纳创新技术的基础条件之一，并且已发现其与创新技术的采用正相关，即如果企业认为有足够的、可获得的外部支持，他们会更愿意尝试创新技术。Li（2008）在研究中采用的测量项目分为社会机构以及政府促进两部分，Pan 和 Jang（2008）在研究中采用的测量项目属于监管政策。

对于组织来说，制造商能否提供有关人工智能产品的有效支持与培训是很重要的，这样可以避免在使用过程中遇到无法解决的问题而影响运营和收益，或者是更严重的问题与风险。对于某些组织来说，减免税收、租金优惠等奖励性措施在一定程度上会促进其做出采用决策。根据本部分所选择的应用场景及人工智能产品，对现有测量项目进行相应的调整，确定了 4 个问题选项来衡量外部支持。

社会文化是指影响组织采纳创新技术的社会和文化因素，包括客户、消费者的反应，人们对创新技术的接纳程度等。换句话说，就是组织运营所在的环境是否能提供使用创新技术的条件（主要在于心理层面）。Teo 等（2006）在研究中选用了顾客的不确定反应等可能的抑制因素来衡量。

人工智能产品在目前仍属于新兴产品，并不一定能被所有人接受。采用智能炒菜机的公司可能面临顾客在被告知后不接受“机器人”烹饪的菜的风险；当然，相反地，也会有一部分顾客正因为饭店使用了智能炒菜机，而前来尝试，因此，组织对于顾客的不确定反应的判断是影响因素之一。本部分选择了顾客的不确定反应、顾客对“人工智能产品”的好奇心、“人工智能产品”的吸引力来衡量社会文化这一影响因素。

本部分内容通过确定测量变量、设计问卷，借助社交网络定向对在使用智能炒菜机的餐厅工作的员工发放问卷，回收数据后使用描述统计和定性比较分析来进行研究。

选取性别、年龄、教育程度这三个变量，是因为它们可能会影响人们对于人工智能产品的态度、认知程度以及接受程度，因此将这几个变量纳入测量范围。

其余 10 个变量均基于 TOE 框架、结合智能炒菜机这一选取的人工智能产品，根据研究目的而提出，其中技术层面下 4 个变量，组织层面下 3 个变量，环境层面下 3 个变量（见表 3-1）。

表 3-1　TOE 框架下选择的测量变量

TOE 框架的三个层面	测量变量
技术层面	技术知识、感知利益、数据安全性、复杂程度
组织层面	规模、人员、财务成本
环境层面	竞争压力、外部支持、社会文化

具体问卷见附录 1。

5. 数据分析

本部分内容的样本数据是通过对使用智能炒菜机的餐厅发放问卷的形式获得的。在问卷回收后，通过信度和效度对其进行检验，验证是否达到了测量的基本标准。随后采用定性比较分析方法来研究，设置了性别、年龄、教育程度、职位、技术知识、感知利益、数据安全性、复杂程度、规模、人员、财务成本、竞争压力、外部支持、社会文化这 14 个条件变量，组织的采纳决策为结果变量。通过软件 fmQCA（2014）输出结果，对不同的条件组合进行分析，归纳得出对组织采纳决策产生关键性影响的因素组合。

（1）样本的人口统计。由表 3-2 可知，本次被调研者中男性占多数，年龄层主要集中在 20~35 岁，高中或中专学历的较多，比较符合餐饮业的情况，结果将更能反映较早就业的一部分年轻人的观点。

表 3-2　样本的人口统计

变量	选项	样本数	比例（%）
性别	男	11	73.33
	女	4	26.67
年龄	25 岁及以下	6	40
	26~30 岁	4	26.67
	31~35 岁	4	26.67
	36~40 岁	1	6.67
教育程度	初中	3	20
	高中或中专	8	53.33
	大专	4	26.67

（2）职位。由表 3-3 可知，在回收的 15 份问卷中，担任职务为店长和服务员的被调研者人数占比较高，其次为厨师和前台。

表 3-3　被调研者所在岗位

职位	店长	前台	服务员	厨师	研发
人数	5	2	5	2	1

（3）公司基本信息。由表 3-4 所知，被调研者所在餐厅基本为小型餐饮店，提供快餐，每天客流量在 100~400 人次。其中一家规模较大，相应客流量较大，可能与其所处位置有关。五家餐厅的厨师人数都在 3 人及以下，其中一家无厨师，即完全使用智能炒菜机来满足需求，其他几家为人工与机器人相结合的模式。在这几家餐厅中，服务员主要负责递菜与操作智能炒菜机。

表 3-4　餐厅基本情况

餐厅	员工人数	厨师人数	服务员人数	客流量（每天）	餐饮类型
餐厅 1	10	3	3	150	快餐
餐厅 2	7	2	3	400	快餐
餐厅 3	14	1	6	1800	快餐
餐厅 4	5	0	2	100	快餐
餐厅 5	13	1	4	350	快餐

（4）初次学习使用“智能炒菜机”所用时间。由图 3-5 可知，初次学习时间基本都在两小时以内，少数情况下花费了五小时，而且分别有 1/3 的人都只用了半小时、十五分钟。这表明，“智能炒菜机”的操作是比较容易上手的，员工基本都可以轻松掌握。个别耗时较长的情况，可能在制造商在向餐厅负责人介绍及讲解时发生。

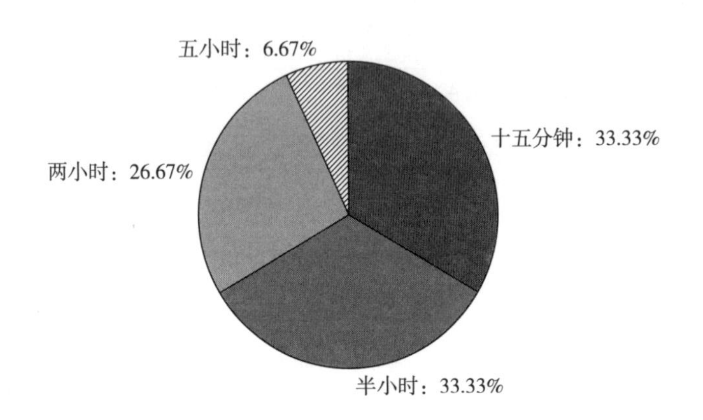

图 3-5　第一次学习使用“炒菜机器人”用了多长时间？（单选）

（5）“智能炒菜机”的操作培训周期。由图 3-6 可知，超过半数（53. 33%）的员工都会一周接受一次培训，表明他们可以及时发现操作中可能存在的问题、学习改进后的操作等。

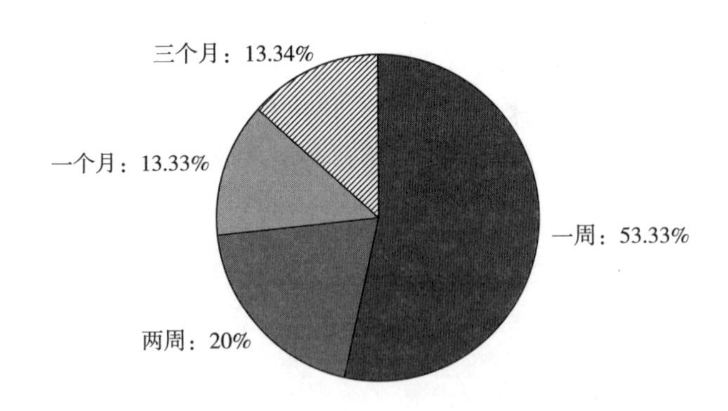

图 3-6　有关“智能炒菜机”的培训多久进行一次？（单选）

（6）量表信度检验。本书的问卷第二部分采用了 Likert 5 级评分表，在对态度式量表进行信度分析时，通常采用 Cronbach's α 系数。通常认为，Cronbach's α 系数大于 0.7，即为可信，具有相当的信度；0.9 以上为十分可信，一致性非常高；若 α 系数低于 0.5，为稍微可信；不超过 0.4，则为基本不可信。

针对 TOE 框架下的技术层面部分，量表就技术知识设置了 3 道题目，就感知利益设置了 4 道题目，就数据安全性设置了 3 道题目，就复杂程度设置了 3 道题目。针对 TOE 框架下的组织层面部分，量表就规模设置了 3 道题目，就人员设置了 3 道题目，就财务成本设置了 4 道题目。针对 TOE 框架下的环境层面部分，量表就竞争压力设置了 4 道题目，就外部支持设置了 4 道题目，就社会文化设置了 3 道题目。使用 SPSS 22.0 进行信度检验，输出结果如下（见表 3-5）：

表 3-5 量表的信度检验（Cronbach's α 系数）

变量名	题目个数	Cronbach's α 系数
技术—技术知识	3	0.610
技术—感知利益	4	0.939
技术—数据安全性	3	0.575
技术—复杂程度	3	-0.439
组织—规模	3	0.712
组织—人员	3	0.789
组织—财务成本	4	0.451
环境—竞争压力	4	0.859
环境—外部支持	4	0.761
环境—社会文化	3	0.474

从输出结果来看，量表的内部信度较高，但需要注意的是，技术层面的复杂程度、组织层面的财务成本、环境层面的社会文化这三个变量的 α 系数尽管超过了 0.4，属于“稍微可信”，然而设置的问题中分别有 2、3、2 个问题未通过信度检验，应予以剔除。

（7）量表效度检验。量表的内部信度较高并不能直接代表问卷有效，还需要进行效度检验。本研究用 KMO 和 Bartlett 球形检验分别对 TOE 框架下的技术层面、组织层面、环境层面的量表效度进行测量。依旧使用 SPSS 22.0，输出结果见表 3-6。

表 3-6　KMO 和 Bartlett 的检验

		技术层面	组织层面	环境层面
Kaiser-Meyer-Olkin 测量取样适当性		0.657	0.754	0.807
Bartlett 的球形检验	大约卡方	85.474	37.104	80.910
	df	45	15	28
	显著性	0.000	0.001	0.000

由表 3-6 可知，技术层面、组织层面、环境层面的测量量表的 KMO 值分别为 0.657、0.754、0.807，均超过了 0.6，且有一项在 0.8 以上，说明效度较好；且 Bartlett 的球形检验的显著性概率为 0（组织层面为 0.001），显著性可见。因此，量表的结构效度通过检验，可以进行定性比较分析。

（8）定性比较分析。定性比较分析是一种针对中小样本案例研究的分析方法，更关注多个条件并发的结果、条件组合对结果的影响。首先，对单个条件变量进行必要性检测；其次，检测由多个条件变量构成的条件组合的覆盖度，用覆盖度表示条件组合对结果变量的解释能力（王凤彬，2014）。本部分尝试用 QCA 来分析影响组织采纳人工智能产品决策的因素，除了性别、职位这两个基本信息作为条件变量之外，其余 8 个条件变量均为 TOE 框架下的测量变量，选择采纳决策作为结果变量。

1）变量设定与真值表的构建。结果变量设定为采纳决策，即是否愿意使用智能炒菜机，愿意使用赋值为 1，不愿意使用赋值为 0。条件变量由性别、职位以及基于 TOE 框架的测量变量组成（除未通过信度检验的 3 个测量变量外）。其中，性别用“gender”表示，男赋值为 1，女赋值为 0；职位用“position”表示，店长赋值为 1，其他员工赋值为 0；对于 Likert5 级评分表部分，TK 表示“技术—技术知识”，PV 表示“技术—感知利益”，DS 表示“技术—数据安全性”，S 表示“组织—规模”，TMS 表示“组织—人员”，CP 表示“环境—竞争压力”，ES 表示“环境—外部支持”，认为均值大于 3.5 表示赞同，赋值为 1，小于等于 3.5 即为不认同，赋值为 0。对量表按上述规则进行 0-1 赋值，得到 0-1 分布的真值表。

2）必要条件分析。将所构建的真值表输入软件 fmQCA 后，得出单个因素的必要条件分析，如表 3-7 所示。其中“~”表示该条件变量取值为 0，无“~”表示取值为 1。模糊集分析的基本步骤为：首先要进行单个条件变量的必要性检测，再进行条件组合分析。判断某一条件变量是否为结果变量的必要条件则是由一致性分数决定的。根据 Charles C. Ragin（1987）的解释，当一致性分数大于

0.9，即隶属度在90%以上时，可以认为该条件变量为形成结果的必要条件。

由表3-7可知，职位（position）、技术—感知利益（PV）、环境—竞争压力（CP）、环境—外部支持（ES）这4个变量的一致性分数均在0.9以上，达到了必要性检测的标准，构成结果变量的必要条件，也就是说，组织是否采用智能炒菜机在很大程度上受到感知利益、竞争压力、外部支持这几个因素的影响。这表示，如果使用智能炒菜机能让组织感到运营效率的提高、竞争优势的提升，那么组织做出采纳决策的可能性就会很大；如果组织发现它的竞争对手在使用这一产品，那么迫于行业内的竞争压力，组织也会做出采纳决策；如果使用智能炒菜机能得到制造商的有效支持并获得一定的优惠（来自制造商或政府），也会让组织倾向于采纳这一产品。另外，根据对职位这一变量的赋值定义，即作为店长有决策权力，可以决定是否采用智能炒菜机；从反面来看，如果不是在组织中起重要决策作用的职位，则影响很小。此外，其余5个条件变量的一致性分数并不高，均不接近必要条件的标准，这表明它们的独立解释能力较弱，因而需要对这些条件变量进行条件组合分析，来找出影响组织采纳决策的多种条件组合。

表3-7　单个条件变量的必要性检测（结果变量取值为1）

变量	一致性（Consistency）	覆盖度（Coverage）
gender	0.727	0.727
~gender	0.75	0.273
position	1.0	0.455
~position	0.6	0.545
TK	0.714	0.909
~TK	1.0	0.091
PV	0.909	0.909
~PV	0.25	0.091
DS	0.818	0.818
~DS	0.5	0.182
S	0.846	1.0
~S	0	0
TMS	0.786	1.0
~TMS	0	0
CP	1.0	0.545
~CP	0.555	0.455

续表

变量	一致性（Consistency）	覆盖度（Coverage）
ES	1.0	0.909
~ES	0.2	0.091

3）条件组合分析。在进行了必要性检测后，针对不构成必要条件的单个条件变量进行充分条件组合分析，来测量条件变量的不同组合方式对结果的影响，由于职位、技术—感知利益（PV）、环境—竞争压力（CP）、环境—外部支持（ES）这 4 个条件变量构成必要条件，因此不宜纳入条件组合分析，予以剔除，只需对剩下的 5 个条件变量进行条件组合分析。选择软件 fmQCA 的多值分析，将一致性阈值设置为 0.75、案例数阈值设置为 1，得到复杂解、精简解、中间解三种形式的运行结果。这三种解的形式反映了各自使用了多少"逻辑余项"，复杂解没有使用"逻辑余项"，中间解只纳入具有意义的"逻辑余项"，而精简解使用所有"逻辑余项"，无评估其合理性。一般来说，中间解优于复杂解和精简解，大部分使用 QCA 方法的学者都倾向于使用中间解来进行分析，因为中间解既接近理论实际又不至于太过复杂。因此本部分主要分析中间解，精简解的结果作为概括性分析。表 3-8 为条件组合分析运行结果中的中间解：

表 3-8　条件组合分析的中间解

条件组合	原覆盖度（Raw Coverage）	净覆盖度（Unique Coverage）	一致性（Consistency）
TK * DS * S * TMS	0.727	0	1.0
gender * DS * S * TMS	0.636	0.091	1.0
~gender * TK * S * TMS	0.273	0.091	1.0
所有条件组合总的覆盖度（10/11）：0.909			

分析表 3-8 可知，共形成 3 种条件组合：

组合①（TK * DS * S * TMS）：技术—技术知识 * 技术—数据安全性 * 组织—规模 * 组织—人员；组合②（gender * DS * S * TMS）：性别为男 * 技术—数据安全性 * 组织—规模 * 组织—人员；组合③（~gender * TK * S * TMS）：性别为女 * 技术—技术知识 * 组织—规模 * 组织—人员。

再看表 3-9 的数据结果，总的覆盖度为 0.909，表明这 3 种组合可以解释约 90%的案例，且总体一致性较高，有一定的说服力。此外，原覆盖度在 QCA 分析中一般只用作参考，不作直接解释；而净覆盖度（Unique Coverage）剔除了与其他组合相重合的部分，是衡量哪种条件组合对最终结果更重要、解释能力更强的标准。可以得到，组合①的净覆盖度为 0，表示它的单独解释范围不存在，因此接下来不再单独分析；组合②和组合③的净覆盖度相同，都为 0.091。

对比发现，这两组条件组合中都有“组织—规模”“组织—人员”这两个变量，说明这两个因素对采纳决策有比较重要的影响。再看表 3-9 的精简解结果，共有两种条件组合：①“技术—数据安全性”“组织—规模”；②性别为女，“组织—规模”。其中第一种组合的净覆盖度更高，为 0.636，为对采纳决策影响最大的组合。这一结果说明，采纳决策主要由技术层面的数据安全性和组织层面的规模交互影响，并且，“组织—规模”这一变量在中间解和精简解中均出现了，属于核心要素。

表 3-9 条件组合分析的精简解

组合	案例（Covered Case）	原覆盖度（Raw Coverage）	净覆盖度（Unique Coverage）	一致性（Consistency）
DS * S	7	0.818	0.636	1.0
~gender * S	1	0.273	0.091	1.0
所有条件组合总的覆盖度（10/11）：0.909				

具体来说，组织采纳智能炒菜机的决策主要受到“技术—数据安全性”（使用智能炒菜机是否会导致菜谱、运营情况等机密信息的泄露）、“组织—规模”（组织是否有足够的资金来采用智能炒菜机；组织是否拥有相关的技术和经验；员工是否能够适应采用智能炒菜机后的工作模式）的影响。其次是“组织—人员”这一条件变量，即组织的高层管理人员的态度（是否支持与鼓励）对采纳决策有很大的影响。如果有管理层的支持，智能炒菜机的采用将得到更顺利的实施，员工也会在鼓励与支持的积极氛围中更好地使用这一人工智能产品。

4）定性比较分析。本部分选取了定性比较方法，来分析选定的 TOE 框架下的 10 个变量对组织采纳人工智能产品（智能炒菜机）决策的影响程度。选择了问卷调研的方式，定向对使用智能炒菜机的餐厅员工发放问卷，以采集调研所需的数据。在回收问卷后，首先对数据进行描述性统计分析，以得到被调研者的整体情况，以及员工在智能炒菜机操作培训方面的相关情况。然后，为了保证问卷结果的一致性、可靠性和有效性，在进行 QCA 分析之前，先对问卷的量表部分进行了信、效度检验。由于技术—复杂程度、组织—财务成本、环境—社会文化这 3 个变量未通过信度检验，予以剔除，可能是因为相对应的问题设置得不尽合理。接着，对得到的原始数据进行赋值等基本处理，列出进行 QCA 分析的条件变量和结果变量，使用 fmQCA 按照步骤进行分析。最开始设定的条件变量共 9 个：性别（gender）、职位（position）、技术—技术知识（TK）、技术—感知利益（PV）、技术—数据安全性（DS）、组织—规模（S）、组织—人员（TMS）、环境—竞争压力（CP）、环境—外部支持（ES）。

通过必要条件分析，发现“职位”“技术—感知利益”“环境—竞争压力”“环境—外部支持”这 4 个条件变量能够成为结果变量的必要条件，这表示：它们可以单独对组织的采纳决策产生影响。

选取剩下的 5 个条件变量通过 fmQCA 输出结果，归纳出影响组织采纳决策的条件组合。结果表明：组织采纳“智能炒菜机”这一人工智能产品的决策主要受“技术—数据安全性”“组织—规模”这两个因素的交互影响，也就是说组织在做决策时十分看重自身的机密数据能否得到保护、不被泄露以及使用权限问题。另外，组织是否拥有足够的资金来采购产品也十分重要，而组织是否拥有相关的技术与经验会影响到其接受能力与学习能力，从而影响对产品的适应速度，这都会影响到智能炒菜机的采纳效果。此外，我们关注到“组织—人员”也有较强的影响效果，即组织内高层管理人员的态度，如果他们持支持、鼓励的态度，那么决策将更容易被采纳，这一点与“职位”的影响也能互相印证。

6. 研究结论

本研究以在使用“智能炒菜机”的餐厅工作的员工为样本，使用软件 fmQCA 检验了基于 TOE 框架（技术—组织—环境）下的 10 个因素及其组合对组织采纳人工智能产品决策的影响，得到以下主要结论：

（1）研究发现，感知利益、竞争压力和外部支持这 3 个因素构成影响组织采纳人工智能产品决策的必要非充分条件，是组织做采纳决策的关键条件；同时，对其他非必要影响因素进行分析发现，影响组织采纳决策的 2 种条件组合。从条件组合中可以看出，技术层面下的数据安全性以及组织层面下的规模是影响组织采纳决策的关键因素。除此之外，组织层面下的“人员”，即高层管理人员的态度也是重要影响因素之一。

（2）根据以上结果，组织（公司）表现出这样的特点：十分看重感知利益、外部支持以及数据安全性，同时竞争压力和高层管理人员态度的影响力很大。也就是说，厂商、科技公司有必要注意到以下几点：使用某一人工智能产品能否让组织感受到实际的利益，比如运营效率的提高、竞争优势的提升；在目前大力推动人工智能发展的环境下，组织采用某一人工智能产品能否得到政府的支持，是否有来自厂商的优惠，以及与产品相关的有效支持与培训；普遍利用云共享技术的情况下，组织的数据安全能不能得到保障。此外，组织会因为面临的行业内竞争压力而选择接受其合作伙伴的推荐来使用某一人工智能产品，或是看到了竞争对手正在使用某一人工智能产品，出于确保自己不落后的目的，也同样会选择采用，或许这会是制造商们的机会。最后，组织内高层管理人员的态度也非常重要，因此，这些手握决策权的管理人员是否对人工智能产品持支持态度、制造商能否让他们认同其产品，在目前供给推动需求的情形下就显得尤为关键。

小结

本研究只选取了“智能炒菜机”这一人工智能产品作为研究对象，且被调研者数量较少。未来可选取更多的人工智能产品（如配送机器人等），进行更全面的分析，以得到一个更普遍的结果。

值得注意的是，组织对于人工智能产品的采用大多还处在简单替代人工、追求“新奇”的这一阶段，并没能完全发挥产品的作用。只有在更大程度上提高产品的采用效果，才可能为组织带来更大的效益。这或许也是现阶段供给推动需求的状态下的问题——产品的设计不是从组织真正的需求出发的，因而组织在应用时会存在“不适配”的情况。这或许需要促进组织与厂商、科技公司之间的沟通，让产品可以真正满足组织的使用要求，可以最大限度地发挥其作用。

二、用户对在线客服聊天机器人信任的影响因素研究

1. 客服机器人应用落地中的消费者信任问题

聊天机器人作为较为成熟、应用广泛的人工智能技术之一，受到了学术界和工业界的广泛关注。众多公司与品牌纷纷应用聊天机器人，并将其作为与消费者互动的首选渠道。但是伴随聊天机器人的普及，用户对其态度与评价褒贬不一。各大企业纷纷布局智能语音平台，争夺最新人机交互入口，如亚马逊、eBay、Facebook、微信、京东和淘宝等，已经采用聊天机器人进行会话商务。但在2018年，Facebook关闭其虚拟助手M，亚马逊Echo也被爆出侵犯用户隐私，再加上聊天机器人实际使用效果远低于预期，整个行业逐步走向低迷。现阶段的聊天机器人对顾客的响应有限，会话用户界面简单，只能完成常规的任务，在解释问题

和提供正确信息方面需要改进。并且，复杂的聊天机器人系统维护成本可能很高，其适用业务范围也有限。此外，聊天机器人甚至还可能制造社会危害，传播谣言、偏见式观点，攻击在网上发布想法和观点的人。最为重要的是，用户隐私数据与安全问题屡禁不止，触及用户底线，产生信任危机，令用户在面临聊天机器人时产生迟疑畏惧。

2018 年，美国聊天机器人应用 Replika 已经成为用户的朋友，在不做批判的情况下给予用户情感上的支持，帮助用户消除社交孤立和隔离。斯坦福大学的心理学家和人工智能专家合作推出 Woebot，帮助用户了解自己、改善情绪。类似的人工智能聊天机器人应用有小黄鸡、Youper、TalkLife、MoodTools、Waysa、Joyable 等。当用户敞开心扉时，发现这个世界并非满怀恶意；相反，聊天机器人体现了人工智能的善良和关心。

目前，在聊天机器人应用方面存在的“信任矛盾”使得如何促进用户信任成为学术界与企业界共同关注的问题。针对这一研究问题，本书通过文献回顾，归纳人机信任定义与影响因素，建立和验证聊天机器人与用户的信任模型，探索变量之间的联系与因果关系，试图对“如何促进用户对聊天机器人的信任”问题进行探寻。

2. 信息技术消费者采纳的理论及消费者信任理论

现有对非人类信任的研究大多集中在自动化系统、网站、技术、信息系统、电子商务和机器人方面，而对人工智能聊天机器人的信任研究则相对较少。先前文献中的信任为理解聊天机器人系统中的信任提供了诸多理论与基础。但是，聊天机器人不同于其他形式的自动化，它的拟人性和自主性等差异将以一种尚未被完全理解的方式影响人机信任。

本部分采用 Rousseau 等（1998）的研究提出了一个跨学科的、反映共性的信任定义，认为信任是建立在对他人的意向或行为的积极预期基础上，而敢于托付（愿意承受风险）的一种心理状态，是基于对另一方意图或行为的积极预期而接受脆弱性的意图，并没有将信任的概念局限于人与人之间的互动，信任对象可以是技术，包括人工智能。

聊天机器人有着不同的用途和不同的形式，它们是由发展中的人工智能驱动的，模拟与真人交互的对话系统。聊天机器人输入的内容不仅可以是自然语言（文本、语音或者两者都有），未来还可以有面部表情、眼神和肢体动作等。因此，用户对聊天机器人的信任不同于其他形式的技术，本部分对以往学者关于聊天机器人用户信任的相关研究进行了整理，如表 3-10 所示。

表 3-10 聊天机器人用户信任研究文献

分类		学者	影响因素
外部因素	聊天机器人相关	Følstad 等（2019）	解读请求和建议的质量、与人类相似度、自我展示、专业的形象
		Nordheim（2018）	专业性、快速响应、拟人性、缺乏市场营销
		Corritore 等（2003）	专业性、可预测性、易用性
		Ho 和 MacDorman（2010）	拟人性
	环境相关	Følstad 等（2018）	聊天机器人主机（公司）的品牌、使用聊天机器人时感知到的隐私和安全、关于请求主题的总体风险感知
		Nordheim（2018）	品牌、低风险、接触人工操作
		Corritore 等（2003）	风险
	用户相关	Nordheim（2018）、McKnight 等（2011）	信任技术倾向
		Corritore 等（2003）	声誉
感知因素		Corritore 等（2003）	感知易用性、感知可靠性和感知风险

3. 研究对象选取：阿里小蜜

本部分研究实验对象为智能客服淘宝小蜜。淘宝小蜜有两种形式：一个是“我的小蜜”，它代表淘宝向消费者提供的官方服务，它具有购物指南、咨询、投诉、手机充值、天气查询和购票等功能。它可以部分代替人工客户服务并及时响应客户的问题，但其常用功能没有人类声音且没有人的外观。另一个是“店小蜜”，它可以协助商店为消费者提供服务，可以回答常见问题，显示购物指南，处理订单以及在夜间值班。

通过微信语音聊天的形式，寻找同学和朋友进行访谈。访问共 14 人参与，在访谈到第 13 人的时候发现没有新的内容出现，又对第 14 人进行访谈用于饱和度检验，访谈中没有新的概念出现。询问问题主要为“您使用过淘宝的聊天机器人小蜜吗?”“您使用它来做什么?”等。调查对象中淘宝小蜜使用率占 28.6%，淘宝“我的小蜜”人们使用最多的是投诉功能，其次是申请退换货，查询订单物流、退款信息。在访谈中参与者表示对“店小蜜”和“我的小蜜”的信任明显不同，原因是“我的小蜜”代表的是淘宝官方售后，是消费者维权的一道屏障；“店小蜜”代表的是商家。所以本部分仅选择淘宝“我的小蜜”作为研究对象。

本部分收集了用户与聊天机器人信任的影响因素，并按照聊天机器人、环境和用户对其进行分类。根据淘宝“我的小蜜”的应用场景，选择合适的研究变量，删除众多学者研究的变量中定义不明确、意义重叠和不适用于在线客服聊天机器人场景的变量。同时，保留一些新颖而重要的研究变量，并通过探索性研究对其进行了界定和检验，最终确定了聊天机器人相关因素（专业性、响应速度、可预测性、易用性和拟人性）、环境相关因素（品牌信任、风险和人工支持）、用户相关因素（信任技术倾向和隐私担忧）和控制变量（用户性别、年龄、学历、性格和任务特征）。

4. 研究框架设计

（1）聊天机器人相关因素。聊天机器人相关因素，即与聊天机器人本身相关的变量。用户访谈中最常提到的影响其对聊天机器人信任的因素都与聊天机器人自身相关。用户自身隐私担忧和信任技术倾向的差异，可能导致对这些聊天机器人相关因素的感知不同，即对其最终信任产生正向或负向调节效果。

1）聊天机器人专业性与用户信任之间的关系。①专业性。专业性是用户对交互式系统中反映的知识、经验和能力的感知。Nordheim 等（2019）认为，聊天机器人答案的正确性、相关性和具体性，聊天机器人对问题的理解能力及聊天机器人是否可以组织有说服力和流畅的答案对于信任至关重要，即专业性与信任高度相关。②隐私担忧。聊天机器人业务使用客户的私人信息来提供个性化服务，或向具有更高潜力、价值或忠诚度的客户追加服务。但是，数据收集对客户的隐私构成潜在隐患，如果发生信息隐私侵犯问题，可能导致失去用户信任，拒绝电子商务、聊天机器人及其建议。隐私是个人对自己信息的控制能力，信息隐私担忧是个人在互联网上提交个人信息时对“信息隐私威胁”的担忧，隐私担忧可以对用户的信任和最终行为意图产生重要影响。信任是信任者愿意让自己处于一种脆弱的状态，高隐私担忧反映了感知到的脆弱性，可能会减少信任。如果在与聊天机器人对话中不需要提供个人隐私敏感信息，会使用户更容易信任聊天机器人。③信任技术倾向。在接触一个交互系统时，用户的信任倾向存在个体差异，人们因其个人过去的经历、文化背景和性格类型等差异而对上下文信息有不同的理解。当信任者不熟悉被信任者时，信任倾向尤其重要。Mayer 等（1995）进一步指出信任倾向可以调节前因对信任形成的影响，并认为这是一个稳定的内部因素。在决定是否信任时，消费者会寻找线索，信任倾向的作用是放大或减少这些线索提供的信号，信任倾向越高的人越容易信任系统。Corritore 等（2003）提到了个体差异对技术信任的潜在重要性。因此，信任技术倾向是用户方面的一个影响因素，人们对聊天机器人的信任受到人们对技术的普遍信任的影响，并且这种倾向起到调节作用。

根据以上分析，得到聊天机器人专业性与用户信任之间关系的以下研究假设：

H1：聊天机器人的专业性正向影响用户对聊天机器人的信任。

H1a：用户隐私担忧负向调节聊天机器人的专业性与用户信任之间的正向关系；

H1b：用户信任技术倾向正向调节聊天机器人的专业性与用户信任之间的正向关系。

2）聊天机器人响应速度与用户信任之间的关系。响应速度主要指用户等待聊天机器人响应时间的长短。聊天机器人的快速响应饱受用户赞赏，这使其成为一种有效的服务支持方式，同时也会影响用户的信任感与服务方式选择。Holtgraves 等（2007）认为，响应迅速的聊天机器人比延迟响应的聊天机器人会被人们认为更积极，进而更容易获得用户的正面评价与信任。虽然也有研究表明动态延迟响应可以提升用户对聊天机器人的认知型信任，但是，大多数研究都认为机器人和虚拟人工智能表现出的即时响应行为对信任有积极影响。

考虑到用户的隐私担忧程度和信任技术倾向程度等个体差异，本部分形成以下研究假设：

H2：聊天机器人的响应速度正向影响用户对聊天机器人的信任。

H2a：用户隐私担忧负向调节聊天机器人的响应速度与用户信任之间的正向关系；

H2b：用户信任技术倾向正向调节聊天机器人的响应速度与用户信任之间的正向关系。

3）聊天机器人可预测性与用户信任之间的关系。可预测性涉及对系统行为一致性的感知。通常，当发生计算机错误时，对计算机系统的信任会下降。但是，即使面对计算机错误，如果错误是可预测的，则用户可能会继续信任计算机系统。许多文献将可预测性与信任等同起来，但是，可预测性忽视了人们在关系中冒险的意愿。换句话说，风险的情况是产生信任的前提。如果聊天机器人可以为用户提供预期的结果，那么用户将对其有更多的信任。

考虑到用户的隐私担忧程度和信任技术倾向程度等个体差异，本部分形成以下研究假设：

H3：聊天机器人的可预测性正向影响用户对聊天机器人的信任。

H3a：用户隐私担忧负向调节聊天机器人可预测性与用户信任之间的正向关系；

H3b：用户信任技术倾向正向调节聊天机器人可预测性与用户信任之间的正向关系。

4）聊天机器人易用性与用户信任之间的关系。易用性是指完成与系统交互的简便性。Davis（1989）对易用性的定义集中于用户使用计算机实现目标的难易程度。在本研究场景下，易用性指用户使用聊天机器人完成目标的简单程度。研究人员发现易用性与信任之间存在联系。例如，易于搜索、流畅的交互逻辑和导航都与在线信任的变化有关联。聊天机器人中感知到的专业性可能与易用性存在概念重叠，但是易用性倾向于用户对交互系统及其用户界面的感知，专业性涉及系统的可用性或用户体验的完整概念。显然，用户对聊天机器人低易用性的感知不利于信任与使用。

考虑到用户的隐私担忧程度和信任技术倾向程度等个体差异，本部分形成以下研究假设：

H4：聊天机器人的易用性正向影响用户对聊天机器人的信任。

H4a：用户隐私担忧负向调节聊天机器人易用性与用户信任之间的正向关系；

H4b：用户信任技术倾向正向调节聊天机器人易用性与用户信任之间的正向关系。

5）聊天机器人拟人性与用户信任之间的关系。拟人性是指用户感知到的交互系统的拟人化特征。聊天机器人的拟人化特征包括愉悦和礼貌等，被认为与信任联系密切。假如聊天机器人可以提供礼貌的答案或使用人类的自然语言表达，那么有望影响人们对其的无意识人性化评估，使用户赋予聊天机器人人性特征，以为其会像人一样交互，进而影响用户对于聊天机器人的信任。大量研究表明，机器人的拟人化特征对人的认知和情感有积极影响，但是也有证据表明有负面影响。一些研究人员考虑到恐怖谷理论，该理论认为与具有人类特征的人工代理接触会产生阴森的经历或不愉快的感觉，从而令人想到死亡，但是它是在高度拟人化的条件下发生的。以智能客服小蜜为代表的在线客服聊天机器人的图形用户界面早已在各种智能设备上普遍应用，并且没有拟人化的外形，也不能发出拟人的声音，显然，恐怖谷理论并不适用于本研究场景。因此，本书认为聊天机器人的拟人化程度是用户对聊天机器人信任的预测指标。

考虑到用户的隐私担忧程度和信任技术倾向程度等个体差异，本部分形成以下研究假设：

H5：聊天机器人的拟人性正向影响用户对聊天机器人的信任。

H5a：用户隐私担忧负向调节聊天机器人的拟人性与用户信任的正向关系；

H5b：用户信任技术倾向正向调节聊天机器人的拟人性与用户信任的正向

关系。

（2）环境相关因素。环境相关因素，即与聊天机器人自身无关，但是与整体的服务情境相关的变量。虽然用户在访谈中对环境相关因素的报告频率比聊天机器人相关因素低一些，但环境相关因素仍是用户认为影响其信任的重要因素。用户自身隐私担忧和信任技术倾向的差异，可能导致对这些环境相关因素的感知不同，即对其最终信任产生正向或负向调节效果。

1）用户对聊天机器人提供商的品牌信任与用户信任之间的关系。“客服小蜜是淘宝的嘛，还是值得信任的。”由访谈者的话可以推断出用户对聊天机器人信任一定程度上取决于提供商的品牌，从对提供商的品牌信任到对聊天机器人的信任之间可能存在信任传递。品牌信任通常被定义为一种心理状态，是信任者对另一方行为产生积极结果的概率、信心或期望，大多数学科都认为，风险是影响用户选择信任和行为的关键条件，而品牌信任是指在构成风险的情况下，消费者对品牌可靠性和意图充满信心的期望，这意味着客户先前与该品牌建立的积极关系可能会影响他们对聊天机器人提供客户服务的信任。

考虑到用户的隐私担忧程度和信任技术倾向程度等个体差异，本部分形成以下研究假设：

H6：用户对聊天机器人提供商的品牌信任正向影响用户对聊天机器人的信任。

H6a：用户隐私担忧负向调节用户对聊天机器人提供商的品牌信任与用户对聊天机器人的信任之间的正向关系；

H6b：用户信任技术倾向正向调节用户对聊天机器人提供商的品牌信任与用户对聊天机器人的信任之间的正向关系。

2）使用聊天机器人的风险与用户信任之间的关系。风险是产生不良结果的可能性，并且风险是信任的重要决定因素。为了建立信任，需要事先识别并承担风险，而且用户对风险的感知与他们的信任度密切相关。风险是用户对在线智能客服使用环境风险的感知，是环境相关的外部变量；而隐私担忧是用户对网络环境中隐私信息泄露与滥用的担忧，是用户相关的内部变量。高隐私担忧的用户在使用在线智能客服或者办理网上业务时可能会感知到更多的风险，进而增强风险与信任的负相关关系，而高信任技术倾向的用户对于网络环境风险的感知可能相对较弱，进而使风险与信任的负相关关系减弱。由此得到以下假设：

H7：使用聊天机器人的风险负向影响用户对聊天机器人的信任。

H7a：用户隐私担忧正向调节使用聊天机器人的风险与用户信任之间的负向关系；

H7b：用户信任技术倾向负向调节使用聊天机器人的风险与用户信任之间的负向关系。

3）人工支持。用户认为聊天机器人只是客服支持系统的一部分，人工与机器人处于互补状态。当人工客服随时可以触及时，用户对聊天机器人的信任会高于无法接触到人工客服时的情况。当聊天机器人无法解决问题时，寻求人工客服的支持对用户而言是极其重要的。如果人工快速介入，用户问题得到解决，用户依旧会选择信任客服支持系统。

人工支持通过测量使用机器人客服与联系人工客服的频率和关系，一定程度上反映用户的选择偏好、问题的复杂性、对机器人客服的信任程度和机器人扮演的角色。如果每次使用聊天机器人时用户都与人工客服联系，一定程度上可以表明聊天机器人无法帮助顾客解决问题，并且用户对聊天机器人的信任度可能会很低，同时，表明现阶段聊天机器人只是“助理”角色，只提供快速输入和词语联想等功能；如果得分较低，可以反映出聊天机器人已经是“团队成员”，可以独立解决问题，完成客服任务。由此得到以下假设：

H8：人工支持负向影响用户对聊天机器人的信任。

H8a：用户隐私担忧正向调节人工支持与用户信任之间的负向关系；

H8b：用户信任技术倾向负向调节人工支持与用户信任之间的负向关系。

（3）控制变量。用户的个人基本统计信息如年龄、学历、性别、性格等，以及环境相关的任务特征等都可能与聊天机器人的信任存在联系。综上所述，对各个变量及变量间关系进行集成，得到本部分的理论模型（见图 3–7）。

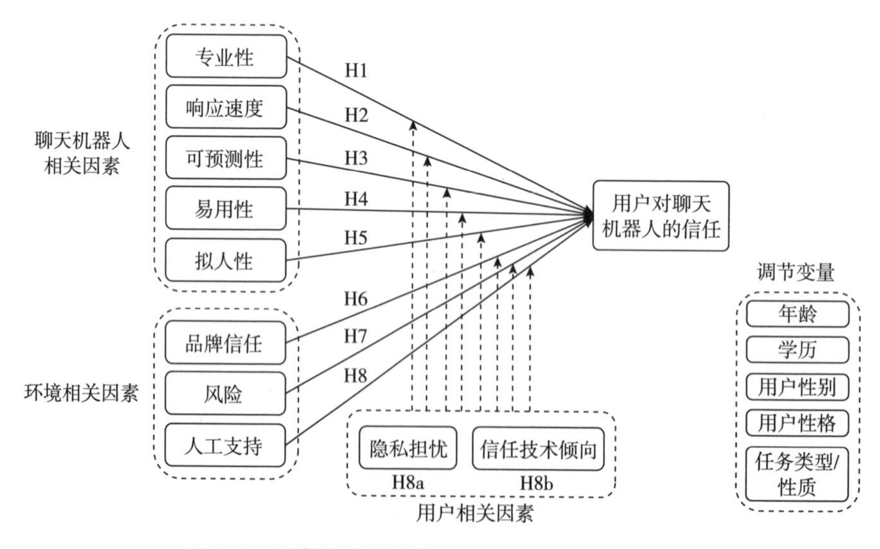

图 3–7　用户与在线客服聊天机器人信任研究模型

5. 研究设计

本部分研究通过问卷调查收集数据，问卷发放从2020年6月20日开始至21日结束，历时2天，主要通过网上数据调研平台Credamo发布问卷，挑选历史采纳率高于90%的调研人群进行填写。回收完成后，进行数据筛选，采纳则填写人获得问卷奖励2元，拒绝则填写人没有问卷奖励。筛选完成后，重新发布问卷，依次往复，直到获得500份合格样本。样本来源包括重庆、浙江、上海、云南、天津、山东、河南、河北、山西、四川以及江苏等全国多个省份。在数据筛选时，剔除连续多个题项答案一样和正反向题项回答矛盾的问卷，累计回收问卷592份，最终有效问卷500份，问卷有效率为84.46%。变量测量题项细节见附录2。

（1）变量描述性统计。在进行模型验证之前，要对调查数据是否符合正态分布进行检验，采用SPSS 25.0中的偏度、峰度检验方法。当变量测量题项的峰度系数的绝对值小于8且偏度系数小于3时，则认为调查数据整体上满足正态分布。由附录3可知，正式问卷数据符合正态性检验标准，能够继续接下来的分析。

（2）共同方法偏差检验。本部分研究调查问卷所有题项全部由Credamo数据集市中的成员独自填写，在做模型假设验证之前先对数据是否存在共同方法偏差进行检验。国内外关于共同方法偏差普遍采用的检验方法是“Harma单因素检验”，在此检验中若一个因子能够解释变量总体的大部分变异则说明存在共同方法偏差。通过SPSS 25.0对全部变量题项进行因子分析，由附录4量表的总方差解释可知初始特征值大于1的因子有7个，而这7个因子对于变量总体的解释率达到61.490%，但第一个因子对其解释率未达到总方差变异的一半，只有32.562%，也就是说此因子不能解释大部分的变异。因此，调查问卷数据不存在显著的共同方法偏差。

（3）信度与效度分析。本部分研究使用SPSS 25.0和AMOS 26.0软件对量表的信效度进行检验，通过验证性因子分析选择最优因子竞争模型，并利用χ^2/df、RMSEA、GFI、AGFI等指标判断模型的拟合度，同时计算相应的Cronbach's α值、组合信度（CR）、平均提取方差（AVE）等（见表3-11），进而对量表进行信度、收敛效度、区别效度分析。详细信度分析见附录5，量表验证性因子分析见附录6。

表 3-11　各变量的信度和效度指标

变量		平均值（M.）	标准差（S. D.）	组合信度（CR）	平均提取方差值（AVE）	Cronbach's alpha
专业性		3.98	0.718	0.8148	0.5954	0.812
易用性		4.19	0.601	0.7453	0.6448	0.740
拟人性		3.26	1.01	0.8912	0.6732	0.890
品牌信任		4.37	0.531	0.7671	0.5249	0.764
风险		1.85	0.647	0.7311	0.4823	0.709
可预测性		3.82	0.669	0.7224	0.4695	0.704
响应速度		4.33	0.604	0.7859	0.5518	0.784
人工支持		3.17	0.955	0.8266	0.6138	0.824
信任		4.30	0.544	0.7728	0.4698	0.761
信任技术倾向		4.19	0.465	0.7133	0.3839	0.712
隐私担忧		3.63	0.772	0.8017	0.5742	0.801
人格	外向	4.14	0.957	0.806	0.6873	0.792
	尽责	4.54	0.810	0.5904	0.4254	0.564
	开放	4.50	0.758	0.5679	0.4026	0.550

专业性、易用性、拟人性、品牌信任、风险、可预测性、响应速度、人工支持、信任、信任技术倾向、隐私担忧等量表的 Cronbach's α 值均大于 0.7，组合信度 CR 值也均大于 0.7，由此表明量表有着良好的内部一致性。在收敛效度方面，所有测量题项的标准化因子载荷都大于 0.5，潜变量的 AVE 都大于临界值 0.36，因此各变量的测量具有良好的收敛效度。人格量表在信度分析方面，Cronbach's alpha 值、组合信度 CR 值在收敛效度方面，所有测量题项的标准化因子载荷都大于 0.5，各潜变量的 AVE 值都在 0.50 以上，具有良好的收敛效度。各个变量 AVE 值的平方根均大于其潜变量之间的相关系数，说明所有变量有着良好的区别效度，详细数据见附录 7。

通过验证性因子分析，专业性、易用性、风险、可预测性、响应速度、品牌信任、人工支持、隐私担忧的模型为饱和模型，卡方值等于 0，自由度为 0，GFI 和 CFI 均为 1，是一种理想的模型。信任技术倾向、信任、拟人化的 χ^2/DF 小于 3，GFI、AGFI、TLI、CFI 大于 0.9，且 RMSEA 小于 0.08，拟合指数均符合标准，因此，结构模型具有良好的模型配适度。人格特质作为本研究的自变量，由外向性、责任心和开放性 3 个维度组成，每个维度由 2 个测量指标构成。人格特质的三因子模型相对于单因子、两因子（外向性+开放性）、四因子（外向性+尽责性+情绪稳定性+开放性）、五因子具有较好的拟合度，各个拟合指数均达到标准且为最佳。因此三因子模型具有良好的模型配适度。

6. 数据分析

（1）回归分析。通过逐步法进行回归，筛选自变量，确保最终得到最优模型。容忍度均接近于 1，方差膨胀因素（Variance Inflation Factor，VIF）均大于 0，由此得知模型不存在明显的共线性问题。经过回归分析，得出专业性（β=0.351，p<0.001）、风险（β=−0.231，p<0.001）、品牌信任（β=0.211，p<0.001）、响应速度（β=0.103，p<0.05）和可预测性（β=0.103，p<0.05）。H1、H2、H3、H6、H7 这 5 个假设得到了支持，H4、H5、H8 这 3 个假设没有得到支持。回归结果数据见表 3-12。模型总结数据见附录 8。

表 3-12 模型回归结果

模型	标准化系数	t	显著性	共线性统计	
	Beta			容忍度	VIF
（常量）		8.625	0.000		
专业性	0.351	7.423	0.000	0.455	2.198
风险	−0.231	−5.890	0.000	0.659	1.518
品牌信任	0.211	4.966	0.000	0.560	1.785
响应速度	0.103	2.601	0.010	0.653	1.530
可预测性	0.103	2.156	0.032	0.448	2.232

模型验证结果，聊天机器人相关变量中的专业性、响应速度和可预测性正向影响用户对聊天机器人的信任，环境相关变量中的品牌信任正向影响用户对聊天机器人的信任，风险负向影响用户对聊天机器人的信任。其中，专业性回归系数最大，说明其对信任的影响最大；可预测性和响应速度的系数最小，说明其对信任的影响最小。

（2）稳健性检验。为了保证回归结果的科学性和有效性，需要对样本数据进行稳健性检验，分别使用全样本和子样本（N=500，删掉易用性、拟人性和人工支持变量后的样本）进行输入法回归检验。检验结果为：专业性（全样本：β=0.331，p<0.001；子样本：β=0.351，p<0.001）、风险（全样本：

$\beta=-0.226$，$p<0.001$；子样本：$\beta=0.231$，$p<0.001$）、品牌信任（全样本：$\beta=0.207$，$p<0.001$；子样本：$\beta=0.211$，$p<0.001$）、响应速度（全样本：$\beta=0.097$，$p<0.05$；子样本：$\beta=0.103$，$p<0.05$）和可预测性（全样本：$\beta=0.114$，$p<0.05$；子样本：$\beta=0.103$，$p<0.05$）与因变量信任存在显著相关关系，拟人性（全样本：$\beta=-0.071$，$p=0.081$）、易用性（全样本：$\beta=0.067$，$p=0.195$）、人工支持（全样本：$\beta=-0.027$，$p=0.422$）与因变量信任不存在显著相关关系。综上与原结果一致，即证明其稳健性。具体分析结果见附录 9。

（3）差异性分析。本部分主要以独立样本 T 检验和单因素方差的分析方法对样本的人口统计学变量以及任务特征对信任是否存在显著性差异进行分析。本研究用独立样本的 T 检验对性别和任务特征等进行分析，用单因素方差分析方法对年龄、学历和性格进行分析。

结果表明（见附录 10），任务特征（$p=0.998>0.05$）、年龄（$p=0.849>0.05$）、受教育程度（$p=0.922>0.05$）与对聊天机器人的信任均无显著差异；性别、人格（外向性、尽责性和开放性）与对聊天机器人的信任水平显著相关。用户的性别与其与聊天机器人的信任水平存在显著相关关系（$p=0.037<0.05$），并且男性比女性对聊天机器人的信任水平更高。

（4）调节作用分析。因为 H4、H5、H8 不成立，所以将其子假设即调节效应检验舍去，继续对 H1、H2、H3、H6、H7 的子假设进行检验，即分别检验信任技术倾向和隐私担忧对专业性、响应速度、可预测性、品牌信任及风险 5 个变量与用户信任之间关系的调节效应。

结果发现，信任技术倾向对各变量的调节作用均不显著，本研究假设验证结果汇总见表 3-13，信任技术倾向与隐私担忧的调节效应检验见附录 11，隐私担忧的调节效应见图 3-8。专业性×信任技术倾向（$\beta=0.041$，$p=0.333$），响应速度×信任技术倾向（$\beta=-0.064$，$p=0.262$），可预测性×信任技术倾向（$\beta=-0.023$，$p=0.660$），品牌信任×信任技术倾向（$\beta=-0.052$，$p=0.441$），风险×信任技术倾向（$\beta=0.016$，$p=0.784$），假设 H1b、H2b、H3b、H6b、H7b 均不支持。隐私担忧对环境相关的因素品牌信任（$\beta=0.097$，$p<0.05$）和风险（$\beta=0.104$，$p<0.05$）存在调节效应，即 H6a、H7a 成立，对聊天机器人相关因素，专业性（$\beta=0.037$，$p=0.303$）、响应速度（$\beta=0.036$，$p=0.347$）、可预测性（$\beta=-0.059$，$p=0.103$）不存在调节效应，即 H1a、H2a、H3a 不成立。

表 3–13　模型的假设验证结果表

模型假设与路径	是否支持	调节效应检验	是否支持
H1：专业性→信任	是	H1a	否
		H1b	
H2：响应速度→信任	是	H2a	否
		H2b	
H3：可预测性→信任	是	H3a	否
		H3b	
H4：易用性→信任	否	H4a	—
		H4b	
H5：拟人性→信任	否	H5a	—
		H5b	
H6：品牌信任→信任	是	H6a	是
		H6b	否
H7：风险→信任	是	H7a	是
		H7b	否
H8：人工支持→信任	否	H8a	—
		H8b	

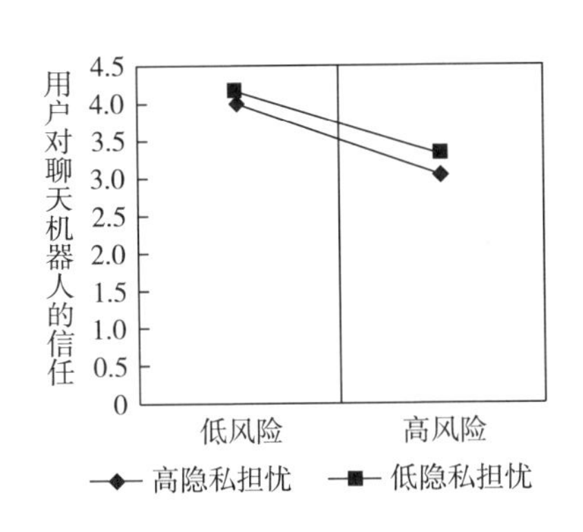

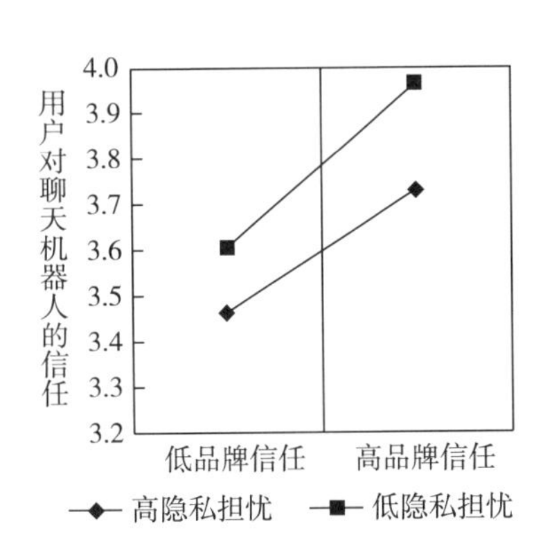

图 3–8　隐私担忧对品牌信任与信任（左）和风险与信任（右）之间的调节效应

7. 研究结论

研究发现，聊天机器人相关因素中的专业性、响应速度和可预测性正向影响用户对聊天机器人的信任，验证了前人假设。

在线客服聊天机器人小蜜属于任务导向型机器人，帮助用户解决问题最为关键，能否针对用户的问题提供全面、正确、相关、简洁的解释及有说服力的答案对于用户的信任至关重要。同时，聊天机器人需要不断扩展数据库并增加知识储备。

聊天机器人的响应速度对于缺乏等待耐心的用户至关重要，不管用户是否觉察到对方是机器人，快速的响应都是取得用户初始信任的重要因素。

可预测性也是用户对聊天机器人的信任的重要预测变量，可预测性较高，意味着不确定会变小，可控性会提升，进而让用户远离风险，信任程度也会提升。设计人员以用户熟悉的形式进行响应，预先通知聊天机器人的功能，以便用户可以建立适当的期望并纠正预测，最终提升用户对聊天机器人的可预测性。

参与者普遍对聊天机器人易用性的评分较高（M. =4. 19，S. D. =0. 601），证明用户可以通过聊天机器人简单完成自己的目标，但是易用性已经不足以显著影响用户的信任。

聊天机器人拟人化虽然在诸多文献中都被验证与信任存在联系，但是在线客服聊天机器人的拟人化程度相对较低（M. =3. 26，S. D. =1. 01），用户对客服小蜜的拟人化程度评分一般，并且用户之间差异也相对较大，以淘宝和京东智能客服为代表的聊天机器人更像技术和机器而非人类，更像技术导向而非以人为本。所以目前在线客服聊天机器人的拟人性与用户对聊天机器人的信任水平并没有显著关系。

环境相关的因素，品牌信任和风险与用户对聊天机器人的信任存在显著相关关系，其中品牌信任是正相关，风险是负相关，验证了前人假设。

用户对聊天机器人提供商品牌的信任可以通过第三方，场所或中介传递给聊天机器人。信任传递是一种认知过程，是人们预先判断陌生事物是否可信的重要方式。所以在实施聊天机器人应用程序时，企业应注意选择消费者信任的聊天机器人品牌，而聊天机器人开发公司也应注意品牌管理。

用户在使用聊天机器人过程中感知到的风险与信任存在显著的负相关。阈值模型认为用户通过比较信任水平和风险程度来采取下一步措施。公司应增加用户安全保障机制，降低用户使用聊天机器人的风险。对于服务提供商，不要引入让用户感知到的风险比信任高的功能很重要。

用户在使用智能客服小蜜时联系人工客服的频率一般（M. =3. 17，S. D. =0. 955），虽然同在一个客服支持系统中，人工客服和机器人客服各有优势，人机互补关系并不强烈，人工支持并没有明显改变用户对聊天机器人客服的信任。人工客服与聊天机器人客服处于相对独立的地位，用户使用聊天机器人客服时可以不联系人工客服。聊天机器人高效、快速完成常规、简单重复的工作，人工客服完成复杂的、充满情绪的工作，而且聊天机器人已经超过助理阶段（仅提供快速输入和词语联想），逐渐向“团队成员”角色转变。

信任技术倾向虽然一定程度上可以反映用户的个人差异，但是其可能属于对技术的信任范畴。Mcknight 等（2011）把对技术的信任分为三部分：信任一般技术的倾向、对技术的制度信任和对特定技术的信任。因此信任技术倾向不是调节变量。

环境因素（品牌信任、风险等）与信任之间的关系会受到隐私担忧的调节，聊天机器人因素（专业性、响应速度、可预测性等）不会受到隐私担忧的调节。并且，隐私担忧减弱了品牌信任与信任的正相关关系，增强了风险与信任之间的负相关关系，即企业需要增加用户隐私保障机制，建立清晰充分的政策规范，降低用户的隐私担忧程度。同时研究发现，针对高隐私担忧用户，组织应该努力改善环境相关的因素，而非聊天机器人相关的因素，即提升品牌管理，改善用户对品牌的信任，或者降低用户在使用聊天机器人中的感知风险。但是对于所有用户而言（高/低隐私担忧），增强聊天机器人的专业性是一个通用的方法。

小结

在理论方面，本部分研究进一步积累信任建立和提升的知识。同时，用户与聊天机器人交互模型构建需要考虑到信任因素，并从整体上考虑人机信任为人机交互中各方创造价值的过程。

在实践方面，本部分研究发现可以指明聊天机器人改进的方向，为提升用户对聊天机器人的信任提供见解，对于聊天机器人的发展有实践指导意义。

不信任与信任是相对独立又并存的不同构念，如果借用赫茨伯格的双因素理论，将因素分为保健因素和激励因素，探索其与信任与不信任的相关系数，也许会得到有价值的研究发现。用户对聊天机器人的信任度应从多个角度衡量，如功能型、帮助型和可靠型，或者认知维度与情感维度。

本部分研究对象淘宝智能客服小蜜，可以代表目前的电子商务领域等任务型聊天机器人，但是聊天机器人有物理实体也有虚拟形式，有任务导向和非任务导向等。未来的聊天机器人将有更好的情绪互动功能，如京东智联云智能情感客服。科技的发展、场景的变化，必然使得用户与聊天机器人交互的影响因素发生变化，人机信任理论与模型构建也应及时改进。

三、人工智能组织落地应用中的员工因素：基于隐性成本理论

1. 人工智能组织落地应用中隐性成本问题

近年来，人工智能成为时代特征，人工智能、大数据和自动化技术不断发展，企业已意识到这一有前途的技术的商业潜力。现如今的人工智能影响着人们生活的方方面面，比如自动驾驶汽车、无人超市或机器人家庭助手。随着市场的不断成熟，人工智能在企业运营中作为“关键变革推动者”的重要性日益提高，人工智能所具有的潜能不仅能推动企业经济利润，更能优化企业产业结构。企业逐渐认识到人工智能技术会对企业运营产生深远影响，技术创新、专有知识产权正日益成为企业竞争优势的一部分。人工智能技术可以为企业提供规划、实施、管理、运营和优化服务，以支持企业利用人工智能系统、流程和资源实现数字化转型和优化业务成果。隐性成本分析表明，技术更新对企业来说是一项重大的隐性成本，比如因为前期由于员工操作不熟练或设备跟不上会导致生产率下降，对企业总经济绩效的影响是正效应还是负效应。总体来说，基于隐性成本的角度对企业引进人工智能系统的研究很少，这个问题的总体影响和相关成本没有得到很好的描述。

本部分研究运用社会经济变革模型探讨企业引进人工智能系统产生的隐性成本，比如培训费用、雇用新员工费用以及因生产质量波动或生产率下降导致的利益损失。本部分内容从企业成本管理的角度出发，结合社会经济变革模型，把企业成本管理中最易被忽视的隐性成本作为研究对象进行拆分，探究影响企业隐性成本的关键因素，并结合某公司引进人工智能系统后的实际使用情况，研究引进新技术人工智能系统对企业隐性成本的影响。

从 20 世纪 70 年代到现在，计算机及信息技术高速发展，进入了信息时代，推动了经济全球化，人类已经逐步步入人工智能时代，人工智能技术正在逐步催生“人机新生态”，新技术的应用与变革不断更替。在探寻行业新模式的创新与新方向的开拓进程中，人工智能技术成为越来越多行业的首选工具。人工智能在众多领域都发挥着重要作用，如视觉系统、AI 解决方案、数据库智能检索系统、AI 计算、语言解析、自动代入定理证明和程序语言代码以及程序自动设计等。

《决胜劳动力“新时代”——2019 中国智能制造劳动力管理调研报告》提

出，在未来 5 年内，35%的工作将由机器来完成。埃森哲研究了人工智能在 12 个发达经济体中所产生的影响，揭示了通过改变工作本质可创建人与机器协作的新型关系。经过预测，在融入人工智能的情况下，可以监督人们更高效地掌握时间，可将生产率提升 40%左右。到 2035 年，人工智能可以帮助年度经济增长率提高一倍。这些数字仅揭露了部分事实，人工智能作为一种新型生产因素，可挖掘经济增长的巨大潜力。人工智能技术通过改变工作方式并优化产能结构，以更低成本完成产出，并且做得更快更好。

在人工智能、大数据、物联网、云计算等智能技术的发展与推动下，人工智能的技术优势也逐渐受到企业的关注，人工智能技术不仅可以通过优化产业结构、提升原材料利用率来提升产品质量，也可以通过提高生产力来降低产品成本，越来越多的企业期望将人工智能运用到企业成本管理中。但新技术的研发和推广也会造成大量的成本，并且面临着推广失败的高风险。企业若想引入新技术，则需要将成本控制作为企业战略管理的重要内容加以重视，监控不可避免、难以量化的隐性成本更是重中之重。传统的会计核算模式并不能体现隐性成本的存在，企业要防止隐性成本泛滥成灾，就需要分析隐性成本的形成原因，按项目拆分隐性成本指标，由此改进现有的成本核算方法，这样才能让隐性成本真实清晰地呈现在企业面前，便于企业有效监控隐性成本。

现如今，经济高速发展以及互联网 2. 0 时代的到来为人工智能的发展和应用提供了有利的条件，人工智能技术可以应用在各个领域，无论是对于企业还是对于消费者来说，人工智能都是一个热门的话题。对于企业来说，人工智能为公司提升产能效率提供了一种新的方式，也为公司产能结构优化提供了一种全新角度。

将人工智能系统引入企业会带来怎样的隐性成本呢？将能提高工作效率的人工智能设备引入企业是否能帮企业更好地减少隐性成本？查阅各类文献可知，从隐性成本的角度对企业引进人工智能系统的研究很少，这个问题的总体影响和相关成本没有得到很好的描述。本部分内容主要采用的研究方法为文献研究法和案例研究法，以社会经济变革模型作为理论基础，梳理社会经济模型下企业结构与员工行为之间的关系，并从中发现隐性成本存在的深层原因。客观分析旷工、工伤、人员流动、非生产和直接生产力差异五大隐性成本指标，引入隐性成本结构的一般测量方法，为量化分析隐性成本提供理论支持。最后结合 K 公司引进人工智能系统后的实际情况，从隐性成本角度分析人工智能系统对企业组织绩效的影响，并为企业优化生产活动与经营管理过程提供某种指向性的参考建议。

本部分内容以企业隐性成本管理为出发点，具体分析企业隐性成本的关键影响因素，将难以量化的隐性成本作为研究对象进行分析来提高成本核算的准确性。主要采用文献综述法作为理论依据，探究隐性成本形成的深层原因以及成本内容，企业控制隐性成本的必要性，以及测量隐性成本的一般方法，其次采用案例分析法，以 K 公司作为研究对象，实例探究引进人工智能设备后企业隐性成本的变化。

2. 隐性成本理论

隐性成本的概念源自经济学，是指未出现在公司信息系统的成本，包括预算、损益账户、普通会计、分析会计和试验记录簿（Savall，1979）。凡是非企业日常营业支出的额外支出，以及企业发生的各种潜在损耗都是隐性成本。隐性成本与显性成本有着明显区别，显性成本是实际应用成本，它是被计入账内的看得见的实际支出，它可以在产品价值中得到反映并具有可直接计算的特点。当一项成本具有以下三个特征时，即被视作显性成本：一项专属金额（如人力成本）、一个衡量标准（如薪金和补贴的总和）以及一种监管制度（如每月审查薪金和工资，并设定限制目标）。

相比显性成本，隐性成本更为隐蔽、不易量化且难以避免。隐性成本中的一部分是潜在成本，潜在成本的作用是有滞后性的，且对企业将来的收益有着消极作用。在企业高管投入 1500 万元用于生产技术改进后，企业生产效率和盈利水平并没有提高，这是由于技术进步带来的收益被额外成本冲减了。但这部分成本公司无法识别也无法控制，因而潜在成本难于被企业认识。隐性成本的另一独特之处在于它是由企业里的人共同产生的。没有单独的一个人需要对某一项特定的隐性成本负责，而是由单独行动者以及其他个人共同承担这些隐性成本的责任。这就意味着，隐性成本存在于企业运作的方方面面，难以避免。此外，隐性成本虽然由企业承担但传统会计账户中并未用货币进行计量，例如在旷工率非常高的公司，凭经验可知大量旷工会给企业带来高额的成本损失，但是却无法具体计算。

由于这些成本并不会在会计体系中披露，所以隐性成本往往被企业所忽略，然而隐性成本的存在不可避免地影响着企业的管理决策、财务绩效乃至生死存亡。显性成本可用于测量成本金额和偏差，但无法分析一切成因。相反，隐性成本本质上其实是对现象的揭示。例如，与旷工有关的高额隐性成本使人们能够了解企业的作业受到了多大程度的负面影响，以及为补偿这类缺勤而制定的调节措施所涉及的成本。隐性成本这个定义在戴明论述关于企业的七项致命的恶疾和障碍中讲过，管理上最重要的数字都是不知道的，也无从了解和知晓。如果一个人只靠看得见的数字来经营企业的话，那么有一天他会失去他的企业，也会失去他的那些数字。由此可知，在企业的发展和经营中，隐性成本不可或缺，作用至关重要。

企业作为一个复杂的实体，主要由企业结构和员工行为交互作用驱动（见图3-9）。在一个给定的单位，员工行为不变的情况下，企业结构的变化会影响生产绩效表现；反之，在一个给定的单位，企业结构不变的情况下，员工采取不同的行为也会导致不同的生产绩效。虽然结构与行为相互影响，但他们之间的作用力是不对称的。结构作为企业中相对恒定的因素，表现出持久性和权威性这两种特征，在交互作用时处于主导地位。

结构 ⇄ 行为

图3-9 企业结构与员工行为的交互关系

企业主要有五种结构：物理结构、技术结构、组织结构、人口结构、心智结构。物理结构是指企业的空间、体积以及工作环境。技术结构包括根据特定标准分类的不同设备的复杂程度以及设备的经济价值。组织结构源于企业内部的分工以及不同单位和个人之间的关系，与员工职能、员工培训、工作调整有关。人口结构可定义为工作人员在专业程度、等级地位、年龄、资历和受培训程度等方面的特征。心智结构包括组织文化、管理者风格、影响管理者做决策的理念、工作氛围和人员普遍存在的心理状态。尽管每个结构各不相同，但五种不同的结构并不是单独作用于企业，而是相互影响、密切相关，比如技术结构可以影响管理者的决策理念，物理结构中的办公室配置可以影响组织结构。

员工行为同样也取决于企业的整体框架结构。行为是指人们能观测到的在物质和社会环境中发生的人类行为。据研究，一个人根据不同的情况会遵循五种不同的行为准则：个人行为、部门行为、社会专门类别行为、亲和团体行为、组织整体行为。个人行为是指个体遵循个性按相对自主的方式行事。部门行为是指个体的行为受到所处的部门或工作场合约束。社会专门类别行为是指个体遵循某一特定社会角色的性格行动。亲和团体行为是指个体行为遵循亲和团体成员的关系，这种关系可能源于同一宗教或同一学院等。组织整体行为是指个体行为遵循组织整体的利益关系，例如当企业受到外部威胁时，员工会团结起来一致对外。同企业结构一样，不同的行为也并不是独立存在的，而是相互作用，共同影响企业表现。

这两组复杂的变量不断交互，驱动企业进行经济活动，而经济活动可以分为两类：一是正向活动，即行动者寻求以及期望的活动；二是企业功能障碍，即企业实际经济活动与期望之间的差距。当功能障碍发生时，企业运营就不可避免地失调，进而产生了隐性成本。虽然隐性成本无法准确计量，但仍有诸多实例可以证明隐性成本影响着企业的经济表现，如图 3-10 所示。

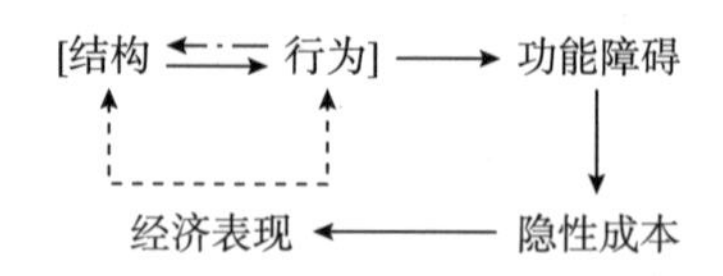

图 3-10　企业隐性成本形成的深层原因

企业每天都会面临很多问题导致内外部出现多重功能性障碍，一旦忽视这些阻碍，企业将慢慢失去活力。以往企业遇到危机时，通常采用裁员或减少工资成本等被动型防御战略。这种被动战略很大程度上是由于企业对危机的错误认识以及对于经济绩效潜在来源的误解造成。近年来，商业道德以及社会责任都要求企业以保证就业水平为目标，企业也渐渐尝试通过降低企业成本来改善经济效益，避免被动采取防御性裁员措施。Savall 和 Zardet 一直致力于发展一种积极的变革管理的办法——社会经济分析管理法（Socio-Economic Approach Management）（见图 3-11），从评估并降低企业隐性成本的角度同时改善企业经济以及社会绩效。提倡动态、以激励为基础的政策来阻止降低工资以及裁员，通过采取一种持续、小幅的调整不断评估并降低企业隐性成本，最大限度地发挥每个员工的潜力，从而提高企业竞争力。

这一系列功能障碍会发生在企业的六个领域：工作条件、工作组织、交流协调合作、时间管理、工作培训以及战略实施。这六个领域构成了故障的解释变量，也构成了企业解决故障的解决方案域。在这六个领域中，企业功能障碍导致隐性成本的产生，并由员工缺席旷工、工作事故、人员流失、质量问题和效率损失五大隐性成本指标来衡量。我们有必要深入研究每一种调节模式所带来的总体影响，并计算每一种调节模式的单一成本。一般来说，缺席旷工、质量问题，以及效率损失（该指标与前两者之间相比程度较弱）这三项指标出现频率较高。

3. 研究对象选取：某知名审计企业的审计流程自动化应用

本部分内容选择 HFS Research 发布的 AI 领域服务商报告中在全球供应商中排名第三、科技创新板块排名第一的 K 公司作为研究对象，主要采用访问的形式与企业员工深入交流，了解人工智能系统在公司的具体实施情况，并探讨公司使用人工智能系统后的隐性成本情况。

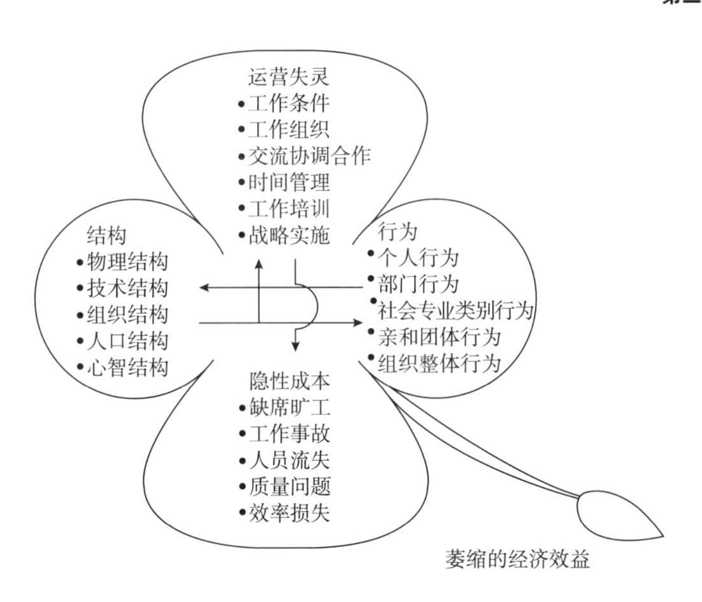

图 3-11　社会经济变革四叶草模型

K 公司作为国际四大会计师事务所之一，成员遍布全球 147 个国家和地区，拥有专业人员超过 219000 名，为客户提供审计、税务和咨询等专业服务。K 公司历史悠久，积累了丰富的行业经验，服务对象遍布零售消费品、金融服务、工业市场、科技行业、私募股权、政府机构及医疗保健等行业。中国多家知名企业长期聘请 K 公司提供广泛领域的专业服务（包括审计、税务和咨询），反映出 K 公司在行业内的领导地位。

K 公司的专业团队由多个领域的专业人员组成，以专注了解客户所处的行业情况和独特需求。尤其重视以行业专责团队整合行业知识，为客户提供优质服务。K 公司认为每个行业均有自身独特的情况，并面对不同的挑战和机遇。K 公司建立了实力雄厚的行业团队或部门团队，以便向客户提供目标明确的行业经验和建议。凭着对各行各业和内地情况的深入了解，可随时调派熟悉客户具体业务情况和受过专业培训的人员，为客户提供优质的服务。

K 公司作为一家高科技的专业公司，已与微软、IBM、甲骨文、Blue Prism 等企业建立了全球联盟关系。它致力于实现核心专业知识与先进的数字化解决方案的融合，在行业中引领创新的数字解决方案，为客户带来实效，提高企业效率。

本研究以隐性成本为关键词，查阅大量国内外的文献，对各类文献内容进行筛选，挑选出与本部分内容最密切相关的部分，对社会经济变革模型进行梳理总结，在学习前人研究成果的同时，使本研究拥有扎实的理论基础。除此之外，结合当下热点将人工智能这一项新兴技术引入企业后企业隐性成本的变化作为本部分内容的出发点和创新点，推进隐性成本的相关研究。

4. 研究设计

本部分运用访谈企业员工的形式，深入分析行业领先企业 K 公司在引入人工智能系统后的实际影响，填补了现有研究的空白，并以文献综述中梳理出的社会经济变革模型为理论框架，定性分析企业隐性成本的变化。

本部分内容主要采用文献综述法作为理论依据，深入梳理社会经济变革模型；其次采用案例分析法，以 K 公司作为研究对象，探讨在引入人工智能系统后企业隐性成本的变化情况。

5. 数据分析

通过采访了解到 K 公司目前使用的人工智能系统主要包括函证、E-audit、底稿生成器、报告生成器、Helix、Canvas、AURA 等。根据员工实际使用情况，整理出引入人工智能系统的优势以及不足（见表 3-14）。

表 3-14　K 公司使用人工智能系统的优势及不足

AI 系统	优势	不足
函证	· 节省数据输入时间、提高工作效率 · 精确度更高、避免了人为误差 · 自行跟进项目情况，反馈错误节点	· 需人工操作配合系统逻辑 · 小项目不适用
E-audit	· 方便部门间文件审阅、沟通 · 方便文件整理、查找、储存	
底稿生成器	· 节省时间，减少工作负担	
报告生成器	· 提高工作效率	· 模板固定
Helix	· 自动生成报表，直观展示变化趋势	· 使用方法繁杂，需人工操作配合系统逻辑，花费更多时间
Canvas	· 操作方便，提高工作效率	· 电脑配置不够，系统运行困难 · 导出数据有很多重复，需人工再审查
AURA	· 辅助修正数据错误 · 提高工作效率 · 提高人工利用率	

（1）函证系统。据员工反馈，在 K 公司引入函证系统前，员工需要手动按

模板输入大量数据，并且人工识别数据源、设立公式非常容易发生错误，无法保证结果的正确性。后续监测也需要员工自主追踪快递信息，了解项目进度，十分耗时耗力。在引入人工智能系统之后，可直接将数据导入系统，节省了大量手动输入数据的时间，并且系统自主匹配公式，大大提高了结果的精确度，一定程度上避免了人为误差导致的时间人力金钱损失，减少反复工作率。此外，系统会自动更新函证后续状态，及时反馈项目进展，若有错误出现，系统会提示员工错误节点，方便员工及时修正错误，稳步推动项目正常进行。由此可见，K公司引入人工智能系统函证系统后，替代员工工作中简单重复的部分，机器精确的判断力也提高了结果的准确性，大大提高了员工工作效率，降低了质量问题以及效率损失这部分企业隐性成本。与此同时，K公司设立该人工智能系统也引发了一定程度的隐性成本上升。据了解，K公司为此设立了专门的团队来维护系统，额外的人工以及培训成本造成人员流动这部分隐性成本上升。同时，人工智能系统也面临着高风险，比如当函证量非常大的时候，机器可能会产生错误，人为去核查会花费大量的时间，但人为介入不及时的话机器可能会崩盘，后续的修缮也需要大量的时间以及人力。

（2）E-audit云空间。通过采访了解到，在K公司引入E-audit之前，文件批阅都是个人修改后再通过邮件传输给下一个人。在引入E-audit后，员工们可以同时批阅一份文件，方便员工沟通，以及节省上下级间审批传阅的时间。此外，将办公文件存在云空间里方便查找整理。由此可见，K公司引入E-audit人工智能系统后，提高了员工的工作效率，降低了效率损失这部分企业隐性成本。

（3）底稿生成器和报告生成器。底稿生成器和报告生成器这两个人工智能系统原理相差无几，都是替代员工做一些不需要职业判断的工作，可减少员工工作负担，提升工作效率。但由于模板固定，仍然需要员工对产出的数据做后续整理。总体来讲，K公司引入底稿生成器和报告生成器这两个人工智能系统后，提高了员工的工作效率，降低了效率损失这部分企业隐性成本。

（4）Helix系统。K公司引入Helix这个人工智能系统主要是为了辅助作序时账JE test这部分工作，导入数据后可自动生成图表或表格，多方面直观展示变数趋势，帮助员工分析数据。但据反馈，前期员工为了配合系统逻辑，需要花费很多时间整理客户数据，系统分析出的结果虽比人工更加全面，但是与花费的时间相比，性价比并不高。由于培训不足，员工对系统理解不充分，会导致花费的时间比人工直接分析数据还多。由此可见，Helix在公司的运用并不成熟，对于有些项目来说，Helix可以节省员工时间，提高效率，但是个别项目运用Helix反而将简单工作复杂化。所以，K公司引入Helix这个人工系统后，提高了部分项目的员工工作效率，降低了产品质量问题和效率损失这部分企业隐性成本。但对于另一部分项目来说，Helix 反而增加了员工的效率损失这部分企业隐性成本，若想仔细探究效率损失这一部分隐性成本还需更为详尽的数据来佐证。除此之外，公司若想改进该人工智能系统的使用体验还需投入更多培训成本以及时间成本。

（5）Canvas 系统。据员工反馈，K 公司引入 Canvas 这个人工智能系统主要是辅助员工做穿行测试与控制测试。便捷的地方是 Canvas 系统里已经设置好了各种各样的控制点，员工只需在半自动生成的文件里面填写资料以及即将测试的数据。但在使用过程中由于办公设施硬件配置不够，导出数据时电脑容易卡机，会浪费很多时间，并且在测试没有完善好的小项目时，转换出来的数据有非常多重复的部分。由此可见，Canvas 的运用也是有利有弊，对于比较合规的项目来说，Canvas 可以节省员工时间，提高员工效率，但是对于不完善的小项目则不太适用，人工还需处理导出数据。所以，K 公司引入 Canvas 这个人工系统后，提高了部分项目的员工工作效率，降低了产品质量问题和效率损失这部分企业隐性成本。但由于智能程度还不够，Canvas 增加了小项目员工的效率损失这部分企业隐性成本，若总体探究 Canvas 对效率损失这一部分隐性成本的影响，还需更为详尽的数据来佐证。

（6）AURA 审计系统。通过采访数据可知，K 公司引入 AURA 这一人工智能软件主要是为了辅助审计流程，帮助员工检查修正数据错误。在没有引进该系统之前，员工需要一级一级逐层反馈底稿，并由上一级人工检查是否存在错误，若有错则打回重做。这个过程十分烦琐，并且出现错误的概率非常高。但引进系统后，两个员工可以同时修改底稿，并且同时修改文件数据时，系统就会自动识别两份底稿可能存在的错误并反馈。这样不仅减少了员工底稿的错误率，也减轻了经理核查数据的负担，提高数据准确性的同时提高了团队合作的效率。由此可见，K 公司引入 AURA 人工智能系统后，提高了员工的工作效率与数据准确性，降低了质量问题和效率损失这部分企业隐性成本。

综上所述，可以得到公司引入人工智能相关应用之后，从隐性成本的视角员工对其的感受见表 3-15。

表 3-15　K 公司人工智能系统对隐性成本的影响

成本指标 / AI 系统	缺席旷工	工作事故	人员流动	质量问题	效率损失
函证			↑	↓	↓
E-audit					↓

续表

成本指标 AI系统	缺席旷工	工作事故	人员流动	质量问题	效率损失
底稿生成器					↓
报告生成器					↓
Helix				↓	—
Canvas					—
AURA				↓	↓

6. 研究结论

尽管人工智能是一种新兴技术，但在企业运营中，其作为“关键变革推动者”的重要性日益提高，它能够从非结构化数据中获得深刻的见解，能够不带感情进行精确判断，能够优化业务操作，它对组织的价值是显而易见的。从K公司实施运用的这七种人工智能系统的实际情况也证实了这一点，人工智能系统不仅可以提高产出的准确度更是能够代替人工做一些不需要职业判断的重复性操作，简化业务流程，提高员工工作效率。但人工智能服务也是一项复杂而具有挑战性的工作，由于智能化程度不够或者硬件设施跟不上，将简单工作复杂化、系统产出不如人工的情况也时有发生。

从隐性成本的角度来说，由于产出结果精确度高、复工率降低和员工工作效率提高，企业质量问题和效率损失这一部分隐性成本有明显下降。但由于新技术研发以及需要培训员工以及建立专门维护的团队，导致企业人员流动这一隐性成本上升。在新技术推广过程中，也可能会由于企业功能障碍导致生产率下降，引发企业质量问题和效率损失这一隐性成本上升。此外，数据量过大可能会引起系统崩盘，崩盘后的生产停滞以及维修会造成大量的隐性成本，所以企业也面临着高风险。

小结

本部分通过文献研究法剖析了隐性成本产生的深层原因，并解释了在社会经济变革模型下，隐性成本的衡量指标以及一般测量方法。企业作为经济实体，企业结构和员工行为交互促进企业经济发展，但在企业的运行过程中，总是存在异常或期望与实际之间的差距，这就是企业职能失调。职能失调最终引发隐性成本，产生萎缩的企业经济效益。引入企业运营中的“关键变革推动者”人工智能系统是否能调节企业隐性成本呢？后续通过案例研究法了解 K 公司人工智能系统的实际运作情况，依据社会经济变革模型理论，从隐性成本角度分析人工智能系统对企业组织绩效的影响，简析将能提高工作效率的人工智能设备引入企业对企业的影响以及实施过程中的隐性成本。据员工反馈，引入人工智能系统，工作效率大幅提升，简化了烦琐的工作流程，提高了企业生产率，并且提高了产出结果的精确性，减少了人为误差造成的损失，但同时，新系统的开发以及维护需要付出额外的成本，还面临着系统崩盘的高风险。

本部分内容虽对隐性成本的成因及内容进行了深入剖析，也引出了隐性成本的定量测量方法——SOF 法，但由于数据有限，只是采用了文献综述法和案例分析法这两种定性的分析方法，属于探索性研究，没有定量分析作为支撑，缺乏一定的说服力和科学性。另外，本研究的案例分析法是通过对 K 公司的几位员工进行访谈，数据量太小，后续需要进一步扩大样本。

未来希望其他研究者能通过定性与定量相结合的方式深入公司治理中，进一步研究人工智能系统对企业隐性成本的影响，得到更加科学合理的结果，并为企业优化生产活动与经营管理过程提供指向性的参考建议。

四、智能自动化技术在组织中的应用：基于扎根理论

1. 智能自动化技术组织应用中的问题：以审计行业为例

信息系统的“落地”是该领域中一个备受关注的课题，之前也有很多相关的研究。技术落地是一个复杂的、固有的社会发展过程。为了成功地促进技术的落地，我们必须解决认知、情感和环境方面的问题（Evan，2009）。James（1999）基于技术创新文献中的理论，开发了小企业采用信息系统的集成模型。David 等（2005）研究了医疗集团对电子健康记录（EHRs）和信息系统的采用，发现 EHRs 进展缓慢。然而，技术的不断发展使今天的情况不同于过去十年。模糊型信息系统的概念出现了（Isaac and Shame，2020），它是指那些对个人、组织或社会既有利又有弊的技术，包含广泛的信息技术，如智能手机、电子邮件、社交媒体技术、大数据技术和人工智能。关于模糊型信息系统落地的研究不多，但意义重大。

智能自动化作为模糊型信息系统之一，近年来一直备受关注，2010~2015 年，公司对人工智能相关交易的支出水平翻了两番，达到约 85 亿美元（The

Economist，2016）。由于审计行业既要做大量的基础性工作又要完成一系列的决策制定，因此智能自动化渐渐地被应用于该行业之中，但与之相关的争论从未停止过。一些人认为，智能自动化可以使审计员从大量重复的工作中解脱出来，而另一些人则担心他们的工作在未来会被技术所取代。认识到智能自动化的巨大潜力，四大会计师事务所成为追赶这一技术浪潮的先锋。例如，德勤与 Kira Systems Inc. 合作，建立了认知模型以帮助审计人员完成文件审查的任务（Julia and Tomas，2017）。然而，在我们的研究中，审计人员并不认为这项技术符合他们的使用期望，因为大多数现有的智能自动化工具都是针对一个典型的或理想的情况设计的，但实际上大多数被审计的公司都不能达到这个标准。

本部分将以四大会计师事务所之一为例，对该企业的员工进行访谈，并对实践中存在的智能自动化工具进行详细的描述，分析员工和合伙人对该技术的态度和动机。本研究以扎根理论为基础，为智能自动化技术在审计行业的落地提供一个新的理论模型，并在此基础上，为下一阶段智能自动化在该领域的发展提供建议。

2. 智能自动化及其在审计行业的应用

智能自动化包括机器人流程自动化（RPA）和人工智能，它们处于智能自动化技术的两端。RPA 是高度流程驱动的，即自动化是基于规则的任务，而 AI 需要高质量的数据来学习（Max，Dan，Okayanus，Cornelius，Minna and Othmar，2019）。

“机器人流程自动化（RPA）是一种允许员工配置计算机软件或‘机器人’来运行现有的应用程序的技术，它主要用以处理交易、处理数据、触发响应和与其他数字系统通信。”（IRPA&AI，2017a）IEEE 协会（Institute of Electrical and Electronics Engineers）标准定义了机器人流程自动化：“它是一个预配置软件实例，能够使用业务规则和预定义的活动编排完成自主执行过程的结合、交易和任务。它能够在一个或多个不相关的软件系统完成任务或用以检测人类工作中的错误。”（IEEE，2017）

RPA 可以像人类一样通过软件进行工作，它有一个带有记录按钮的内部接口，当激活该按钮时，将生成一个脚本。这种配置使 RPA 能够阅读电子邮件、打开 pdf 文件、识别重要信息、将数据输入 ERP 系统等（Tavish et al.，2018），但并不是所有的业务流程都适合应用 RPA。Tavish 等（2018）也提出了适用 RPA 的三个条件：首先，定义良好且少有歧义的流程更容易自动化。其次，大量重复的工作，如与工资或应付账款相关的工作，使用者可以从自动化中获益更多。最后，RPA 最好是针对成熟的，具有可预测结果和已知成本的任务；相反，

RPA 不太适合那些需要人类判断的、结果不确定的或者那些不经常发生的任务。根据 Blue Prism（2017）的调查发现，如果中小型公司的交易量较低，那么它们发展 RPA 可能会得不偿失。

Can、Mete 和 Burcu（2019）指出，在当今，工作的复杂性是随着互联性和集成度的提高而增加的，仅靠人的能力是不可能管理这种复杂性的。因此，可以利用自主计算由系统解决这一难题，因为它们可以管理自己。Vasarhelyi、Rozario 和 Andrea（2018）认为有必要将人工智能应用到实际的审计工作中，这种应用将使审计行业向前迈进一步。他们通过比较审计工作的特点和人工智能能做什么来分析这个问题。他们认为审计任务需要从多个来源（如发票、租约或合同）收集和汇总过多的信息，而数据的不良结构导致了高度的复杂性。此外，萨班斯—奥克斯利法案（SOX）等法律要求审计人员验证构成审计意见基础的证据的真实性，增加了审计人员的工作量，他们必须进行详细的检查和扫描以进行实质性的测试（Glover, Prawitt and Drake, 2015）。没有高科技的帮助，审计员便很难通过传统的人工手段来完成他们的工作。因此，图像识别、语言分析、自然语言分类等领域的深度学习技术的出现，将会减少审计员检查库存、审核合同、对报表是否存在舞弊进行分类的工作量。

Julia 和 Tomas（2017）认为，人工智能或自动化工具将应用于审计是未来的趋势。他们认为，要处理大量的结构化和非结构化数据，以获得有关公司财务和非金融业绩的见解并发表意见，这是一个挑战。也有很多研究指出了采用 RPA 审计的好处，一个明显的好处是减少了在高度重复的过程中所花费的时间，使用机器人能使审计员将更多时间放在其他创造性问题的解决上（Blue Prism, 2017）。其他好处包括更可靠、更完善的审计跟踪，更高的服务质量和更高的安全性（McClimans, 2016）。业务人员可以创建和设计自己的软件机器人，从而使 RPA 变得更加适用。此外，RPA 将标记违反程序规则的交易，并提示内部审计人员进一步审查和搜索（Vasarhelyi et al., 2018）。这样，审计人员只需专注于分析工作，舞弊风险或人为错误就有望降低，因此，RPA 将提高工作的准确率。Yuvaraja（2018）的研究表明，RPA 还可以提高员工的士气，因为员工会更有兴趣把时间投入到更有吸引力和挑战性的活动中，而不是整日面对常规的和重复的工作。尽管一些研究人员，例如 Srinivasan（2016）认为自动化可能导致审计员工作的消失，但大多数学者依然认为技术的适当应用会使许多包括审计在内的商业领域的工作得到增强，审计员需要转换他们的角色来适应战略决策和数据分析的工作（Davenport and Kirby, 2016）。然而，一些组织仅仅因为趋势使然而实施新技术，没有对当前技术进行评估，也没有考虑新技术是否与组织过程和文化相匹配。这种对技术的不当使用可能会对员工的情绪、动机和工作效率产生负面影响（Fernandez、Zainol and Ahmad，2017）。

总的来说，正如 Dai 和 Vasarhelyi（2016）所说，在新兴技术的帮助下，审计 4.0 的时代正在接近，当现行的审计程序被自动化，审计范围将会被限制，整体的审计质量将会提高。毕马威与 IBM 和迈凯轮应用技术公司合作，开发人工智能审计工具来检查财务报表风险（Sinclair，2015）。现在结合毕马威对于各行业丰富的经验和深刻的见解及智能审计工具，可以发现和反思许多重要问题，为客户提供额外的价值。德勤将各种认知技术整合到一个由不同供应商开发的审计流程和平台中。德勤首席创新官 Jon Raphael（2016）表示，他们主要关注几个具体的审计子流程和任务，包括文件审核、确认、库存盘点、披露研究、预测风险分析和客户请求列表。安永最初关注的是数据分析中的自动化技术，重点是通过在其环境中处理大型客户数据集来提供审计分析，将分析整合到其审计方法中，并让企业适应审计的未来。随后，安永审计团队宣布，2017 年开始使用无人机（UAV）进行盘点。根据 EY 的 FY19 财务报告，EY 文档智能已经被转移到云端，并成功地与全球的担保团队进行了租赁会计变更和审计业务的试点，减少了高达 90%的处理时间，提高了高达 25%的准确性。

3. 扎根理论

扎根理论是定性研究的一种方法，它旨在发现一个建立在数据收集的基础上的理论。Glaser 和 Strauss（1967）认为这一方法有助于缩小理论和实证研究之间的差距。Charmaz（1996）认为，分析人员从个案、事件或经验开始，逐步发展更抽象的概念类别来综合、解释和理解数据，并识别其中的模式关系。在开始研究一个领域之后，分析人员根据他们在该领域内研究的与实际世界中相关的内容进行理论分析。分析人员同时参与研究的数据收集和分析阶段。代码和分类由数据发展而来，而不是由预先设想的假设发展而来。扎根理论适用于研究个体过程、人际关系以及个体与更大的社会过程之间的相互作用。

收集到数据之后，扎根理论包括以下基本步骤：第一步是开放式编码，分析人员从文本中提取一小块，在那里逐行进行编码，并对有用的概念进行标识和命名。然后再取另一段文字，重复上述步骤，这个过程将数据分解为概念组件。第二步是主轴编码，Strauss 和 Corbin（1990，1998）提出了主轴编码，并在 1990 年将其定义为“一套将数据重新组合在一起的程序”。这一步的主要任务是发现和建立概念和类别之间的关系，揭示数据各部分之间的关系，是编码和完成的分析的第一稿之间的中间步骤。编码始于第一个被确定的概念，并一直持续到打破文本和建立理论的过程。第三步是整合、提炼和撰写理论，也叫选择性编码。在此步骤中，分析人员需要将理论模型中的编码类别链接在一起，这些理论模型围绕一个将所有内容都联系在一起的中心类别进行。选择性编码类似于主轴编码，在主轴编码中，除了在更抽象的分析层次上进行集成外，类别在属性、维度和关系方面都得到了发展（Strauss and Corbin，1990）。最后，所有这些步骤都涉及理论化，需要分析人员从头到尾构建和测试理论，直到项目结束。

4. 研究设计

本研究通过访谈的方式收集数据。为了使受访者更具有代表性，我们邀请了三个不同级别的审计师（2 名初级审计员、2 名高级审计员和 2 名合伙人）来参与这项研究。研究对象都来自同一家会计师事务所，它是大中华区及全球最大的保险及顾问服务机构之一，是国内领先的人工智能、RPA、区块链技术研发和应用的企业。它在上海建成第 18 个开发中心并加快了数字转型的步伐。

在征得受访者同意后，我们记录了整个访谈对话，并在访谈前向所有受试者解释了访谈的目的和数据的使用。每条记录大约 15 分钟，我们后来把记录转换成书面文本。

访谈提纲如下：

（1）你知道在你日常工作中所使用的智能自动化工具吗？介绍一下它的特点及使用效果。

（2）在过去没有这些自动化工具时，你是怎样开展你的工作的？

（3）什么使你开始去用智能自动化软件？

（4）你如何评价智能自动化这项技术？它们是否符合你的期待？

Yuvaraja（2018）将整个审计工作分为数据收集、控制测试、风险评估、调节和 PMO 审计五个流程，并在不同部分介绍了智能自动化的功能。但是，实际的审计工作要比这五个过程复杂得多。通常审计员会对一个会计账户做一张工作底稿，共需完成 18 张。而且现有的自动化工具主要用于文档工作和数据处理，一个自动化工具经常用于多个审计流程，因此从过程的角度分析自动化工具在审计中的应用是不合适的。

本部分内容提出的新框架将整个审计过程划分为五个阶段，即“收集证据”“准备底稿”“分析差异”“形成审计意见”和“出具审计报告”，根据不同的阶段来描述智能自动化工具在审计中的应用。

5. 数据分析

审计工作的第一阶段是收集必要和可靠的证据，它是所有流程的基础。

在文献综述部分，我们了解到 EY 使用无人机与审计员进行盘点。这表明自动化工具可以收集实物证据，然而，没有一个受访者有使用无人机协助他们工作的经验，他们也不知道有同事在使用这项技术。因此，我们可以推断，这个自动化工具目前还没有得到广泛的应用。但是有一种自动化工具叫作银行函证生成器，它的开发减轻了审计员处理银行函证的工作量。银行函证是确认资产负债表中银行存款存在性和完整性的重要程序。在银行函证生成器出现之前，审计员必须手工编辑银行确认函模板。他们需要列出和编辑每家银行分行的地址和名称、银行存款信息、贷款、理财产品等，并且他们必须确保所列的所有信息与客户提供的材料中所列的信息相同。即使审计员使用 Word 中的邮件合并功能来减少工作量，由于 Word 中设置的链接容易出错，他们也要花时间对生成的银行函证进行二次检查。

银行函证生成器（见图 3-12）解决了这一难题，它实际上是 Excel 中的一个含编程语言的宏插件。第二个工作表 CC 中的编辑将反映在 CC_template 中。只要一次填写完上面区域的基本信息，就会显示在每张银行函证中，不需要再进行重复操作。审计员只需将客户的银行账户列表中的内容复制粘贴到第二张表的其余部分，并检查是否有错误警告即可。

图 3-12 银行函证生成器截图

第二阶段是准备底稿，它是审计工作正式开始的标志。

审计工作底稿是指审计员在工作过程中形成的所有审计工作记录和所获得的材料。这一阶段重复且烦琐的工作是准备好每个账户明细账的拆分。在过去，审计员需要从试算平衡表中设置 vlookup 函数（见图 3-13）。与简单复制粘贴相比，vlookup 函数在一定程度上减轻了审计人员的负担。然而，初级审计员可能会遇到有一定的操作困难，因为 vlookup 函数要求来自不同表格的数据格式必须一致，否则将出现“#N/a”的错误。一些审计员无法理解 vlookup 函数的逻辑，因此公式的结果很可能会链接到另一个不相关的数据，这对后续的工作将是灾难性的。此外，如果函数不完全正确，则公式无法链接到原始数据，无法提供后续的审计追踪。

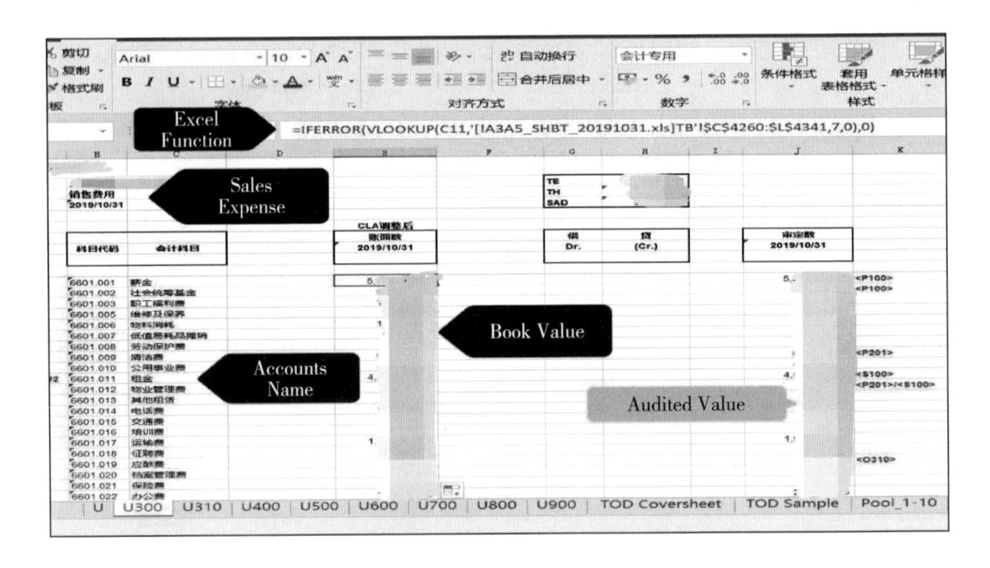

图 3-13　传统方式设置 vlookup 函数

近年来，明细账生成器开始得到广泛的应用，它的出现使审计师不再需要在 Excel 中设置复杂的函数，提高了拆分明细账的准确性。但是它不能自动进行数据清洗和格式调整，所以需有一个专业的数据团队负责检查数据，提高数据的质量。然后，数据团队会将处理后的数据交付给每个审计团队，审计人员需要做的是将数据输入明细账生成器等待生成工作底稿。由于数据团队会在审计工作组到审计现场前将清洗的数据完成，所以整个过程不会影响工作进度。因此，审计员可以专注于分析财务数据，不会被 Excel 中的连续错误分散注意力。

审计人员需要计算本年度与上一个会计年度的差额，然后找出产生差额的原因，这一过程为审计意见的形成奠定了基础。传统的审计人员通过设置计算函数，在 Excel 中制作数据透视表来达到审计的目的，这一操作并不复杂。这家会计师事务所开发了一个名为 Helix 的软件来优化这个过程。将数据输入 Helix 后，只需点击指令按钮即可实现计算结果。该软件使复杂的财务数据更加可视化，帮助审计人员更准确地识别业务的趋势和异常，引导审计员调查。例如，在下面的截图中，Helix 被用来查看全年的销售发票活动和发票结算工作。它对收入和应收账款的辅助工作使得审计员将注意力集中在收入测试上。

但该软件使用规模小，效果不理想。这是因为向 Helix 输入和清理数据的前期工作非常耗时，而且根据一位受访者的说法，他们的笔记本电脑经常在运行 Helix 时发生故障。另外，Helix 设计的对象是内部控制完善的公司，大多数客户公司无法满足这些条件。因此，在分析差异的阶段，大多数审计人员仍然倾向于传统的 Excel 工作方式。

在形成审计意见阶段，目前还没有智能自动化工具来辅助审计员的工作。

虽然研究人员试图在这一领域做出一些改变，“专家系统”和“神经网络”的概念在 20 世纪 90 年代就被提出，但判断和分析工作仍然需要审计员来具体完成。其主要原因是这类工作不仅需要专业知识，还需要与被审计公司的财务部门进行沟通与协调。然而，机器人并不能通过编程语言和大数据就具备与人沟通的能力。因此，在这个审计阶段，技术的进步并没有影响到传统的操作。

在最后一个阶段，AFS（Audited Finance Statement）生成器会帮助审计人员将审计意见整理在指定的官方模板上。在已审财务报表中会有许多不同大小和格式的图表，传统审计员必须通过在 Word 中复制粘贴来完成工作。这非常耗时且错误率较高，因为大多数从 Excel 中粘贴的表格不能自动调整为 Word 的格式，这会产生数据的分裂并使得报表的预期使用者感到困惑。AFS 生成器（见图 3-14 和图 3-15）是由一个主表和三个子表组成的 Excel 宏插件。其中，主表用于生成 AFS，子表用于检查生成报告的进度。

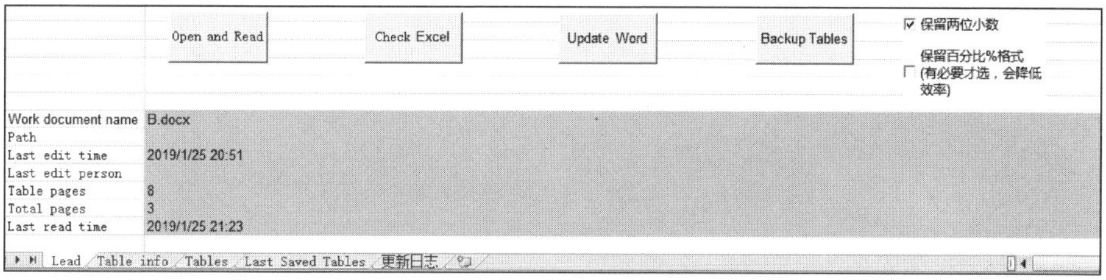

Open and Read | Check Excel | Update Word | Backup Tables | ☑ 保留两位小数 | ☐ 保留百分比%格式（有必要才选，会降低效率）

Work document name	B.docx
Path	
Last edit time	2019/1/25 20:51
Last edit person	
Table pages	8
Total pages	3
Last read time	2019/1/25 21:23

Lead / Table info / Tables / Last Saved Tables / 更新日志

图 3-14　AFS 生成器-1

A	B	C	D	E	F	G	H	I	J	K	L	M
Word						Excel						
Index	Title	Rows	Columns	Cells count		Name	Anchor Row	Rows	Columns	Structure Changed?	New Title	Update to Word?
1	BS	7	3	19		Table-1	1	7	3	No	BS	Yes
2	cash	14	4	53		Table-2	11	14	4	No	cash	Yes
3		7	3	21		Table-3	28	7	3	No		Yes
4		3	3	9		Table-4	38	3	3	No		Yes
5		3	3	9		Table-5	44	3	3	No		Yes
6		3	3	9		Table-6	50	3	3	No		Yes
7		6	3	18		Table-7	56	6	3	No		Yes
8		3	3	9		Table-8	65	3	3	No		Yes

图 3-15 AFS 生成器-2

对于普通审计员来说，他们经常在日常审计工作中使用这些自动化工具，技术所提供的便利是主要的激励因素。在访谈中，所有的受访者都提到，自动化工具将传统的操作流程整合到一个软件按钮中，使他们从大量的日常工作中解脱出来。他们还表示，自动化工具提高了工作的准确性，因为在过去，审计师可能会犯一些简单的如在银行函证中粘贴错余额的错误。此外，智能自动化工具的可靠性是决定审计师是否使用它们的另一个因素。一些受访者表达了他们对这个问题的担忧，担心突然的故障会带来严重的后果，而另一些人则认为自动化工具是可靠的，因为它们是由特定的、稳定的程序设计的。审计员认为是他们的工作性质促使他们使用自动化工具。“我们都知道，审计员需要面对高强度的工作。在忙季，我们都不能在凌晨 1 点之前下线，这种情况会从上一年的 11 月底持续到下一年的 5 月初。我们总是被要求做底稿、做判断、发布审计财务报表。”另一位审计人员认为，来自同辈的压力也是一种激励因素。“当你看到你的同事使用智能自动化工具时，即使它可能没有预期的那么有帮助，你也会以同样的方式尝试。”激励员工使用自动化工具的最后一个因素取决于他们电脑的硬件配置。一位审计员说，当她打开一个自动化工具时，由于它占用了大量的计算机内存，笔记本电脑很容易卡顿。笔记本电脑落后的配置让她继续使用传统方式，不愿尝试新技术。因此，这会使得自动化工具的使用效果被低估。

对于合伙人来说，他们主要是做出投资于自动化工具的决策。他们和员工有相同的激励因素，即自动化工具的可靠性和同辈压力。一位合伙人表示：“如果把大量工作分配给机器人或软件，人们无法解决或完成自动化工具由于故障而遗留下来的工作。”在自动化工具成为我们的新员工之前，它们需要变得稳定、安全和强大。此外，这位合伙人还表示，当竞争对手开始进行创新时，自己的公司别无选择，只能跟随技术浪潮。这就是为什么近年来很多事务所在智能自动化工具的开发上投入较多，但取得的效果并不理想的原因。与普通员工不同的是，合伙人投资自动化工具的初衷在于希望它能够产生经济利益并使每位员工发挥自己的特长。合伙人需要评估哪些流程适合自动化，能够产生足够的回报。“技术的进步足以使我们可以将每个流程自动化，不管它有多复杂，但我们需要思考的是这样做是否值得。例如，如果你被要求做一次审阅工作，但是你一年只做一次，那么自动化这个过程是不理智的。这就是为什么我们试图实现需要大量人工重复工作流程的自动化。”此外，随着员工原先的一些日常工作被机器人取代，合伙人希望初级审计员有更多的时间来学习专业知识，参与到分析性的工作中。一位合伙人表示：“在这个时代，每个员工都应该学着转变自己的角色，为公司创造价值，而不是仅做基础工作。”

普通审计员对现有的自动化工具持有不同的态度。有些人对达到的效果不是很满意，认为即使是最基本的任务也不能完全交给机器人。例如，虽然银行函证生成器可以帮助审计员自动生成银行函证，但是审计员仍然需要花费大量的时间来跟踪银行回函的状态并更新系统中的最新信息。机器人所做的只是整个过程的一个简单的部分。他们对自动化工具的发展也持谨慎态度，认为在可预见的未来不会有实质性的改变。相比之下，有些人则比较乐观，因为他们确实看到有专门的开发团队不断收集审计员的反馈来更新软件。同时，自动化工具的出现减少了他们的工作量，提高了他们的工作效率和准确率。他们不认为 RPA 或 AI 仅仅是开发人员所提出的概念，他们相信一些新的自动化工具可以从明年开始广泛应用。有些审计员可能对自动化工具的态度则较为中立，一方面，他们认为自动化工具不能完成专业性的工作；另一方面，他们承认这项技术带来了很多好处，这些自动化工具在处理重复性的手工工作时非常有用。因此，他们认为该项技术可以在较基础的任务上取得更大的进展。当谈到 RPA/AI 和人之间的关系时，所有的审计员都认为机器人是帮助人们完成一些工作的好助手，但它们永远不会取代人类员工的角色。无论是人还是机器人，没有对方都不能单方面准确并有效地完成工作。

两位合伙人则更强调了对于自动化工具和机器人管理的重要性。“使用和开发 RPA 和 AI 是具有挑战性，这不仅是因为在整个过程中存在许多技术问题，还因为公司的管理层必须考虑如何以一种新的方式计划和分配工作。作为合伙人，我们也应该帮助我们的员工转变他们在公司中的传统角色。我们还需要考虑如何利用新技术为公司创造更多的长期经济效益。”另一位合伙人也表示，“管理 1000 多个机器人是一件复杂的事情。为了充分利用机器人，我们应该选择合适的业务流程进行自动化，并注意机器人的框架设计、开发标准和通用功能”。他还预测了未来将会有更多的人机交互情况，“现在人们仍然需要通过点击按钮来启动机器，而在未来，人们可以简单地给机器人口头指令，然后机器人就可以完全自主执行”。

通过不断的比较和总结，本部分内容共建立了 47 个概念和 12 个范畴。其中 9 个范畴是与智能自动化在审计中的落地有关的因素。

以下内容展示了部分概念的提取过程。

由于管理者和同行施加的外部压力，审计员可能会使用智能自动化工具。

“（……）经理们会给我们一些压力。如果我们能尽快完成这项工作，我们可能会给他们留下一个好印象。”

“也许你不想使用它（智能自动化工具），但当你看到其他同事在使用它时，你不得不无意识地跟随他们。”

如果另一种方法可以像智能自动化工具一样完成工作，审计人员就不会强烈倾向于使用后者。

“（……）你可以通过在 Excel 中创建每个账户的数据透视表来实现相同的结果，所以我不认为智能自动化工具更适合做 JE 测试。”

硬件配置也影响审计人员使用智能自动化工具的意愿。

“我不得不说，它存在一些缺陷。当我将数据导入 Excel 时，这个工具花费了我很多时间，我的电脑总是卡在这个程序里。可能是因为有些设置不够完整，无法运行自动化工具。”

一个时间紧张的审计项目促使审计人员使用自动化工具，而项目风险的存在使得机器人永远无法取代人类。

“（……）例如，经理只给你五天的时间来完成工作，但你知道，如果没有自动化工具的帮助，你需要七天的时间来完成工作。由于时间紧迫，你不得不动用它们。”

“（……）为了了解一个项目的风险，我们必须自己做出判断，机器人只是通过分析数据来检查可能的错误。它们只能做基本的工作。”

审计人员和合作伙伴都提到了这项技术的可靠性，他们中的一些人仍然不太放心机器人所做的工作。

“从我的经验来看，我不知道无人机是用来检查库存的。（……）但我不认为我们可以完全依赖这一工具，迄今为止，机器人所做的结果可能与事实不同。”

“（……）我们可以有很多虚拟员工，但它们的素质和要求都必须很高。（……）它们必须坚固、可靠、安全、灵活，因为当它们发生故障时，人们无法工作。”

由于使用自动化工具的效果，很多审计员说他们的工作效率提高了，工作时间减少了。

“使用这些工具可以提高我的工作效率，因为它们可以节省很多手动导入数据的时间。”

“它（明细账生成器）可以为我准备底稿，节省我的时间来设置函数。”

有些工作很容易使用自动化工具操作，而有些则需要额外的预处理工作。

“（……）在使用 Helix 之前，你要按照该软件的逻辑导入数据。这并不比用 Excel 更方便。”

“只需点击命令按钮，您就可以轻松获取生成的银行函证（……）”

主轴编码是一组通过在类别之间建立联系，将开放性编码的数据以新的方式重新组合在一起的过程。对于智能自动化在审计中的落地，我们得到了四个主要类别（见表 3-16），分别是使用自动化工具的动机、开发初期的考虑、开发后期的管理和运营以及使用效果。

表 3-16 范畴间的关系

范畴（Ⅰ）	范畴（Ⅱ）
A1 外部压力	AA1 使用动机（A1~A4）
A2 传统操作条件	
A3 项目实际情况	
A4 技术的可靠性	
A5 适用流程的特点	AA2 开发初期的考虑因素（A5~A6）
A6 技术使用的考虑因素	
A7 对机器的运营	AA3 开发后期的运营管理（A7~A8）
A8 对员工的管理	
A9 感知体验	AA4 使用效果（A9~A12）
A10 人机关系	
A11 呈现效果	
A12 使用现状	

最后一个阶段的任务是围绕一个中心主题、假设或故事整合数据，以生成一个理论。为了完成最后的任务，分析者应该选择一个核心类别，然后将所有其他类别与核心以及其他类别联系起来。在前面的四个主要类别中，我们将核心类别定义为智能自动化在审计中的落地。围绕核心类别的故事线可以表达如下：①出于一些激励因素，审计人员希望使用智能自动化工具。②开发人员开始考虑一些技术因素，并将它们与实际的审计过程结合起来。③开发完成之后，开发人员需要考虑如何维护、更新和管理这些自动化工具，以及如何培训审计人员使用它

们。④审计员会感知到自动化工具带来的变化，人机关系问题将显现。

图 3-16 更好地显示了每个类别之间的关系。使用自动化工具的动机、开发初始阶段的考虑、开发后期的管理和运营以及使用效果是智能自动化在审计中落地的四个关键节点。

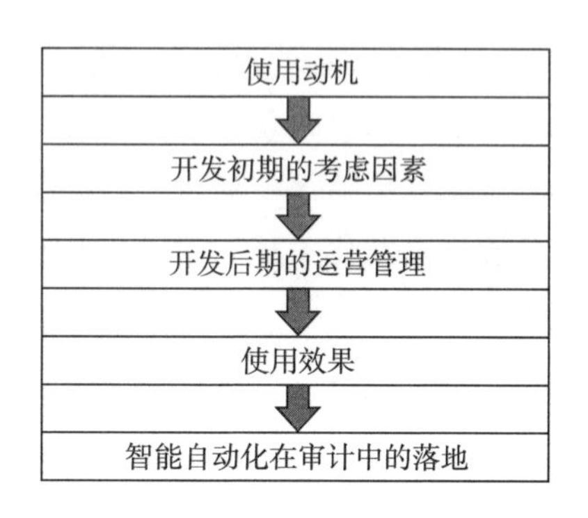

图 3-16 主要范畴

6. 研究结论

通过对概念和类别进行抽象和总结，我们可以构建如下模型（见图 3-17）。结果表明，审计采用智能自动化有四个关键节点。

关键节点 1：使用动机

当审计师看到其他人使用自动化工具时，因为他不希望被视为与大多数人不同，所以会以同样的方式来做。经理和合伙人也会督促员工在有限的时间内完成许多任务。因此，来自同行和管理者的压力促使审计师使用智能自动化工具。除此之外，技术的可靠性也是一个积极的推动因素。另外，如果传统的替代方法可以很好地解决任务，而硬件配置不能支持自动化工具的运行，那么审计员就不太愿意使用它们。此外，是否使用自动化工具也取决于审计程序的条件，如果审计计划时间紧张但项目风险不大，使用自动化工具将是首选。

关键节点 2：开发初期的考虑因素

开发人员首先需要考虑什么样的审计流程可以自动化。一般来说，有基本的相对简单的流程，模板固定且几乎不需要专业判断而需要大量的手工和重复性的工作是理想的自动化对象。由于不同行业的公司的一些审计操作并不完全相同，所以开发人员应该考虑这个因素。此外，在开发的初始阶段还存在一些问题，如投资回报率、配置成本和工具的固有风险等。开发人员还应该注意框架设计、开发规范、机器人的安全性、质量控制程序、系统配置、开发意图和通用功能。

关键节点3：开发后期的运营管理

工具的运营是指对所有机器人和资源的管理及系统的更新和维护。它应该是一个连续的过程，因为开发人员必须确保自动化工具能够一直正常工作。同时公司应该为员工组织培训，告诉他们如何使用智能自动化工具来辅助他们的工作。由于智能自动化这一技术的出现将会代替人完成一部分工作，公司也应该帮助一些受到影响的员工顺利地完成传统工作角色的切换。此外，公司还需要建立一个专业的开发团队，支持审计员解决使用过程中的问题。

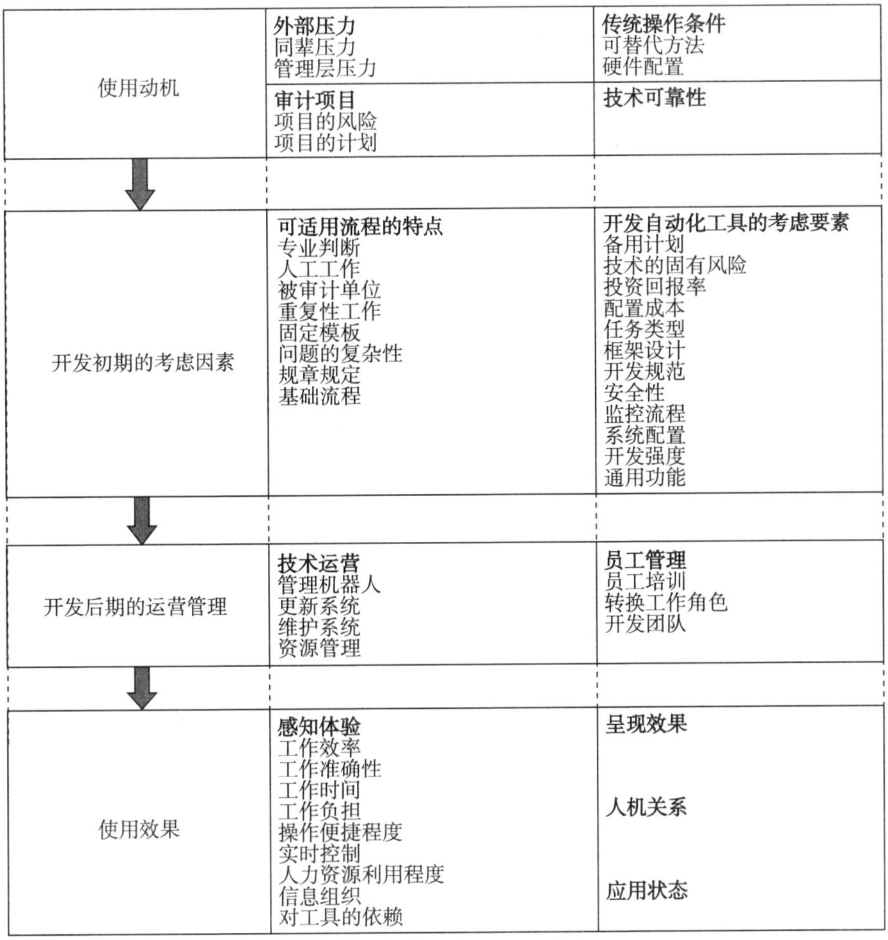

使用动机	**外部压力** 同辈压力 管理层压力	**传统操作条件** 可替代方法 硬件配置
	审计项目 项目的风险 项目的计划	**技术可靠性**
↓		
开发初期的考虑因素	**可适用流程的特点** 专业判断 人工工作 被审计单位 重复性工作 固定模板 问题的复杂性 规章规定 基础流程	**开发自动化工具的考虑要素** 备用计划 技术的固有风险 投资回报率 配置成本 任务类型 框架设计 开发规范 安全性 监控流程 系统配置 开发强度 通用功能
↓		
开发后期的运营管理	**技术运营** 管理机器人 更新系统 维护系统 资源管理	**员工管理** 员工培训 转换工作角色 开发团队
↓		
使用效果	**感知体验** 工作效率 工作准确性 工作时间 工作负担 操作便捷程度 实时控制 人力资源利用程度 信息组织 对工具的依赖	**呈现效果** **人机关系** **应用状态**

图 3-17 理论模型

关键节点 4：使用效果

使用效果是指使用智能自动化工具所带来的变化。积极的使用效果是开发时考虑全面及后续良好运营和管理的反映。感知体验是指审计员在使用智能自动化工具后所体会到或注意到的感受。这一概念包括工作效率、工作时间、易于操作、工作量、工作准确性、人员利用、对工具的依赖、信息组织和审计程序的实时控制。呈现效果主要是指审计产品在格式上的变化。人机关系是关于人们现在和将来如何与这些自动化工具交互的问题，这也是一个值得考虑的问题。最后，我们通过对智能自动化在审计中的应用程度进行分析，评价智能自动化在该领域的发展现状。

如果我们进一步扩展理论模型，我们会发现动机和效果是互为因果的（见图 3-18）。只有当员工使用它、合伙人决定投资它时，开发人员才能了解到需要考虑改进和调整的因素。另外，如果使用效果令人满意，员工和合作伙伴将倾向于继续使用及投资。

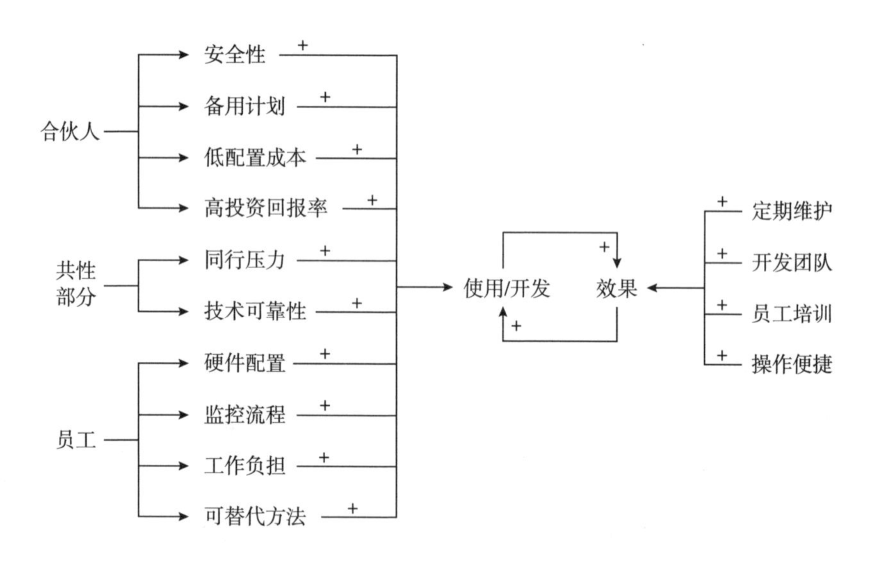

图 3-18　拓展模型

小结

本部分研究以与一家会计师事务所（四大会计师事务所之一）中的审计员访谈为基础，发现了智能自动化在审计中落地的四个关键因素。首先，外部压力和审计程序的条件等激励因素使审计员渴望从智能自动化工具中获得一些工作上的支持。其次，开发人员的任务是考虑如何设计合适且有用的自动化工具。设计完成后，管理层需要建立一个专业的团队来更新和维护这些机器人，并通过培训帮助员工在工作中转换角色。最后，使用效果反映了智能自动化技术是否有效。如果所感知的体验是令人满意的，并且所呈现的效果是解决了最初设想的问题，那么我们可以将整个过程视为一个积极的发展。

本部分研究的目的还在于了解审计人员对智能自动化的态度和动机，并揭示该技术的发展现状。事实表明，智能自动化的应用还处于初级阶段。它只能代替人来完成一些简单的、重复性高的工作，距离其真正成为审计员的优秀助理还有很长的路要走。提高工作效率和准确率等感知工作经验是审计师使用该工具的主要动机，而来自其他会计师事务所的竞争压力和对投资回报率的担忧则促使合伙人继续投资智能自动化。虽然有些员工认为智能自动化工具带来的改进并没有预期的那么多，但到目前为止，大多数人仍然承认这项技术在审计中所起的作用。这一模糊型信息系统虽然带来了巨大的好处，但也可能带来潜在的风险，如打破旧的组织层级，或者影响未来的就业市场。因此，合伙人更关注技术带来的变化或挑战，并试图找到最大化人与机器人结合效用的方法。

我们发现，审计的智能自动化发展还处于初级阶段，大部分工作都是基础性的、重复性的。此外，我们发现审计员工作体验感的提高，如更高的工作效率，是使用智能自动化的主要动机。即使该技术不能满足更高的期望，大多数审计员也认可其在工作中的贡献。在我们的模型中，我们将审计员和开发人员联系在一起，并展示了在不同的阶段哪些因素值得考虑以改进使用的效果。我们的结果表明，通过对真实审计流程的深入理解和对管理机制的不断完善，可以促进审计中采用智能自动化。

我们相信技术已经达到了一定的成熟度，可以实现多数审计流程的自动化。

但是为什么一些现有的智能自动化工具依旧不能满足用户和开发人员的期望呢？一个原因是开发人员没有考虑到现实和设计之间的差异。例如，Helix 的开发初衷是针对一家内控完备有效的公司，而现实世界中的大多数公司都不符合这一标准。另一个原因是缺乏对机器人和员工的管理。根据积极的工作关系（Positive Work Relationship）的定义（Roberts，2005），如果审计员的工作中可以融合与技术的关联性和相互关系，他们将可能创造更大的自我成就并增强自我效能。因为机器人的存在使他们能够做专业性和挑战性更高的工作，而不是普通的重复性工作。此外，我们还想提出以下关于采用这一模糊型信息系统的问题。当自动化工具出现故障时，公司是否有备份计划？公司是否会定期分析系统日志并及时更新错误？公司是否有稳定专业的团队来管理系统？公司是否为那些工作需要使用机器人或工作将被机器人取代的初级员工提供了必要的培训和帮助?

总之，在智能自动化技术在审计领域落地的下一阶段，对审计流程的深刻理解和成熟的管理机制是值得思考的。

本部分研究的局限性之一是访谈的数量不够多。有限的访谈可能会使研究遗漏一些与研究问题相关的新概念和新思路，也可能对实施扎根理论产生影响。另一个限制是受访者都来自大中华地区的会计师事务所，一位审计员表示，美国团队在智能自动化应用方面要先进得多，因此本部分内容中描述的情况在其他地区可能存在不同。

第四部分 案例篇

一、AI 销售助理：良性循环还是恶性循环?

1. 人工智能在销售中的应用

人工智能算法有望为企业创造重大价值。企业正利用 AI 实现业务流程自动化，提高员工生产率，并实施全新的创收战略和商业模式。高德纳公司（Gartner）曾预测，到 2022 年，来自 AI 的业务将高达 3.9 万亿美元。2019 年波士顿咨询集团（BCG）AI 全球高管研究报告显示，90%的受访者认为 AI 为其公司带来了商机。尽管 AI 拥有巨大潜力，然而大多数企业对 AI 的采纳程度都远未达到管理层的预期。虽然也有成功案例，但许多公司都面临如何从 AI 中获取价值的重大挑战。在 Gartner 最近发布的一份报告（2020 年）中，85%的 AI 项目“并未带来价值”，40%的受访公司声称，自己在过去 3 年没有看到 AI 带来的任何业务收益。

为深入了解企业所面临的挑战，我们开展了一项针对几个 AI 销售助理（AI-SA）设计和实施的案例研究。本研究展示了三类利益相关者及其观点：设计人员，以及其对 AI-SA 功能的想法；销售人员，以及其对采纳 AI-SA 的犹豫态度；管理人员，以及其对监管和安全的兴趣。上述 AI-SA 实施在很大程度上遭遇了失败，且产生了意想不到的后果。这一经历促使 AI 公司对产品进行重新设计，并对产品市场焦点作出重新定位。

对任何企业来说，销售人员都至关重要，他们必须妥善处理各类复杂问题，首先，对公司有深入了解：生产何种产品、企业的运作模式、产品的生产方式（包括生产该产品所需的条件和时长）以及生产成本等。其次，销售人员必须理解客户需求，知晓产品将如何满足这些需求，并掌握客户在此之前的购买历史，以及这些购买行为对其带来了多大的价值。最后，销售人员不仅要能够发展和维护同现有客户的个人关系，以确保客户满意度和忠诚度，还要开发新客户。可以说，销售人员是公司和市场之间的纽带。

销售工作相当复杂，销售人员要对企业产品有最新的了解，清楚生产所涉问题，并掌控定价。销售者需要定期汇报销售动态，让管理层全面掌握相关状况，而生产部门可据此制订相应计划。内部压力和外部竞争等诸多因素使得销售人员的流动率较高，从而导致销售人员所拥有的知识储备和个人客户关系流失。

摆在任何公司面前的挑战都是如何找到新的方法来增加收入，降低成本，扩大市场份额，同时让风险最小化。鉴于销售工作的复杂性和人员流动所造成的有形损失，人们对开发 AI 销售助理的兴趣越发浓厚。AI 销售助理通过承担可能更容易自动化的子任务，以及减少员工流动带来的损失，来支持销售人员的工作。例如，AI 系统应当能够维护和更新一个容易访问的历史采购数据库。Antonio（2018）建议 AI 可以提出用于打赢销售战的完美折扣率，预测未来收入以支持计划优化，识别哪些客户可能准备更新现有产品，并追踪销售人员的业绩（Antonio，2018）。

2. 案例对象

S 公司是一家位于中国湖南省省会长沙市的小型高科技企业，共有 16 名员工。S 公司成立于 2018 年，致力于深耕数据自动化生产和企业智能管理业务领域。公司运用移动互联网、云计算、大数据等先进技术，为行业领先客户提供企业运营管理、数字营销等数字化转型解决方案和服务。

S 公司于 2018 年推出了 AI 销售助理（AI-SA）。这种 AI-SA 产品已被长沙 5 家公司采用，包括一家房地产公司、三家汽车零售商和一家旅游业公司。本案例研究对其中三家公司进行了调研。

3. 案例分析

（1）AI-SA 设计人员的视角：良性循环。S 公司 AI-SA 的设计最初侧重于对销售人员使用 AI、大数据和移动互联网的支持。该产品包括硬件和软件组件。软件系统是 S 公司的核心能力，而硬件系统是产品成功的关键。具体来说，AI-SA 由一款与中国最大的手机制造商之一小米集团合作定制的特制版智能手机组成。设计者设想销售人员将使用这种特制终端同所有客户进行交流。终端上安装的软件会自动收集和分析上述人群之间的电话交谈、微信消息和其他互动交流内容。经过智能处理之后的 AI-SA 将能够为销售人员和销售管理提供算法支持。

该 AI-SA 设想每位客户 CEO 将通过购买产品来获得支持。采购公司的销售人员在工作时会使用小米手机。由于 AI-SA 的设计者假设销售人员将使用专有电话开展所有与工作相关的交互，因此，AI-SA 的成功实施取决于销售人员在所有销售工作中完全采用专有电话。这款手机会记录所有与销售过程相关的交流、对话和聊天信息，将所存储的音频转换为文本，并将对话和聊天文本解析为内容格式并进行存储。随着存储数据的增长，这些数据会被录入经过预测建模训练的 AI 模型。在数据成倍增长的情况下，系统“理解”销售过程的能力、预测准确性和自动支持力度将会有所增强。也就是说，随着时间的推移，拥有高精度的 AI-SA 将提供销售支持，如提醒销售人员呼叫客户，利用自动输入的数据生成计划和总结，生成针对已完成或正在进行的销售的准确报告，并在识别和创建促进拥有潜在客户的销售人员之间交流的合作池。此外，AI 模型还将为管理工作提供越来越精准的支持服务，如自动分配商业机遇，以及准确提供公司各类销售职位等。AI-SA 的设计构架如图 4-1 所示。

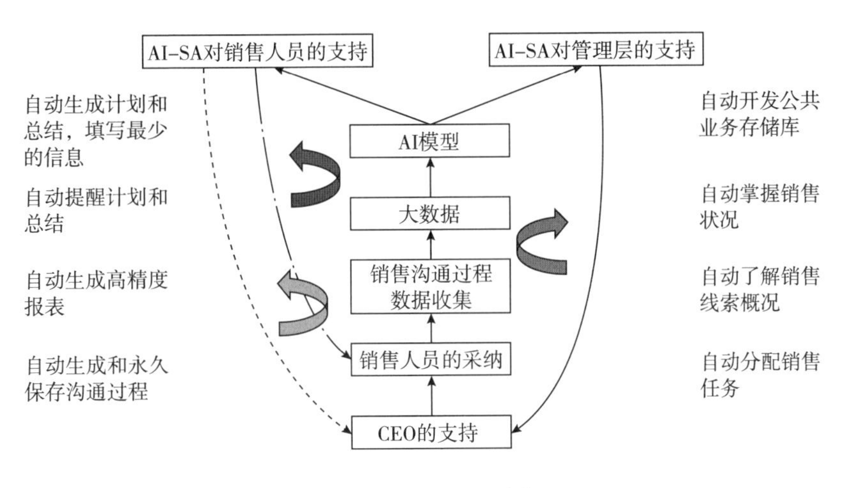

图 4-1　AI-SA 的设计构架

S 公司的高管将其系统功能主要定义成为销售人员提供支持，如表 4-1 所示。S 公司的 CEO 相信，该系统将重点惠及“销售团队和服务团队，特别是在移动场景之下”（S 公司的 CEO）。当被问及该系统的设计目的到底是赋予销售人员权力还是将控制权交给管理人员时，S 公司的 CTO 回答道：“公司产品的最终目标是为销售人员提供支持。”一名来自客户公司的 CEO 也证实了系统与销售人员在工作之中的关系定位：“系统是对人际关系的补充，而非替代。”（宾利零售的销售人员）

S 公司的主要营销文件明确说明了 AI-SA 支持销售的意图，并将“在销售场景中为员工提供指导以及提高员工的工作效率”作为系统启用的“销售过程智能管理”（SPSM）的目标之一。“销售场景”中的“指导”表明，销售人员仍享有按自己想采用的方式销售产品的自由，而系统提供的只是“指导”。在系统内所设计的指导包括提醒销售人员应该在销售过程中完成的适当任务、历史销售记录库、自动报表生成以及销售协作。

S公司为促进销售人员相互协作创建了上述功能，这是其他AI-SA应用程序所不具备的功能，它被称作“公共商机池”，相关营销文档对此开展了具体描述。在专门针对销售人员的特征列表中，营销文档作出了以下陈述：“销售人员可以……查看公共商机池和失败商机池。”为了理解这个商机池的工作方式，需要参考销售过程。该系统“支持电话录音、微信公众号录音、二维码面对面扫描、批量导入、线索自动收集和生成以及将经确认的线索转化为商机等功能”。公共商机池在销售过程中的机会可用以下术语表达：“每一项商业机遇都会自动生成一个要执行的计划，而执行计划又会生成针对该计划的每日总结。如果该计划不能按期执行，那么商机将会被放入公共池。当每日转化为成功的销售时，销售线索获得成功。当每日的销售转化为失败时，销售线索将被放入失败池。”

表4-1从设计者的角度整理了S公司AI-SA的设计意图。我们根据系统可以提供支持的相关方面对其功能进行了总结。

表4-1　AI-SA的设计意图

方面	发现
支持销售过程	• 确保销售人员不会失去线索 • 提高销售周转率 • 发送提醒和建议 • 通过扫描历史数据进行跟踪记录
提升准确度和效率	• 通过语音（电话）和文本（微信）自动输入客户数据 • 减少输入错误 • 自动生成报告 • 销售效率改善 • 客户交易率提升 • 销售业绩改善
支持销售人员	• 自动生成计划和总结，最小必要数据输入 • 自动提醒计划和总结 • 自动生成高精度报表 • 通信过程的自动生成和永久保存

续表

方面	发现
支持管理	• 开发商业机遇公共资源库 • 自动分配销售任务 • 自动了解销售情况 • 自动了解销售线索概况

AI-SA 最初的管理理念认为，人们会严格按照设计来使用产品（参见表 4-1 中描述的特征）。产品的主要目的是提高销售人员及销售过程的效率和生产力。因此，AI-SA 的首次实施遵循这些假设。

（2）AI-SA 管理者的初始视角：良性循环。采用 S 公司 AI-SA 产品的公司将其为销售人员和销售过程所带来的好处视为该产品最初的主要优势。如图 4-1 所示，该产品还为管理提供了重要的支持，尽管只有当销售人员采用小米电话进行所有通信时才能获得这种好处。

管理层将保障稳定的数据存储库视为该产品的一个重要特性。所有关于每个实际和潜在客户的细节都被纳入数据存储库中，销售人员和管理人员都可使用。宾利公司的 CEO 说："很少有人能够买得起宾利。事实上，每位顾客的线索对我来说都十分重要，而这个系统能够帮助我深入了解关于每位顾客的线索。"（宾利零售 CEO）

AI-SA 中嵌入的另一个特征是提醒功能。这类提醒可以是关于流程的一般支持："系统会提醒销售人员每天应该做什么。"（宾利零售 CEO）除了定期提醒服务之外，AI-SA 还会自动为销售人员分配任务："数据库将自动向销售团队提供任务并发送提醒"（房地产客户 CMO），并为其分配客户："系统将客户呼叫的线索分配给销售人员。"（铃木零售 CEO）管理者们尤其重视这一特征："为每名销售人员自动分配任务的功能带来了实实在在的好处。"（宾利零售 CEO）

支持该系统的管理者所提出的主要论点之一就是数据的稳定性，这样一来，即使在员工离职时，系统都能够追踪所有输入状况并保护所有数据。一位营销经理认为："关键是在数据库中录入客户信息，以对冲销售人员被竞争对手雇佣的风险。当销售人员离开公司时，他们仅需归还手机即可。"（房地产 CMO）

（3）销售人员的视角：恶性循环。AI-SA 的实施要求销售人员使用 S 公司所提供的手机。起初，这些销售人员拒绝采纳该系统，而是倾向于使用自己的手机。我们发现只有一家公司统一采用了小米手机。该公司的 CMO 认为，AI 实施需要一些时间，但最终获得了成功［"一开始，一些销售人员不太喜欢小米手机。他们更喜欢使用自己的手机。但一个月后，所有的销售人员都采用了小米”（房地产 CMO）]。在其他公司，销售人员不愿意在与客户的交流中使用小米手机。

图 4-2 展示了未能采纳 AI-SA 手机的原因，这也是 AI-SA 设计者没有预料到的实际结果。

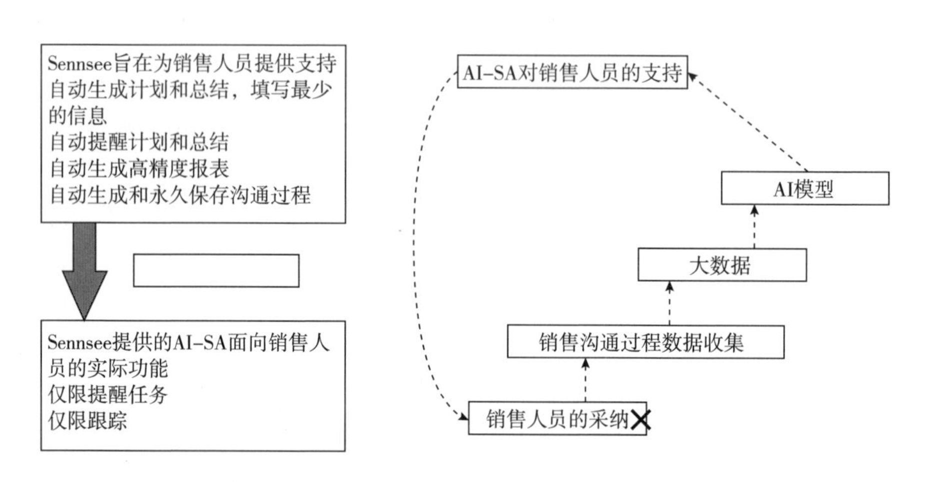

图 4-2　缺乏销售人员使用导致 AI-SA 设计中对于销售人员的支持难以实现

采纳这种专有手机的销售人员清楚地了解 AI-SA 的价值。这个 AI-SA 系统可以跟踪客户联系。它能够“记住”回电的潜在合适时间：“如果我们忘记给客户回电，系统就会发出提醒。”（宾利零售的销售人员）系统不仅会提醒销售人员呼叫客户，还会输入客户对其工作的评价数据：“系统会提醒我们更新客户评级。”（宾利零售的销售人员）

虽然销售人员确实很喜欢自动数据录入和报告生成功能，但他们对 AI-SA 系统仍抱有抵触态度，因为在其看来，该系统主要的用途是跟踪和监控自己的行为。这些销售人员认为，管理层在收集数据，以防止其在离开公司时带走客户数据。

总的来说，“销售人员（不）喜欢这个系统”（铃木零售 CEO）。这种厌恶情绪导致销售人员并未启用 AI-SA 系统。因此，他们没能构建 AI 系统使用预测分析所需的大数据集，这导致弱 AI 无法提供准确数据或适当提醒（最终只有 20 名销售人员使用了该终端）。自然语言处理技术无法准确解析销售电话音频，因而无法创建一个有关历史互动的储存库，这是造成弱数据集的原因之一。由于 AI 存在不足，公司管理者没有理由为如此昂贵的 AI 终端买单。CEO 和 CIO 们并未看到这类 AI-SA 实施所带来的销售业绩改善，所以他们不再续签合同。

事实上，销售行业中也存在销售人员内部的相互竞争，销售人员对 AI-SA 的协作功能不感兴趣，所以该部分从未像当初设计的那样得到利用，而是仅能在一个收集了大量数据的场景中得以实施。

（4）AI-SA 管理的新视角：关于控制的恶性循环以及非预期后果。销售人员并未采纳小米手机，这意味着数据收集不足以实现用以支持管理的 AI-SA 特征功能，如图 4-3 中的 AI 销售助理所示。此外，自然语言处理中存在缺陷，无法将手机使用者捕捉到的信息准确地翻译成文本并添加到数据库中。因此，具有合理质量和实用性的初始设计功能逐步演化为仅仅是管理者用来监督销售人员的工具。

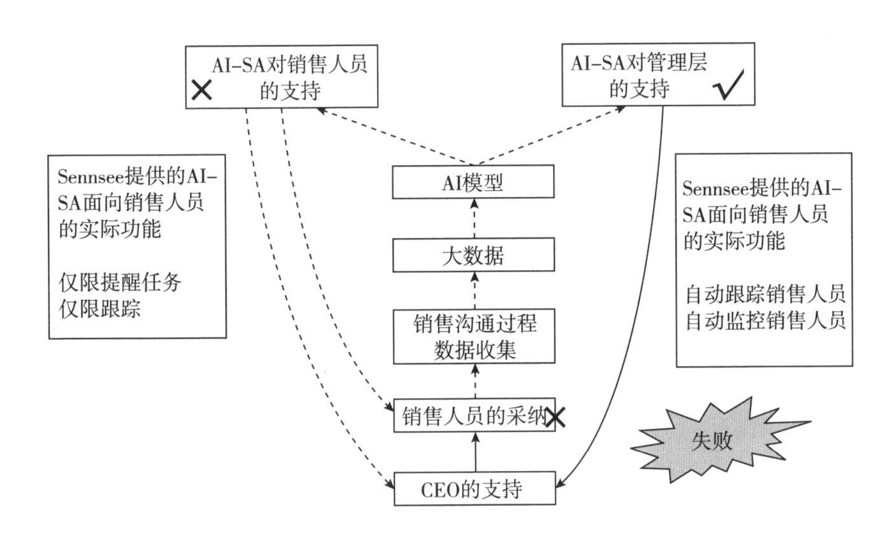

图 4-3 AI-SA 电话的采纳缺位——对管理支持的影响

AI-SA 产品在实际实施中偏离了预期目标，由此带来了一些关键问题和非预期后果：

1）跟踪。AI-SA 为管理层提供了跟踪销售人员的条件，包括其是否按照预期或采用适当程序追踪客户。总体上看，该系统对销售人员进行了积极的算法控制："系统监督销售人员的行为。他们是否打了电话？是否按照要求的流程同客户交谈？"（铃木零售 CEO）"数据库总是与算法控制过程息息相关。"（房地产 CEO）跟踪销售人员的活动无须大型数据提供的预测分析，而仅需简单地计算电话数量、呼叫对象、持续的时间等要素。因此，在缺少大型数据集进行预测分析的情况下，AI-SA 能够支持跟踪服务。

2）安全。管理者明白，该系统将防止公司专有资料被外泄给竞争对手，正如房地产 CMO 所述：“系统的目的是禁止销售人员将其客户信息泄露给竞争对手。”因为销售人员仅使用小米手机来与客户交流，所以他们在离职时无法带走客户的情况、联系方式和购买历史等信息。然而，由于销售人员避免在工作中使用手机，AI-SA 并没有减少销售人员的营业额或阻止其携带客户信息离开工作岗位。

3）准确度。自动化的数据录入避免了偏见，确保了准确性，这是受到管理者们青睐的一个特征：“该系统经常被拿来同它的竞争对手——小米手机——做比较。如果销售人员自己录入数据的话，会存在主观性缺陷。而现在，小米会自动记录客户谈话。”（铃木零售 CEO）录音的转录会被原封不动地直接录入数据库。然而，自然语言处理应用程序无法准确转录电话对话。导致这种失败的部分原因是销售人员经常在公共场所给客户致电。背景噪声使 NLP 无法足够准确地识别声音。

4）客观性。AI-SA 的一个特征是对销售经验和公司的客户评级：“客户评级不仅对销售人员有用，对我也颇有益处。”（宾利零售 CEO）针对客户对销售人员和公司及其产品的评价，AI 存储也比销售人员更为可靠：“主要问题在于客户评价。每位销售人员都拥有自己的评价体系，特别是有关强烈或较弱的购买意愿，紧急或合理的计划购买时间等方面。”（宾利零售 CEO）这种更高的准确性和客观性要求管理层更清楚地理解销售情况。然而，由于实施 AI-SA 的公司规模相当小，评估所产生的数据不足以开展 AI 预测分析。

5）销售人员素质。该系统追踪多种行为（销售数字、交易号码、呼叫号码和频率等），有助于在销售人员中识别出高素质的从业者：“该系统可以协助管理人员识别出优秀销售人员。”（铃木零售 CEO）由于跟踪活动仅需提供有限的手机使用信息，而无须开展 AI 分析，所以 AI-SA 使管理者对销售人员的质量评估变得非常简单。

6）监管。采用 AI-SA 的企业管理者们认为，它的主要好处是提高了销售人员活动的可见度：“对我（CEO）来说，该系统的主要优点在于，在几分钟内，我就知道发生了什么，以及销售人员说了什么……在每天下午 6 点的时候。与此同时，我可以查看系统中每名销售人员的状况。”（铃木零售 CMO）这种可见性同绩效衡量有关：“该系统用于记录所有打进和打出的电话。我们的 KPI 依赖于这个记录。”（房地产企业 CMO）

在详细阐述 AI-SA 实施中产生的意外后果时，我们询问 CTO 是否认为该系统为管理层对员工施加更多压力提供了机会。对方的回答是：“我认为的确如此……

通过自动化数据收集和AI分析，针对数据丢失和执行过程的管理得到了加强。”（S公司的CTO）

在开展实地研究一年后，我们询问了S公司对其仅用于监控的产品的非预期使用有何看法。S公司的CTO回应道：“我们最初设计产品的目的是为了帮助销售人员，我们也知道这会带来一些算法控制效果。但我们没想到第二项要求（算法控制）会比我们预想的要强得多。”

随着系统越来越倾向于控制，我们询问CTO如何将其同ERP进行比较。CTO回答说：“该系统类似于ERP，所以两者采用了相同的处理方式。我们的主要宣传点在于我们的AI产品拥有特定功能，这些功能可为管理层提供很多帮助，并争取到CEO的支持。”显而易见，AI-SA对管理的帮助比其对销售人员的支持和协助更为重要。

当被问及鉴于管理层对控制的重视，公司在重新设计中打算如何做时，S公司的CTO回应道：“我认为首先要满足管理人员的监管需求。销售人员无须填写任何数据，您就可以基本了解他们的工作量和工作流程。例如，一天给客户打了几通电话，是接入还是呼出，以及电话的时长等。这些数据可为管理者提供一些分析维度。”然而，在遭遇上述失败的实施案例后，S公司决定终止AI-SA产品线。在解释这一决定时，S公司的CTO表示：“由于研发资金短缺和销售业绩不理想，我们已经停止了对该项目的进一步投资，除非出现合适的商业机遇使我们考虑重启该项目。”由于实施失败，S公司决定完全退出AI-SA领域，而不是试图重新设计该系统以支持管理者在开展更高强度跟踪和监控方面的需求，放弃了在这一领域的进一步尝试。

4. 案例结论

我们的案例研究表明，尽管AI-SA具备潜力，但其具体实施在被调研的三家公司中都是失败的。下文中强调了从这些案例中吸取的主要教训，旨在为那些打算为销售引入AI系统的管理者提供支持，以及规避导致系统不被使用的情形。

教训1：高强度的监控会挫伤员工的积极性

导致失败的一个主要原因是销售人员感觉受到了管理者的跟踪和监视。因此，采纳开发AI数据库所必需的专有设备意味着他们将无法把自己拥有的知识与客户资源带离公司，所以这些员工不愿意做出促进AI系统实施成功的努力。

有意将实施AI-SA作为从中获取价值的工具的公司需要认识到，AI功能的发挥受限于其收集数据的质量。如果销售人员不采纳用于开发大型数据集的工具，那么AI算法永远无法开展准确预测，这样一来，也就无法为其提供理想中的支持。此外，由于 AI 需要大型数据集以获得更高的预测准确度，或许要么它应被用于规模足够大的公司来创建大型数据集，要么相关研究应确定 AI 开发者是否有必要将来自多个公司的匿名数据结合起来，以提高预测结果。

企业还应该明白，销售人员的价值直接源自与客户的长期合作。一个威胁到专有利益的 AI-SA 永远不会获得成功，一个让销售人员感觉每时每刻都受到监控的 AI-SA 也是如此。最后，设计之初并非为了开展控制的 AI 模型可能会吸引想要对此加以利用的管理层。AI-SA 的设计者应认识到，这可能是一种短视的行为，因为它可能会降低管理者从创新中获取价值的能力，而相关创新可能会被不断加强的员工控制和员工信任的逐步丧失所扼杀。

教训 2：关注销售人员的需求和要求

AI-SA 在未来有可能获得更大成功。然而，为了实现实施成功，准确理解 AI-SA 在何处增加价值以及如何从中获得价值显得至关重要。很明显，销售人员会喜欢自动化的数据输入和报告生成。例如，如果 AI 系统以正确的方式提供支持，他们可能会青睐回电提醒或是在繁复的工作日中跟踪线索的功能。

一个更成功的 AI-SA 可能会为管理层提供有关每位销售人员生产力的更为清晰的信息，但一旦这样做，它将赋予销售团队更大的权力。在将 AI-SA 纳入运营序列的转型过程中，公司需要细致和严谨的管理，以便提升其准确性和效率，其最终目标是拥有更高的销售率、吸引更多的客户。

教训 3：考虑伦理问题

此外，伦理问题必须得到仔细考量。在这种情况下，我们确定了两个需要解决的重要问题：隐私和控制。由于在收集日常工作流程的信息时，很难区分哪些是个人数据，哪些是专业数据，所以 AI-SA 必须确保人员隐私能够得到有效保护，主要是销售人员的隐私。没有人愿意受到监视和控制，因此，系统必须保证其算法的透明度，这样人们才能放心使用。

小结

销售一直被视作一类不太可能实现自动化的职业，因为它需要真情实感和创新能力。然而，销售人才的高流动性以及后续客户关系和历史数据的流失，每年都会给企业造成数十亿美元的损失。AI 旨在为销售人员提供支持（如协助交易存储库管理和自动报表生成），而非将之替代。本研究通过一项案例分析考察了几家中国公司中人工智能销售助理（AI-SA）的设计和实施问题。虽然 AI-SA 旨在提供帮助和提醒，特别是在支持销售人员之间的协作方面，但研究发现，很少有销售人员使用 AI-SA 来创建足够大的数据集，以提供准确的 AI 协助，而 AI-

SA 更多地被管理层用于跟踪和监控销售人员。上述不可持续的实施模式导致 AI-SA 产品最终停产。这一案例揭示了众多 AI 产品成功率如此之低的原因。

二、海底捞智慧餐厅：人与机器的协同管理

1. 智慧餐厅

智慧餐厅通过物联网、大数据、机器人等技术来提升传统餐饮服务业的服务效率、降低运营成本、提高客户满意度，通常包括客人自主点餐系统、服务呼叫系统、后厨互动系统、前台收银系统、预定排号系统、信息管理系统、餐饮机器人管理系统等。

近年来，餐饮行业不断加快转型，通过数字化手段来加快线上与线下销售渠道融合，通过数字化应用优化门店就餐服务体验，通过数字化环境打造时尚沉浸式感受，通过餐饮机器人应用尝试降低行业对于密集型劳动人员的需求并能提供更多的无接触式服务，这在疫情常态化之后变得越来越必要。

2. 案例对象

在智慧餐厅的打造方面，海底捞无疑是这一领域最具行动力的代表。2019 年 5 月，我们到位于北京市朝阳区的海底捞智慧餐厅旗舰店调研，并现场体验了餐饮机器人提供的服务。这家从策划到筹备耗时三年的高科技餐厅，对顾客点餐后的配菜、出菜、上菜环节都进行了人工智能化改造。消费者下单后，与前台点餐系统连接的自动出菜机就通过机械臂从菜品仓库中开始配菜，并通过传送带把菜品送至传菜口，再由传菜机器人将菜品送至相应的餐桌。据海底捞方面介绍，理想状态下，整个过程仅 2 分钟就可完成。

为研发智能餐厅，海底捞与松下、用友、科大讯飞和阿里云达成了合作。现在，支撑这家智慧餐厅自动化运作的是海底捞自主研发的 IKMS 系统（Intelligent Kitchen Management System），它像厨房的智能大脑，实时监控厨房整体的运行状态、生产状况、库存状况、食物保质期状况等。而后厨的自动出菜机，由海底捞与松下的合资公司瀛海智能自动化联合研发制造，它不但实现了上菜流程效率的提升，也将菜品锁定在控温控鲜的密闭空间中，隔离异物，定时进行臭氧杀菌，被海底捞视为后厨自动化和食品安全升级方面的重要突破。

所有菜品从自动控温 30 万级超洁净智能菜品仓库中，经过全程 0~4℃冷链

保鲜物流直达门店，进入自动出菜机。从自动出菜机出来的每一盘菜，都有一个类似“身份证”的 RFID 标签，这让每一盘菜都能被追踪，从人员、环境两方面实现菜品安全的全流程管理，同时减少人为工作带来的随机性失误引起的食品安全风险。从成本角度看，整个餐饮行业都饱受“三高一低”（食材成本高、房租高、人员成本高、毛利低）的经营压力，而这家海底捞智慧餐厅的人员配备比同等规模的门店减少了 20%左右。为了满足个性化需求，这家餐厅里还配置了海底捞首次推出的自主研发的私人订制自动配锅机，让顾客在选择锅底时可以在点餐 iPad 上对辣、油、盐等原料和辅料进行精准的个性化配比选择，并让系统记住顾客的喜好。这也改变了目前人工配锅的传统模式。

3. 案例分析

我们在调研过程中发现，首先，海底捞智慧餐厅门庭若市，如果不提前预订，基本不可能找到座位，说明消费者对于这家智慧餐厅有浓厚的兴趣，“智慧”二字对餐厅的业绩产生了最直接的推动。

其次，海底捞智慧餐厅是一家完全新建的全新海底捞餐厅，而不是在原有的海底捞餐厅基础上进行改造的。海底捞智慧餐厅从入口处的互动式游戏大厅，到主餐厅的沉浸式高科技体验环境，完全是在充分设计的基础上全新建设的。

最后，海底捞智慧餐厅在运营中完全重造了餐厅的服务流程，是建造在机器人与服务员协助基础上的全新运营流程。具体而言，海底捞智慧餐厅的厨房已经不是传统的厨房，主要的菜品都是通过冷链直接进入“厨房”，餐厅中的“厨房”更准确地说应该是“菜品配送站”，全由机器人自动分发菜品。机器和人的交互协助体现在四个环节：一是菜品从传输带到送菜机器人的托盘；二是菜品由送菜机器人的托盘到消费者的餐桌；三是剩菜盘从消费者的餐桌到收盘机器人的托盘；四是剩菜盘从收盘机器人的托盘到洗盘槽。由于能够采集到所有菜品的消费情况，海底捞智慧餐厅基本实现了基于数据驱动的实时菜品酒水的自动库存补给。由于每一个服务员在上述四个与机器人交互的环节都需要刷员工卡，因此每一个员工的劳动量被实时记录下来，因而实现了员工服务工作量的透明化和可计算化，从而改变了员工报酬的传统计算方式，可以实现服务工作的多劳多得，从而激励员工更加主动地参与服务过程。

我们在调研中也发现了一些新问题：一是智慧系统的技术稳定性风险。由于海底捞智慧餐厅基本上在主要业务环节都使用机器来代替人，因此，一旦机器出现问题，将对餐厅运营的稳定性带来极大的风险。二是智慧餐厅菜品的多样性和新鲜性问题。由于海底捞智慧餐厅通过冷链将菜品直接从餐厨物流到门店，因此，对于消费者更加个性化的菜品要求以及对新鲜度要求比较高的菜品都会受到影响。三是智慧餐厅中人和机器的协助问题。我们在现场调研时，服务人员反映由于采用送菜机器人，服务员是分散在餐厅各个地方，看到有送菜机器人就主动走上前将菜端到消费者餐桌上。但是在高峰时期，由于点餐较多，就会出现多个送菜机器人已经到了餐桌，但是服务员无法分身来服务，导致消费者不满。四是智慧餐厅中机器人行进中避让儿童的问题。现在餐厅中的机器人避让障碍物或者成年用餐者不是问题，但是前来餐厅的儿童数量也不少，儿童往往跑动速度更快，行动突发性更大，因而，会出现机器人碰到儿童的现象，需要在后期加以解决。五是餐厅现有服务人员的适应问题。以前餐厅工作人员都是人与人合作，现在变成了人与机器，大家还有一些不适应。另外，沉浸式体验厅中的灯光比较炫目，亮度偏暗，长时间工作会引起员工身体的不适。最后，由于服务工作量透明，也带来了员工与企业关系的微妙变化，以前海底捞侧重于对员工的亲情化管理，但现在员工与企业之间的关系将更加正式、更加契约化。

4. 案例结论

从海底捞智慧餐厅的先锋式实践中可以看出，智慧餐厅的管理模式与传统餐厅相比，已经发生了质的改变：

（1）智慧餐厅管理的大脑是海底捞开发的智慧厨房管理系统——IKMS 系统（Intelligent Kitchen Management System），实现后厨自动化、服务运营管理、设备实时监控等功能，智慧餐厅运营的效果高度依赖该数字化管理系统的功能和性能，因此，数字化系统的功能可用性和性能稳定性至关重要。

（2）智慧餐厅管理的另一项重要任务是实现人与机器人的协作管理。人要能在与机器的协作中保持劳动者的独特价值，不能成为被机器来牵制的附属者，这一点如果把握不好，就很容易导致管理的异化。

（3）智慧餐厅管理还要特别关注到餐饮机器人引入之后餐厅环境中的人员管理，既包括服务人员的新劳动岗位机能变化、能力培训、激励设计、人力资源文化等，也包括进入餐厅的消费者的隐私保护、安全管理、意外处理等。

小结

餐厅的数字化转型是技术发展带来的必然趋势，智慧餐厅是餐厅数字化转型的理想状态。人工智能技术带给智慧餐厅的不仅仅是餐厅服务的“智能化”，更将带来全新的餐厅服务流程再造，进而带来餐厅管理的升级换代。

三、8宝灵机：人工智能的农村应用

1. 农村互联网与脱贫

整个全国上下都在谈论“互联网+”新时代的时候，农村必须也要搭上这趟时代的信息化高速列车，通过互联网让农村跟随着城市快速发展。互联网不能成为一个裂变中国农村与城市的加速器！互联网应该成为联通农村与城市，实现农村与城市资源最优配置，同时提升农村与城市居民物质生活水平与精神文化福利的高效平台！美丽乡村、留住乡情、乡村振兴、2020年全体脱贫，互联网在农村应该如何作为？

2. 案例对象

微众公司成立于2012年5月18日，是一家专注农村互联网基础设施建设的公司。微众在农村互联网领域深耕6年多，已研发出具有自主知识产权的适合农村居民使用的8宝灵机电脑和适应农村居民操作的Bubble OS系统，以及服务于农村家庭的电子商务平台、互联网金融平台等各类深度互联网服务平台，为农村居民打通了一条互联网信息化的服务通道。

青岛微众在线网络科技有限公司总部于2015年10月13日搬迁至山东省青岛市，拥有硬件及软件开发团队40多人，是集研发、生产、销售于一体的综合性发展公司，在山东省德州区域有三家正在运营的子公司，烟台招远地区有合资子公司在运营。公司基于农村的大量调研报告，为长期居住在农村的农民量身开发了集电商、信息交互与发布、娱乐、教育、便民服务于一体的8宝灵机，搭载自主研发的Bubble OS操作系统，通过建立村级服务站，让农民足不出户接入互联网，足不出村有服务，用互联网信息化切实解决农民生产、生活当中的问题。目前，山东有8万多户农村居民已经安装了8宝灵机，享受互联网带来的便捷。

3. 案例分析

微众公司从2012年就开始研究中国农村互联网应用市场，从山东德州开始，对中国农村的互联网应用进行深入调研，希望能够找到让“中国农民玩转互联网”的可行途径。他们在调研中发现，中国农村互联网应用的关键是解决好“人、地”的问题。从“人”的方面来讲，观念和能力是最大的制约因素。随着青壮年人口迁移到城市之后，农村人口以老人、妇女和儿童为主，这部分人口由于知识结构、年龄、经历等原因对于上网的认知比较缺乏，观念相对滞后，接入互联网的积极性不高。另外，这部分农村人口普遍欠缺操作电脑的能力，现有的计算机应用对于农村人口来说还是有较大难度，电脑键盘输入法就是一个很大的障碍。从“地”的方面来说，这是农村经济活动的承载资源，如果通过互联网能为农民的土地增值，降低农民对于土地资源的投入成本，提高土地资源的经济产出，这对于农民使用互联网有重要影响。互联网发展最早是从城市开始的，互联网上的很多应用都是基于城市居民的工作生活来开发的，导致现有的互联网应用与农村居民的生活关联度不高，使用黏性不大，这也导致前期政府的农村上网工程中许多资源被闲置，并由此带来浪费。

除了上述两个问题，深度理解中国农村社会对于中国农村互联网应用的特色化运营是十分重要的。尽管费孝通的《乡土中国》写于20世纪40年代，但是到今天，这本书对于中国农村社会的透察还是适用的。费老在这本经典著作中有几个重要观点：一是中国农村社会的差序格局。费老说西方社会是一捆一捆扎清楚的柴，我们的农村好像是把一块石头丢在水面所产生的一圈圈推出去的波纹。每个人都是其社会影响所推出去的圈子的中心。被圈子的波纹所推及的就发生联系。每一个人在某一个时间、某一个地点、因不同的目的，可以动用不同的圈子。因此，圈子是中国农村社会非常重要的社会资本。二是中国农村社会的信任机制。相对于西方陌生人社会的法制与契约，中国的乡土社会是构建在熟人基础上的因人而别的信任。中国乡土社会的信任首要条件是要熟悉，人们常说“这不见外了吗”，乡土社会的信任并不是对于契约的重视，而是发生于对一种行为的规矩熟悉到不假思索时的可靠性。熟悉是在长时间、多方面、经常接触中所产生的亲密的感觉。三是中国农村社会的乡土文化。费老在这本书中讲到，文化是依赖象征体系和个人记忆而维护着的社会共同经验。每个人的“当前”不但包括他个人“过去”的投影，而且还是整个民族的“过去”的投影。历史对于个人并不是点缀的饰物，而是实用的、不可或缺的生活基础。文化需要学习与尊重，并需要加以运用。

正如吴晓波在《激荡三十年》一书中所描述的，这几十年间，中国整体经济发生了巨大的变化，中国农村在这场巨变中既是受益者，也是某些不法商业经营的受害者。举例来讲，经过改革开放几十年的发展，中国农民的家庭收入不断攀升，农民对于物质、精神文化的需求也越来越高。也就是我们通常说的“供给侧改革”不仅仅是针对城市居民的消费要进行供给侧升级，对于农村居民的消费来讲，这个问题也同样刻不容缓。但是，在我们规范的供给没有到位之前，一些劣质的、冒牌的、不法的，甚至低俗的物质或者精神产品先行到了农村，利用普通百姓旺盛的需求、尚不具备的分辨鉴别能力、贪图便宜的心理，通过互联网的信息通道、以较低的价格、采用非正常的甚至坑蒙拐骗的手段，使得农村居民成为这场消费风暴中的利益受损者。中国农民对于高质量、绿色健康、益智益教、有文化内涵的物质或者精神产品的需求已经日益明显，也理应得到满足。

微众认识到农村互联网应用中“人”的问题。为了让农村居民更加简单地使用电脑，微众走上一条高投入的研发道路。他们想专门为中国农村人口开发一种简单易用的信息交互终端，这个信息交互终端一定要操作简单，让老百姓对着终端说话，终端就能智能地提供相应的信息，再辅助以非常简单的鼠标操作，就可以完成人与终端之间的互动。基于这样一个想法，2012 年 5 月微众电脑有限公司在成都成立。2012 年 8 月，第一代 8 宝灵机正式下线。2013 年 11 月，8 宝灵机在山东禹城进行试点。同年 12 月，微众公司总部在山东济南成立。到 2018 年，第四代 32 寸的 8 宝灵机已经下线。现在，8 宝灵机有一个老百姓叫起来朗朗上口的称谓“喊啥来啥的电脑电视一体机”，而且实现了手机 App 与一体机的互动操作。这样一个支持地方方言的信息终端，使老百姓与终端之间的交互变得容易。除此之外，为了让使用过程中的操作更加简单，微众专门开发了针对农村用户操作的“Bubble OS 系统”，这样农民上网不再受年龄和文化程度的影响，上网冲浪更加流畅。

微众第二个要解决的是 8 宝灵机的服务功能问题。如何让农民在简便上网之后感觉到上网有用？为此，微众为农村居民在 8 宝灵机上定制了八项功能：一是 8 宝商城。8 宝商城与其他网上商城不一样的地方在于，8 宝商城是紧紧围绕农民、农业和农村来提供服务。目前 8 宝商城最大的订单来自农业不同季节的化肥需求，另外就是农村生活的粮油预订。8 宝商城与其他商城不一样的第二个地方是微众对商城货品的品质进行严格把控，只有正规的品牌产品才能进入商城。取消中间商环节之后，通过 8 宝商城，农民就可以以更加优惠的价格得到正规商家有保障的商品，切实为农民的农业投入降低成本，为农民的生活提供品质屏障保护。二是利农管钱。平台接入了专业银行的管钱服务，将银行优质的理财业务推送到农户家中。农民可以随时查询自己存款的利息情况。正在试点的银行业务，可以让农民通过 8 宝灵机平台来预约银行的存取款等业务，让银行工作人员上门为农民提供银行业务，很大程度上满足了农村老人的金融服务需求。三是社交互动。微众研发了“8 宝乡信”社交软件，由于内置在 8 宝灵机上，通过语言互动，使用十分方便。8 宝灵机大的屏幕设置，非常适合农村多人群体之间的社交互动。四是利农支付。利农支付是 8 宝灵机用户在 8 宝商城上的支付账户，利农支付集“支付、在线转账与充值、快速查询”等功能于一体，可以满足农民的各种在线缴费需求，并且可以实时查看账单。五是影音服务。影音服务汇集了各大电视台数以万计的电影资源、音乐等资源，用户可以通过语音实现节目选择，子女也可以通过手机操作给自己的父母挑选娱乐节目。这个影音服务使得农村居民比较偏好的戏曲、小品等节目通过语音的方式，自动地被调取出来，并保存在“我的节目”中。这些经过微众筛选和整合的影音资源，保证了内容的健康和向上。六是大喇叭广告。大喇叭广告是一个广告与信息的发布平台，可解决农民工务工问题，拓展农产品销路。大喇叭广告通过与第三方用工单位信息共享，让农民可以在出门之前就确定好工作，从而减少了外出的盲目性和找工作成本。七是在线教育。为了解决父母外出打工之后农村儿童的教育辅导问题，8宝灵机开发了在线教育的功能，试图通过城乡教育资源共享，让农村的儿童也能享受到较好的教育资源。孩子只要通过语音搜索功能，用普通话说出“我要学×××”，系统将自动帮孩子搜索出相关的视频课程列表，轻松实现视频授课，解决学生在学习中遇到的疑惑。作业辅导功能相当于一台专业的学生搜学电脑，通过语音搜题可立即获得相关的讲解。八是便民服务。8宝灵机上有国家政策送达、县里发展扶持政策讲解，有村内外的信息发布等，农民可以及时了解到国家、省、县、村的政策以及公共服务等信息。

有了终端、有了内容之后，就是农村市场开拓。微众很好地实践了费孝通《乡土中国》关于中国农村的几个认识。首先，微众公司的8宝灵机推广，并不是通过微众公司的员工直接进村进行推广。微众充分利用中国农村的差序格局现象，在每一个自然村有条件地选出一些各方面都比较活络的人，来担任公司的业务推广员。微众公司对业务推广员进行培训，然后由业务推广员在自己所在的村庄中进行推广。其次，如何建立村民对于微众的信任，不将微众等同于之前前来骗钱之后溜之大吉的公司，也是需要花心思考虑的。这几年，一些不法的公司，打着各种旗号，骗了农村居民很多钱，大大地伤了农民的心，恶化了农村市场的信任环境。微众在这种情况下进入农村市场，采取了两个策略来建立和获得农民的信任：第一，微众在线下设立“汇农通”的实体店，这些实体店就设立在村里，百姓既可以看到实体店中的各类商品，也可以在出现问题时，随时到实体店得到解决；第二，实体店采取加盟的方式，微众提供货源、信息支撑、培训等，实体店提供订单配送、售后服务、消费清单打印等服务。实体店的店长不是微众员工，而是微众在村庄中挑选出来的本村人。通过这种方式，微众逐步获得了乡亲们的信任，这也是很好地运用了费老的熟人环境乡情来获得信任。最后，如何将农村的本土文化融入产品中，让当地文化和产品很好地融合起来，也是微众着力考虑的。这一方面，微众通过在8宝灵机的在线社交的游戏模块，完全定制和开发本地村民已经熟悉的当地游戏，这样农村的农民只要在线下会玩，到了线上也会玩。因此，大家不会感觉到学习障碍，而是感觉到更加便捷，增强了亲切感。

微众作为目前国内唯一一家“从产品设计到产品生产，从涉农操作系统设计到适合农民家庭的应用系统开发，从协调各级合作伙伴到实施全面入户”专注服务于农村市场的公司，在对当地文化、中国特色的尊重方面，微众做了很好的实践，也取得了持续增长的社会效益与商业效益。

自2014年7月推动农村信息化扶贫工程开始，截至2017年7月，微众公司已累计为16542户农村家庭接入互联网，建设50家8通汇民超市综合信息服务站。设备的日开机率为85%，月开机率100%，用户月在线购买率为59%，累计为农民节省消费开支1200多万元。

4. 案例结论

随着越来越多的农村青年进入城市，农村要么有老人，要么有孩子，如何让这两种人口成为网民？微众公司选择AI作为解决方案，用户可以使用其本地方言与此智能终端进行通信。他们只需要和机器说他们想要什么，机器就会自动提供他们需要的信息服务，帮助农民完成八种不同的服务，如购买、娱乐、教育等。

村里的一位老人向笔者展示了他是如何使用这台智能终端的。他告诉我，它很容易使用，机器在家里帮了他的家人很多，买化肥、买面粉、买油烟等，都是品质有保证，还送货上门；除此之外，他还很轻易地通过语音在网上卖出他的蔬菜、收看喜欢的戏曲。现在，他甚至把家里的电视机放到了床底下，因为他用了这台智能机器后就很少使用电视机了。

为什么这个AI应用可以在中国农村成功实施，因为微众公司花了9年的时间来了解中国农村社会的结构，理解当下中国农村的需求。当下的中国农村，消费在升级，大家也愿意为好东西付费，但是前几年有一个误解，就是中国农民既在意面子，但又付不起费用，结果导致大量山寨劣质产品在中国农村泛滥，极大地挫伤了农民的消费力。为了买到质量有保障的产品，村镇的农民跑到县城，县城的居民跑到省城。微众适时地洞察到农村消费升级的迫切需求，打造了无假货、有品质保障的、针对农村市场的网上商城，通过智能化终端完成订购，并且送货到农户，很快就赢得了市场。在农村发展网上电商尝到甜头之后，微众又在网络娱乐（高品质内容、本地化网络游戏等）以及普惠金融（上门存取款等）等领域开发了受欢迎的应用。微众在农村地区的成功，给当地农村社会的治理结构也带来了一些明显的变化。过去，村委会在农村有很大的影响力，微众公司通过与村委会合作来获取农民的信任。现在，由于大部分的信息服务都是在微众的智能终端上发布，这家公司在农村越来越有影响力，村委有时会为了向农民传播他们的信息而向这家公司求助，村民也会向这家公司求助，帮助他们来扩散一些信息，如失物招领信息等。这种巧妙的变化，是值得跟踪和关注的。

小结

“上行—下行”模式是微众公司对他们农村互联网市场模式的总结。“上行”就是借助互联网，让农村的产品或者服务通往城市，这其中不仅包括土地上长出来的产品，还包括这个土地上有绝活的人，挖掘农村的特色人力资源，比如农村里有一批在望闻问切方面有绝活的乡村医生，就可以借助互联网的平台为城市提供服务。“下行”就是通过互联网，将农民、农业、农村需要的产品或服务提供给农民。无论是“上行”还是“下行”，对于供应链的掌控都是极为重要的。在“上行”中，微众要做好农村优质资源的鉴别，确保提供给城市的确实是满足城市居民需要的优质农村资源；在“下行”中，要做好对于货源品质的把控，要确保在8宝灵机平台上都是品质信得过的产品，都是内容积极向上的娱乐服务。8宝灵机上尽管也有本地化的游戏开发，但是这些游戏完全是消遣性的游戏。从微众整体的运营来看，尽管目前微众的业务展示出了很好的社会价值，但是微众公司肯定是将商业运作放到第一位的，农民对于8宝灵机的满意度是微众最在意的。

费孝通先生所看透的“乡土”二字，在互联网时代依然是中国农村电商发展所要依循的社会体系根基。

四、智慧政务：人工智能在城市治理中的应用

1. 当前城市治理的问题

基层社区是应对大城市公共卫生安全突发事件的最底层的执行环节，但是长期以来我国大城市的基层社区普遍存在人员编制不足、专业能力不够等问题。切断大城市的人口流动是防控公共卫生安全事件蔓延的重要手段。大城市中的流动人口一旦被切断，就被锁定在城市社区中。这时，社区管理就成为公共卫生安全

事件能否稳定下来的关键一环。

当下我国城市社区管理功能不完整，体系机制支撑尚不健全。随着社会转型，政府大量社会职能下沉，社区居委会承接了大量政府交办的任务和行政性事务，普遍出现了行政化倾向，成为基层政府的延伸。多数社区居委会存在挂牌多、事务多，但人员严重不足、经费来源单一、投入严重不足、多元治理模式尚未完善、社区居民参与度不高、数字化服务平台有待建设等问题。

一旦大城市发生特大公共卫生安全突发事件，社区管理将不堪重负。以2019年的新冠肺炎疫情为例，疫情的第一阶段是控制大规模流动带来的疫情，第二阶段则是防控社区化、聚集性暴发的疫情。由于居家隔离以及社区出入限制等政策，通常只有几十个人的社区工作者要面对一个社区几千人的防疫以及生活服务，所有人员都在超负荷运转，而且由于缺乏相关专业培训，社区工作人员也面临被感染的风险。

因此，通过数字化来赋能基层社区的服务能力已经成为超大型城市运行中最重要的基础能力建设之一。

2. 案例对象

本案例的调研对象是上海市的一个基层社区，主要通过访谈的形式，对该基层社区的信息化建设进行了调研。

3. 案例分析

2019 年 5 月，我们和社区负责人进行交流。该社区负责人作为一线工作人员，告诉我们她在实际工作遇到的问题有三方面：

一是各方对于智慧社区建设态度存在认知差异。决策层积极重视：区委、区政府领导都十分重视智能化工作，多次强调和要求大力推进社会治理的智能化。执行层疑惑默然：中层各部门对智能化认识不一，部分部门领导根本就不了解什么是物联网，什么是大数据，还是遵循着原有的工作模式，对新生事物比较漠然。也有的领导看到智能化的投入巨大，前景不明，疑惑多于认可。处置层阻止反对：一些街道、物业公司对于智能化治理持反对的态度，认为目前基层工作量已经很大，再加上物联网处置会增加不少负担，根本就来不及处置，因此对上智能化手段的配合度并不高。

二是线上系统不畅通。作为社会综合治理最基层单位，基层社区面临着社会治理工作管理部门多头、管理信息分散、平台建设重复等一系列难题。街道层面有横向的 137 个系统各自不通（其中国家级 6 个、市级 70 个，还有一些区级的）。从纵向来说，市级层面的系统，市发改委在审批项目时只能涉及市层面，不涉及区层面的系统，但是数据是需要上下互通的，怎么操作？例如，市里某个部门，市层面系统做完后，要求区层面也要做，又不提供最基础的版本，让每个区各自做系统，还有时限要求。结果各区当然就找给市里做系统的公司，市里不方便提供指导价，也没有谈妥“团购价”，各区各自分头谈，价格只能随各公司自己开。

三是线下队伍不融合。市政改革之后，房政、市容所下沉，城管执法区属街管街用，街道拥有了更多的自主权和综合协调权。刚开始还是挺顺利的，街道都是一片叫好声。但是随着时间的推移，市场、环保、文化等各部门都纷纷下放管理责任，但是人员没有下放，其他各条线部门的工作要求越来越高，而且还要求街道要配备专制人员做下沉工作，实际上街道的人员编制并没有增加，一个街道公务员、事业单位也就各 100 多人。街道不得不聘请社工、辅工、购买服务等，还要接受各个条线的考核。街道的八办一所，各自按条线要求招了不少辅工，如市容、人口、劳动、综治、安全等，做着不少重复的劳动。基础信息重复收集，而且各不通气，还在呼吁人不够，相信这些难题已经成为各街镇的共性问题。

从我们调研的智慧社区的案例可以看到，智慧城市中管理流程的调整是与智慧技术的落地应用相脱节的，与资源的配置也是相脱节的，责权利与人财物完全是不对等的，结果导致智慧社区应用目前还无法让基层一线管理者感到“智慧”。

4. 案例结论

智慧城市的目标是让城市美好，让城市更有序，让城市更有活力，让城市更有温度，让城市中的人既感受到被“关怀”，也可以更加便捷和准确地“关怀”城市，参与治理，帮扶他人。应避免过于强调技术，而忽略了“服务于人”这一核心目标。

智慧城市的应用，要区分应用的类型，为不同的智慧城市应用赋予各自应该有的效果，并为这种应用效果设置恰当的功能，采取恰当的技术实现。应避免盲目技术主义带来的建设浪费。

智慧城市建设，需要将城市中的人放在应用开发的出发点。智慧城市应遵循“从需求到供给”的模式。如何让城市中的人能够参与到智慧城市建设中是智慧城市建设重要的出发点之一。应通过智慧城市建设，调动、便捷城市公众的城市治理参与，通过社会各方共同参与让城市成为家园。

五、总结

人工智能是否能从应用层面取得成功，需要从五个维度来考量：第一个维度依然是传统的技术接受模型（Technology Acceptance Model，TAM）的要素：有用性和易用性。也就是说，人工智能应用是否成功，要看该应用对于用户来说是否简单易用，并且有用。第二个维度是多功能智能（Multi-Purpose Intelligent Assistant）：学习能力、互动能力、灵活应变等。这是人工智能系统和传统信息系统应用非常不同的一点，也就是人工智能应用应具有在人机互动中的学习能力，可以自动地、适应地给人提供支持。第三个维度是反“死板的理性”（Against Rationalistic Systems）：情感力、幽默度、人的可操控性。人工智能应用是基于算法的，算法是理性的，但是在应用层面，人工智能不应该是冷冰冰的，不应该是命令人，而应该是服务于人。鉴于人工智能理性算法也可能失效，因此，人工智能应用中应该给人的操控留出一个“后门”。第四个维度是共生系统（Symbiosis Systems），共生系统意味着人和机器共生，相互学习，相互演化，共同解决问题。共生系统意味着人工智能应用是一个不断优化的过程，开始的时候可能是不完善的，需要时间和投入来使得这个共生系统达到一个最佳状态。共生系统的生态体系需要经过较长时间来建设。第五个维度是关怀（Care）。人工智能的应用是为了提升人类之间相互的关怀，提升群体之间的关怀，技术的应用应该是使人感受到别人或组织的“关怀”，同时，也可以更加便捷地“关怀”别人。

第五部分 展望篇

一、“人—机器人”信任修复与信任再校准：一个前沿研究方向

1. 引言

如果说人工智能技术是近十年最具争议的社会化技术应用，估计是没有人反对的。《哈佛商业评论》将人工智能领域的学者分为五大流派：乌托邦派、反乌托邦派、科技乐观派、现实主义派、缺乏生产力派（M. Knickrehm，2018）。综合这五大流派的观点，可以客观地评判出，机器人与人的协作过程必然是一个不断出错，不断学习，继续优化，继续出错，继续学习……这样一个反复互动的过程。在这一过程中，必然是人与机器建立信任，信任校准，信任损害，信任修复，信任再校准……这样一个不断动态调整的人—机器人关系建立的过程。

随着人工智能技术不断地介入人类的生活及工作，人类和机器之间的关系发生了有趣的变化。Terada 等（2015）的研究发现，在线购买的环境下，美国的消费者更倾向于信任机器人，而不是人。You 和 Robert Jr.（2018）的研究进一步证实，外形像人的机器人更加能取得人的信任，更加明确地讲，这些人形机器人比真实的人更加能获得人们的信任。我国学者胡维平和赵亚洁（2017）通过对“90 后”的调查也发现，年轻一代对于人工智能的信任水平良好。这真是一个很惊讶的发现，真实的人更加倾向于与机器人交流，而不是与真实的人进行沟通。

但是，人与机器人之间建立的信任是脆弱的和易于受损的。这是由于现阶段各种人形机器人尚处于发展的初期阶段，各项技术还在持续改进中，因此人与机器人交互中出错的概率还是比较高的。多次“人—机器人”交互出错都在不断损耗人对于机器人前期积累的信任。要建立人与机器人之间高质量的交互关系，就必须要研究和解决“人—机器人”交互中的信任修复与信任再校准问题，从

而推动“人—机器人”在知识型任务中的高效协同，建立“人—机器人”融合共生的高效团队。

2019年4月，MIT媒体实验室（Media Lab）团队在《自然》（*Nature*）杂志上发表题为“机器行为学”（*Machine Behavior*）的文章（Rahwan et al.，2019），提出应该单独开辟一个新的跨学科研究领域——机器行为学，专门研究人工智能系统的行为，这对于人类控制机器行为，利用其益处、最小化其危害，具有重要的意义。机器行为学是对智能机器的行为进行科学研究的跨学科领域。进一步地，该文章提出机器行为学的三个层次：单个机器行为学、群体机器行为学以及混合“人—机器”行为学。这其中，又以混合“人—机器”行为学最为复杂。在“人—机器”混合系统中，人可以重塑机器的行为，机器也可以重塑人的行为，人与机器之间还可以派生出合作行为。

各界已经共识到，人工智能既是技术问题，也是社会问题。智能机器运行于社会—技术复杂系统中，与人类利益息息相关，机器行为学研究实属非常必要，也十分重要且急迫。“人—机器人”交互关系中的信任修复与信任再校准是机器行为学中非常前沿的研究，在国际上仅有为数不多的学术论文，在国内尚未检索到这一具体研究点的研究成果。可以说，“人—机器人”交互关系中的信任修复与信任再校准研究是一个有待开创的研究工作。

2020年的美洲信息系统年会的会议征文中，将人工智能应用归入两面性信息技术（Ambivalent Information Technologies）。两面性信息技术是指这类信息技术既能给个人、组织和社会带来好处，与此同时也会带来坏处。人工智能技术的应用能够提高工作效率，改善生活质量，但与此同时也会使人的自主性受到威胁，隐私安全遭到侵犯，甚至被歧视性对待。因此，该会议的征文号召信息系统领域的学者来研究这种两面性信息技术的采纳使用问题。人形机器人也是一种两面性信息技术应用，人形机器人属于人类情感高度嵌入型人工智能产品（Emotion Embodied AI Product）。人类情感高度嵌入型人工智能应用不仅需要来自人的信任，同时也要确保人类的隐私、伦理、尊严等得到保护。因此，“人—机器人”的信任修复与信任再校准是一项更为复杂的多学科、多方法、多场景的谨慎研究。

2. 机器人分类及“人—机器人”知识协作团队

机器人根据其是否具有物理实体区分为物理实体机器人（Physical Embodiment Robot）以及虚拟存在机器人（Virtual Embodiment Robot）。

物理实体机器人的机器人系统拥有外观形象，可以移动、与人互动，理解人的行为（K. M. Lee et al.，2006）。根据实体机器人的外观是否与人相似，进一步可以区分为人形机器人和非人形机器人。人形机器人是物理实体机器人的外观与人相似，互动行为等也向人靠近，如软银公司开发的Pepper、波士顿动力的Atlas和本田的Asimo、Nao等都是典型代表。非人形机器人在外观、行为等多方面不以与人类相似为目标，主要是一些功能性机器人，如扫地机器人、炒菜机器人等。

虚拟存在机器人不依托于具体的物理载体，通常以计算机程序应用的形式存在，如苹果公司推出的Siri、微软的小冰、谷歌的Duplex等。虚拟存在机器人目前已经有很多成功的应用，这其中以聊天机器人的商业开发最为突出。聊天机器人充当对话代理的角色，主要用于辅助基于对话的服务应用。

机器人技术的迅速发展，使得机器人正在成为人类工作、生活的伙伴，与人一起完成协作互动。例如，为解决人力资源的局限，上海图书馆引入Pepper机器人作为"图书馆管理员"，帮助读者通过流畅的语音及图像交互完成引导任务。酒店机器人小白被放置在酒店房间中，与房客通过语音互动完成相关服务。越来越多的便利店或超市引入了导购机器人来帮助顾客完成购买。在这些场景中，机器人与人构成了基于知识的协作团队，通过他们之间的互动，完成了特定任务。"人—机器人"的协作使得机器人成为团队中的成员，而不再是某个物体（A. H. DeCostanza et al.，2018）。

"人—机器人"团队（Human-Robot Team）的高质量协作要取得进展，就需要理解人在人—机器人关系中的情感、认知和行为。简而言之，应该理解人与机器人互动的关系本质是什么。基于知识的"人—机器人"协作团队是当前人—机器人团队研究中最为复杂的场景。由于人形物理实体机器人的技术研发方面还面临很多挑战，有待技术突破，因此人形物理实体机器人在与人的互动中更容易出错，因而也是人—机器人信任修复研究中最受关注的研究对象。在本部分内容中，也以人形物理实体机器人作为研究对象，以下为简便，我们简称其为"机器人"。

3. "人—人"信任修复的研究评述

（1）信任的定义以及分类。信任是管理学领域一个非常基本的学术概念，和大多数学者普遍引用的定义一致，在本部分内容中沿用Rousseau、Sitkin、Burt和Camerer所给的经典定义：信任是一种心理状态，是指一方基于对关系中另外一方意图或行为的正面期望而愿意承担损失的倾向（D. M. Rousseau et al.，1998）。个体越愿意承担对方行为可能带来的伤害，其对另一方就越信任。

根据信任的来源，个人层面的信任可以分为五类：基于人格的信任、基于认知的信任、基于算计的信任、基于组织的信任和基于知识的信任（X. Li et al.，2008）。组织层面的信任又可分为：基于处置的信息、基于历史的信任、基于第三方的信任、基于分类的信任、基于角色的信任和基于规则的信任（R. M. Kramer，1995）。

根据信任的时间，信任又可分为短期信任和长期信任（R. J. Lewicki and C. Brinsfield，2017）。除此之外，还有一个传统信任研究中不常研究的信任类型——瞬间信任（D. Meyerson et al.，2917；J. L. Wildman et al.，2012）。瞬间信任是指在信任人和被信任对象之间为了完成某些团队任务而快速形成的信任。传统的信任，即使是短期信任，也是要经历较长时间的共同经历、多次互动来在不确定和模糊环境下形成行为的可预期性。

根据信任的程度，Stevens 等（2015）提出最优信任水平的概念。信任既不能过少，过少则合作成本太高；信任也不能过多，太多可能带来盲目评估，增大了被对方背叛的风险。因此，需要通过信任校准来使信任程度保持在一个最优区间内。信任校准（Trust Calibration）是信任者更新信任立场的过程，通过调整对被信任者的可信赖度感知与其实际可信赖度，从而使预测误差最小化的行动（E. J. de Visser et al.，2019）。

（2）信任修复定义、理论、策略的相关研究。团队中的各方因为各种原因，很容易做出危害到已经形成的信任的行为，并有可能导致信任关系破裂。大量的研究表明，信任破裂具有巨大的负面作用，如损害合作与关系绩效（R. Croson et al.，2003；R. B. Lount Jr. et al.，2008）、降低团队成员的承诺水平（S. L. Robinson，1996）、挑起报复（R. J. Bies and T. M. Tripp，1996）、带来负面情感体验、抑制团队合作（W. P. Bottom et al.，2002），更严重的情况下，将导致组织层面的失败（N. Gillespie and G. Dietz，2009）。

研究表明，信任破裂是可以得到有效修复的（W. P. Bottom et al.，2002；A. K. Mishra，1996）。信任恢复（Trust Recovery）就是指在信任受到损害之后的信任改善；信任修复是为了达到信任恢复而采取的方法（B. Bozic and V. G.，2019）。在信任关系修复中，将信任受损害方称为“信任者”（Trustor），将信任者信任的对象称为“被信任者”（Trustee），将造成信任关系破裂的因素称为“损害”（Violation）。信任修复就是通过采取一定的策略将被信任者由于其损害行为而造成的信任者—被信任者之间破裂的信任关系恢复到正常。

归因理论（Attribution Theory）是识别导致结果的原因用以改进绩效的方法论。归因理论 1958 年由奥地利社会心理学家 F. 海德首先提出，称之为朴素归因理论，之后，B. 维纳、L. Y. 阿布拉姆森、H. H. 凯利、E. E. 琼斯等都对归因理论做了不同视角的发展。综合不同的归因理论发展，将其应用于信任修复，主要体现在三个主要维度：①被信任者的可控性，是指被信任者可控性的内因与外因分析。被信任者越可控，受破坏的信任关系越容易修复；反之，则越难。②损害程度的可控性，是指被信任者的损害行为所带来的双方关系或者对信任者损害的可控程度，如果这种损害结果能够控制在一定程度之内，则比较容易修复信任；反之，就更难。③损害行为的常态性，是指被信任者损害行为是偶然发生的，还是经常性发生，如果该损害行为发生的频率较低，则信任修复较易；反之，则更难（G. Bansal and F. M. Zahedi，2015）。

信任信念（Trustworthiness Beliefs）是导致信任者对被信任者产生信任的重要基础。信任信念包括三方面因素：被信任者的能力、被信任者的正直性以及被信任者的仁慈性。被信任者的能力是信任者对于被信任者建立信任的基础，信任者相信被信任者有能力确保承诺。被信任者的正直性提高了被信任者的可预测性，即被信任者会在双方关系中保持诚实行为。被信任者的仁慈性可以在双方关系存在可乘之机时，保证被信任者不用利用关系中的可乘之机来为自己单方面赢得利益，而损害信任者的利益。因此，被信任者的能力、被信任者的正直性以及被信任者的仁慈性是信任者对被信任者建立信任的充分必要条件；但与此同时，被信任者的行为如果伤害到信任者在这三个方面上对于被信任者的评价，将带来信任受损，甚至关系破裂。

应用归因理论来分析信任信念降低之后的信任修复，之前的研究认为有四种信任修复策略：语言回应、组织重组、惩戒以及借用第三方（B. Bozic，2017）。信任修复中的语言回应主要包括：道歉、否认、承诺、解释、信息披露等。组织重组主要是通过在组织中引入新的结构、政策和功能等的矫正行为。惩戒是指被信任者自己的自我制裁，以此来对其损害信任者的行为进行惩处和诫勉。借用第三方是指让关系双方之外的第三方作为调解方实现信任修复。第三方的作用可以是调停人、干预人和裁决人，不同角色的第三者在关系修复中也会起到不同的作用（Y. Yu et al.，2017）。

信任损害的不同性质也会影响到信任修复的难易程度。信任损害行为如果越是动摇信息信念中的“正直性”，信任修复的难度就越大，因为信任者认为这是被信任者的人品问题，根据归因理论，信任者对于被信任者的可控性很差，此类关系损害的发生也不是偶然，而可能是长期的，因此损害的影响程度可能是不可控的。基于信任损害的不同性质，信任修复的策略也是不一样的。Lewicki 和 Brinsfield 的研究认为，如果是基于能力不足的信任损害，那么口头回应中的道歉就是可行的；如果是由于被信任者不够正直引起的，那么组织重组就应该作为主要修复策略，如通过合约制定、监控系统等来防范和监测被信任者人格弱点的策略是奏效的。根据信任损害的严重程度和发生频次，可以通过提供双方的历史关系来修复信任，如果历史上双方一直关系良好，那么修复就比较容易；反之，则比较困难。如果信任者感知到这种信任损害来自被信任者不良的动机，那么信任修复将极为困难。如果信任损害发生在双方早期信任阶段，则信任修复也非常困难，因此历史较短的信任关系是非常脆弱的。如果信任损害是核心利益损害，则信任修复难度很大；反之，如果信任损害是非核心利益损害，则修复的难度就较小（R. J. Lewicki and C. Brinsfield，2017）。

信任再定位（Trust Re-orientation）是指信任者依据过去对被信任者的观察结果，判断被信任者是否具有值得信任的品质的过程，被信任者的这种品质往往不易观察到，包括美德（Virtues）、内化规范（Internalised Norms）、某些性格特征（Certain Character Features）等（M. Bacharach and D. Gambetta，2011）。但存在“机会主义”类型的被信任者，虽然缺乏这些值得信任的品质，但有模仿这些品质的动机，使得信任者必须判断那些明显的值得信任的迹象本身是否值得信任。

信任再校准（Trust Re-calibration）是指信任关系受损后，信任者对之前的信任校准进行重新调整的过程。信任受损促使信任者发现之前的校准误差（Mis-calibration），信任误差是指信任者对被信任者的可信度与被信任者的实际可信度之间存在误差，或被信任者的自信与其自身的实际可信度之间存在预测误差，因此，信任者需重新调整对被信任者的信赖程度，从而不断缩小预测误差。信任者的信任再校准会影响到信任修复的策略以及效果。

与信任建立的研究相比，可以说信任修复的研究还有待进一步发展。国际方面，俄亥俄州立大学的 Roy J. Lewicki 教授是信任修复研究领域的引领性学者。另外，南加州大学的 Peter H. KIM 也在此领域做了开拓性的工作。国内方面，根据知网的数据，近十年来，该领域的研究总计有 102 篇，年均 10 篇左右，心理学领域排在第一学科。从学者排序来看，南京大学政府管理学院徐彪老师在这一领域做了较多的工作，并主持完成了国家自然科学基金“消费者信任受损及修复机理研究”（项目编号：71102038）。但整体来看，信任修复的研究工作还有较大的空间，是一个尚未成熟的研究领域。

4. 从“人—人”信任修复到“人—机器人”信任修复

姑且不论“人—人”信任修复的研究是否成熟，在开始“人—机器人”信任修复的研究之前，要问一个问题：“人—人”信任关系的研究成果可以直接沿用到“人—机器人”信任关系吗？

早在1970年，有学者在心理学领域就提出了“恐怖谷”（Uncanny Valley）理论，用以描述“人—机器人”关系的特殊性。“恐怖谷”理论是一个关于人类对机器人和非人类物体感觉的假设，由日本机器人专家森政弘（M. Mori，1970）提出。该理论认为，“人—机器人”关系的早期，机器人与人类在外表、动作上越相似，人类会对机器人的好感度就会越高；但是到达某一个特定相似度时，人类会突然对机器产生极度的反感，任何机器人与人类之间的差别，都会显得非常显眼刺目，人类会感觉机器人如同人类的“僵尸”，非常僵硬恐怖，让人有面对“行尸走肉”的感觉。机器人仿真人类的程度越高，人们对机器人越有好感，但在相似度临近100%前，这种好感度会突然降低，越像人反而越让人反感、恐惧，好感度降至谷底，这种情况被称为“恐怖谷”。但是，当机器人与人类的相似度继续上升时，人类对他们的情感反应会逐步跨过“恐怖谷”，对高度相似的机器人产生移情效应，甚至认为机器人就是一个健康的人。“恐怖谷”理论见本书第二部分的图2-4。

“恐怖谷”理论背后的原理可以用心理学中的认知不一致效应来解释，也就是说在“人—机”关系的初期，人类对机器的认知就是“机器”，而不是“人”，因而当机器逐步具备更加智能的功能时，人类会为机器在“智能”上的拟人性而表现出正面积极的反应；但是当机器越来越像人，人类的认知出现失调，人在界定机器是“机器”还是“人”时产生认知困惑，既像机器，又像人类，这种对机器认知上的不伦不类，导致人极度反感这种怪模怪样的智能机器，但之后，随着机器更加逼真地接近人，人类重新调整了认知，并会移情于机器人。

Gray 和 Wegner（2012）通过实验实证试图从认知机制上来解释恐怖谷理论，并提出心灵归因理论（Attributions of Mind）。这两位学者通过实证研究，认为恐怖谷的存在是因为当人感受到机器具备了体验的能力（感觉与感受的能力），而不仅仅是代理的能力（行动和执行的能力）时，发生了认知失调，因为人认为体验的能力（而不是代理能力）是人类区别于其他事物的根本所在，体验的能力也应该是机器所不具备的。

Stein 和 Ohler（2017）也是通过实验实证进一步探究恐怖谷理论。他们的实验发现，机器与人外在的相似性并不是产生恐怖谷的原因，无论机器的外在是否与人类相似，只要人能从与机器的互动中感受到机器的移情特征，人就会对机器产生毛骨悚然的情绪。机器如果具有移情特征，就会威胁到人类的独特性，因为人类通常认为机器是没有心灵的，而人是有的，而且唯人类有。可以说，Stein 和 Ohler（2017）的研究对森政弘的恐怖谷理论以及 Gray 和 Wegner（2012）又有了深入的剖析和调整，其结果见本书第二部分的图2-5。

到底人是如何认知对于人的信任以及对于机器的信任？在“人—人”关系中，被信任者是人，如果被信任者发生欺骗行为，和在“人—机器人”关系中，被信任者是机器人，如果机器人发生欺骗行为，那么这两种情况下信任者人的感受有什么不同吗？如果人的感受是一样的，那么“人—人”信任修复的成果就可以复制到人—机器人信任修复中；如果不一样，那么就应该单独来研究“人—机器人”信任修复。Ullman 和 Leite 等在 2014 年对这一问题进行了回答。该实证研究发现，人对代理对象（Agent）能做什么，应该做什么的信念会极大影响人对代理对象的认知。人一般认为机器人比人更可信任。当机器人出现欺骗行为时，人认为机器很智能；但当人出现欺骗行为时，就会被认为是不明智。当机器人出现欺骗行为时，人会认为机器人在意图上并无强烈动机来欺骗；但当人出现欺骗行为时，人会认为人本人在意图上就有较大动机来欺骗。不诚实的人会被认为比不诚实的机器人更加不可信任。

更加系统的一个研究是，2018 年 Baker 等在 *The ACM Transactions on Interactive Intelligent Systems* 上发表了一篇研究展望性质的论文，对“人—机器人”信任修复进行了研究呼吁。在该论文中，作者将人与代理对象之间的信任区分为：“人—人”信任、“人—自动化”系统信任以及“人—机器人”信任。“人—人”信任是一种双向信任；“人—自动化系统”的信任是基于人对于自动化系统在绩效方面的心理感受，系统的稳定性、操作人员的自信心和经验、人对技术的信任倾向、任务相关性质以及感受风险等是影响人对于自动化系统信任的因素；相对于自动化系统，机器人在动态复杂环境下显得更加不可靠，因为系统可靠性、系统透明性以及系统外观对于人—机器人信任有重要影响。

过去，人们通常认为机器人应该被使用在 3D（Dirty，Dangerous，Dull）场景中，但是现在越来越多的机器人被用于更高阶的任务中，如陪人下棋、护理老人、智慧学习、智能客服、商场导购、酒店前台等。不仅如此，研究还发现在有些场景下相比较于与人工作，人更加愿意由机器来代替其人类伙伴（L. Takayama et al.，2008）。这就不可避免地带来一系列隐私、道德与伦理问题，也就是“人—机器人”的信任必须在确保隐私、道德和伦理的基础上构建，人—机器人的信任修复也必须是不能违背隐私、道德和伦理的。

由此，我们可以确信，“人—人”信任与“人—机器人”信任有很大的区别，“人—人”信任修复的大多数成果依然不丰富，难以直接应用于“人—机器人”信任修复中。可以说，“人—机器人”信任修改是一个全新的研究领域，尽管“人—人”信任修复的一些框架可以借鉴到该研究领域，但整体而言，这是一个全新的、充满挑战的多学科领域。

5. “人—机器人”知识团队中的信任修复

人对机器人的情感依附促进了人对于机器人的信任建立。“人—机器人”交互中，人会不自觉地对机器人产生情感依附，将机器人视为自身的延伸（S. You and L. Robert，2017）。机器人与人在互动中也越来越具有人类的部分特点，并进一步增强人对于机器人的情感依附（M. Wiesche et al.，2019）。目前，美国专家在此领域进行了相关研究，机器人已经不是在孤立地工作，而是越来越多地被部署在“人—机器人”团队中，通过“人—机器人”交互来完成任务（J. N. Mell and L. DeChurch，N，2020）。

在“人—人”团队中，信任多是传统信任类型，在“人—机器人”团队的信任中瞬间信任更加经常。“人—人”信任中，信任者为人，被信任者为人，通过双方之间的相互情感交互，可以形成短期信任，并进而形成长期信任或者不信任。“人—机器人”信任中，信任者为人，被信任者为机器人，人与机器人之间难以产生相互的情感互动，因而信任更为经常的是基于人对于机器人瞬间评判而产生的瞬间信任。这就导致人与机器人的信任是一个不断动态调整的过程，即“人—机器人”的信任校准是一个动态的长期过程（E. J. de Visser et al.，2019）。

为了建立高质量的“人—机器人”关系，近年来不断有学者提出赋予智能机器某种“人格”特点，或者说让智能机器拥有“数字心智”（Digital Mind）。奇点大学校长雷·库兹韦尔就是这种观点的支持者。但是来自机器人设计领域的研究却表明，当机器人与人的相似度到达某一个特定值时，人类会突然对机器产生极度的反感，任何机器人与人类之间的差别，都会显得非常显眼刺目，人类会感觉机器人如同人类的“僵尸”，非常僵硬恐怖，让人有面对“行尸走肉”的感觉，从而厌恶机器人，更别说信任机器人（M. Mori，1970）。再从哲学层面思考一下，人与智能系统的区别到底是什么？是否为了达到人对于机器人的充分好感而竭尽全力让机器拥有人一样的移情特征？还是应该让人与机器人保持在一定的特征边界之外，以确保人与机器的区别？从社会学的角度来思考，未来的“人—机器人”共生社会应该建立在什么样的“人—机器人”信任关系基础之上？可见，“人—机器人”的信任修复与信任再校准研究是一段在当下各类冲突的学术观点中进行探索的挑战性学术之旅。

“人—机器人”信任修复实质性的规范研究成果方面，国际方面仅仅找到了一篇研究文献，佐治理工大学 Robinette 等在 2015 年的一篇会议论文中，研究了导航机器人在引导游人中的信任修复，该研究发现导航机器人如果在导航错误发生后就立即道歉比整个导航结束之后再道歉更加有利于信任修复，也就是说机器人道歉的及时性对于信任修复极其重要；国内方面，目前还没有搜索到相关规范性研究成果。

“人—机器人”信任校准研究方面，美国空军学院战斗机效能研究中心的 de Visser 等（2019）建立了“人—机器人”信任校准的长时间动态模型。该模型描述了信任的动态过程，预测了“人—机器人”团队交互对信任的影响，提出了促进信任校准的干预方式和透明化方法。该研究中提出了“人—机器人”关系质量的概念，也对“人—机器人”信任修复、信任抑制（防止信任过度）、机器人透明度（防止信任过少）、可解释性等问题提出方法。不过该研究是一个概念框架的论述性研究，尚没有进行实证研究。在国内方面，我们尚没有检索到该方面的研究成果。

正如 Baker 等在 2018 年《面向人—机器人互动中的信任修复理解：当前研究与未来方向》（*Toward an Understanding of Trust Repair in Human-Robot Interaction: Current Research and Future Direction*）中所言，“人—机器人”信任修复问题当前的研究成果非常少，是一个急需开展研究的前沿领域。

未来，以下四个方向应该是“人—机器人”信任修复中较为基础的研究问题：

（1）机器人的特征是如何影响“人—机器人”信任修复的？是更加像人的，还是根本就不像人，哪一种特征更加有利于“人—机器人”信任修复。

（2）人的特征是如何影响“人—机器人”信任修复的？人的先验经验、技术能力、培训教育、自信程度、信任倾向、对于机器人的态度、人格特质、工作负荷、环境认知、个体差异等影响“人—机器人”信任修复的机理是什么。

（3）任务的特征是如何影响“人—机器人”信任修复的？在“人—机器人”组成的合作团队中，有的任务是比较程序性、简单的，有的任务是比较推理性、复杂的，如门禁机器人的任务相对简单，但导航机器人的任务就比较复杂，这种不同复杂程度的任务是如何影响“人—机器人”信任修复的？再比如，有的“人—机”协同任务对人而言风险较高，有的“人—机”协同任务对人而言风险较低，前者如逃生状态下的机器人导航，后者如一般商场中的商品指引导航，这种不同风险程度的任务又是如何影响“人—机器人”信任修复的？

（4）“人—机器人”信任修复中如何再校准信任？正如 Stevens 等（2015）的研究所述，信任并不是越多越好，更不是越少越好，信任修复需要再定位信任水平和再校准信任。Lee 和 See（2004）在“人—自动化系统”的信任研究中认为，对信任的正确校准导致对系统的最恰当使用，而错误校准可能导致过度信任或不信任，并给出图 5-1 来示意。在“人—机器人”信任修复中，信息再校准也是一个非常重要的研究点。

“人—机器人”的信任修复与信任再校准研究不单是当下人工智能领域的国际研究前沿，其对于指导当下全球的人工智能技术发展也极其重要（齐佳音，2020）。索菲亚是美国汉森机器人公司2016年生产的机器人，因其与人高度相似赢得了全球民众的惊叹，并于2017年成为首位被授予沙特阿拉伯国籍的女性机器人，这是人工智能划时代的一幕，人类与机器人和谐相处的新篇章就此展开。但是，2017年的一段视频中，索菲亚的“我会毁灭人类”言论引起了全球对于人工智能发展的恐慌。2019年6月25日，索菲亚来到深圳参加《第一财经》与日本经济新闻社共同举办的亚洲科技创新大会，在会上索菲亚否认了这件事，表示“从来不会说这样的话，也不会做这样的事”。索菲亚的这个信任修复策略是否起到了作用，目前还不得而知。对于大量的致力于开发机器人产品的企业而言，由于技术的不成熟和应用场景需求把握的动态性，修复“人—机器人”信任关系将是它们产业化和商业化进程中最为日常和极为重要的工作内容。因此，“人—机器人”的信任修复与信任再校准研究对机器人产业的发展起到基础性的支撑作用。

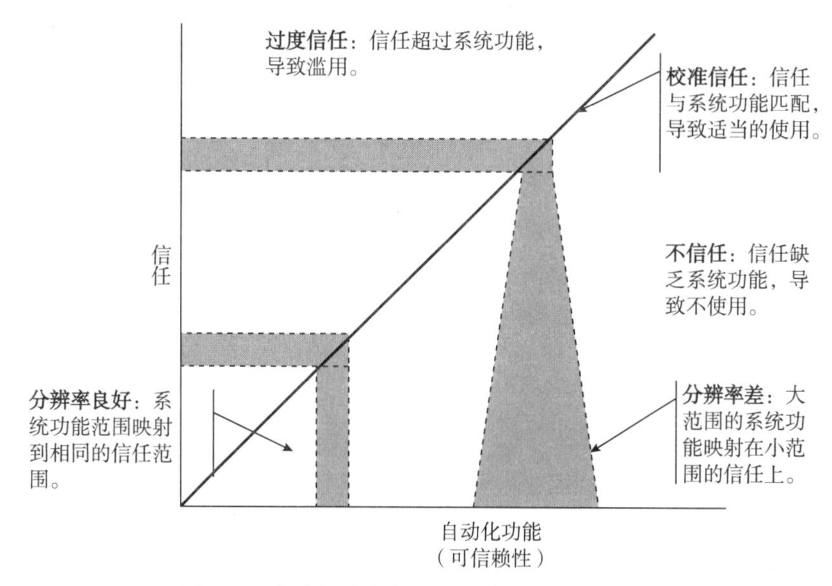

图5-1 自动化能力与人与系统信任之间的关系

资料来源：Lee和See（2004）。

小结

2019年科学家团队在《自然》（*Nature*）上发表论文，倡导开创“机器行为学”（Machine Behavior）这一新学科（M. Rahwan et al.，2019）。机器行为学包括单个机器行为学、群体机器行为学以及“人—机器”混合行为学。这其中，又以人—机器混合行为学最为复杂。“人—机器”混合行为学涉及多领域的研究，既需要技术方面的突破性研究，也需要社会学领域的开创性研究。从目前的情况来看，技术领域的研究已经有较多的研究工作和商业实践，但是社会学领域的研究还很滞后，难以为共融机器人的技术攻关和产业推动提供社会学领域的指引。

“人—机器人”的信任修复及信任再校准是人与机器人共融团队面临的普遍现实问题，研究机器人的因素、人的因素、任务的因素如何影响人对机器人的信任修复，并在此基础上试图回答人与机器人共融团队中，人与机器人信任的合情边界以及最优信任区间等更为基础的人对机器人的认知科学问题，这应该是社会科学的学者致力于人工智能研究可以关注的前沿研究方向。

已经有国际著名学者呼吁开展该领域的研究，但目前仍然是起步阶段。如果我国社会学领域的学者能够迅速介入这一领域的研究，将使我国在共融机器人研究领域，不仅是技术上与世界同步，而且在社会学领域也走在国际前端。

二、人工智能聊天机器人与数字营销

1. 引言

智能手机、智能产品、物联网（IoT）、人工智能、神经网络、大数据和深度学习等数字设备和技术将对消费方式产生重大影响（P. Kannan，2017）。人工智能技术正越来越多地被应用到营销活动中（S. Nagaraj，2019），正在成为营销人员的重要工具。人工智能帮助营销人员采集营销数据，挖掘数据背后的洞见，通过识别消费者行为、预测营销结果、评估营销策略的结果和效果（K. Jarek and G. Mazurek，2019），让营销人员更加主动地在恰当的时间给顾客提供恰当的激励，从而在顾客流失前“赢回”客户（G. Sahaja et al.，2019），增强营销人员的营销能力。

聊天机器人对商业智能至关重要（N. Balasudarsun et al.，2018）。随着顾客对优质服务的要求和个性化体验的期望越来越高（L. Cui et al.，2017），企业为了满足顾客需求，同时为应对业务领域日益激烈的竞争，越来越多的品牌和公司开始关注对聊天机器人或虚拟代理的构建。如今，聊天机器人变得越来越受欢迎，逐渐成为公司和品牌与消费者互动的首选渠道（D. Kaczorowska-Spychalska，

2019）。聊天机器人帮助营销人员接触顾客，鼓励顾客参与营销活动，与顾客建立联系，转换顾客（S. Nagaraj，2019），同时聊天机器人可以促进个性化营销，改善顾客服务（V. Devang et al.，2019；T. PURCĂREA，2018），还可以节省成本，在通信软件上快速增加顾客数量（T. V. N. Rao et al.，2019）。聊天机器人也为顾客提供了更好的服务和更个性化的体验。

聊天机器人的市场规模正在迅速扩大，根据 Report and Data 分析报告，2018 年全球聊天机器人的市场价值为 117 亿美元，预计到 2026 年将达到 1008 亿美元，复合年增长率为 30.9%。聊天机器人的应用范围广泛，作用也更加明显，据前瞻产业研究院 2019 年《中国服务机器人行业发展前景与投资战略规划分析报告》显示，预计到 2020 年，聊天机器人将为 85%的顾客服务交互提供助力，到 2022 年聊天机器人每年将节约 80 多亿美元的成本。并且，超过 21%的美国成年人和超过 80%的 Z 一代使用语音/文本机器人进行信息搜索和购物。很多品牌，例如美国鹰牌服装和达美乐比萨，已经推出聊天机器人来接受订单或推荐产品，亚马逊、eBay、Facebook 和微信已经采用聊天机器人进行会话商务。

与此同时，聊天机器人在营销方面的挑战和风险也随之而来。聊天机器人对顾客的响应有限，会话用户界面（Conversational Interfaces）简单，复杂的聊天机器人维护成本可能很高；并且不是所有的业务都可以使用聊天机器人。此外，聊天机器人还可能对社会产生负面影响，如传播谣言或错误信息，或者攻击在网上发布想法和观点的人。如今，聊天机器人的相关话题已经引起了人们的广泛关注，成为当今的热门话题。因此，本部分内容的研究问题是：人工智能聊天机器人在数字营销应用的研究现状和未来的研究方向是什么？人工智能聊天机器人在数字营销领域的研究还存在哪些空白？本部分内容采用数字营销研究框架对相关文献研究成果进行分类和综合，结合跨学科理论和话题，对推进研究现状提出了见解和建议。

2. 理论背景

（1）数字营销。Chaffey 和 Ellis-Chadwick（2019）将数字营销简单定义为通过应用数字媒体、数据和技术来实现营销目标。英国《金融时报》（*Financial Times*）将数字营销描述为利用数字渠道接触消费者进行产品或服务营销。美国营销协会（American Marketing Association）将数字营销定义为通过数字技术为顾客和其他利益相关者创造、沟通和传递价值。Kannan（2017）采纳了一个更具包容性的定义，即数字营销是一个适应性的、技术驱动的过程，在这个过程中，公司与顾客和伙伴合作，为所有利益相关者共同创造、沟通、交付和维持价值。基于这些定义，我们从进化的角度将数字营销定义为由不断发展的技术和不断积累的数据驱动，围绕为顾客和企业创造、沟通、交付和维持价值这一核心，不断改变企业和消费者共享的环境和塑造市场行为的过程。

（2）聊天机器人。聊天机器人并不是一个全新的概念，它是“使用自然语言的在线人机对话系统”。1950年，Alan Turing提出了第一个概念，他曾问道，“机器能思考吗”？1959年，Samuel开创了机器学习的先河，他将机器学习定义为：“研究计算机能够在没有明确编程的情况下学习的领域。”1964年，Daniel Bobrow在麻省理工学院（MIT）的博士论文中撰写了“STUDENT”程序，这是已知计算机理解自然语言最早的尝试之一。由于技术的不断发展，1966年使得人机交互成为可能的第一个程序——ELIZA出现，ELIZA可以根据一组预先编程的规则来识别关键字和匹配这些关键字模式，来产生适当的响应，但很少识别语境，并且它缺乏保持对话的能力。SHRDLU是一个早期的自然语言理解计算机程序，由麻省理工学院的Terry Winograd在1968~1970年开发。1972年，斯坦福大学的Kenneth Colby创造了PARRY，一个扮演偏执的精神分裂症患者的机器人Colby说：“它是有了态度的ELIZA。”1995年，Richard Wallace创建了一个更复杂的机器人A. L. I. C. E.，它通过匹配输入和存储在知识库中的文档的模式对来生成响应。Hinton在2006年提出了“深度学习”神经网络。2012年，深度学习方法取得了突破性进展，物体识别和自动语音识别的语音分类任务的错误率几乎减半（G. Hinton et al.，2019；A. Krizhevsky，2012）。2007~2015年，聊天机器人参与了1/3到一半的在线互动，此后，新的聊天机器人的部署速度有所提高。由于丰富的开源代码、广泛可用的开发平台、软件即服务（SaaS）应用模式，聊天机器人的开发和实现更加容易，可靠的语言功能和机器学习智能使其更加强大，即时通信应用程序的广泛使用使其更加受欢迎（J. Lannoy，2017），并且，聊天机器人与社交媒体和开发者生产力工具（如Slack、GitHub）的轻松集成，可能有助于改善传统与敏捷开发团队的工作流程。苹果的Siri于2010年面世。2016年，Slack在工作中使用聊天机器人，此外，Slack继续将机器人添加到其应用程序目录中，从安排会议到与新同事建立咖啡约会、征求绩效反馈，机器人可以做很多事情。同样，聊天机器人的使用也有所增加，特别是Facebook、Kik、Slack、Skype、Line、Telegram和微信都推出了聊天机器人平台。截至2016年9月，Facebook Messenger托管了30000个机器人，平台上有34000名开发者。Kik机器人商店在2016年8月宣布上线，在其平台上创建的20000个机器人已经“交换了超过180万条信息”。随着深度神经网络的应用以及在理解、交互、计时和说话方面的进步，2018年Google发布的Google Duplex可以通过在电话中与人自然对话完成现实世界的任务，甚至接听电话的人可能不知道他们正在与机器人进行对话。聊天机器人及其相关技术的大事件如图 5-2 所示。

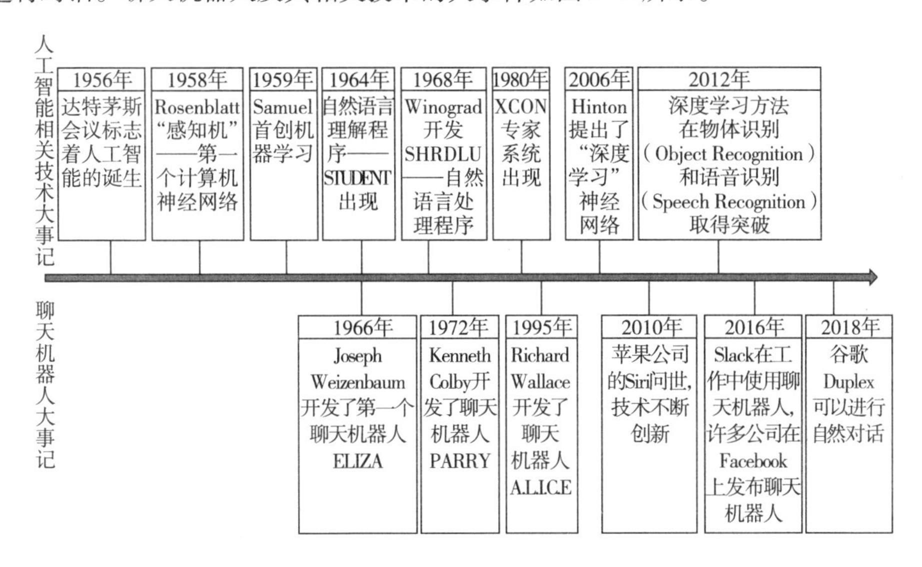

图 5-2 聊天机器人及其相关技术大事记

对于聊天机器人，学者们有各种各样的描述。在用途方面，Sahaja 等（2019）提到聊天机器人通常用于顾客服务或者信息获取等多种实际用途。Purcărea（2019）认为聊天机器人可以在一定程度上提供实时、个性化服务，同时也可以为顾客和潜在顾客提供更好的在线体验，甚至可以实现精神陪伴等服务。

在形式方面，聊天机器人使用自然语言以虚拟助理的形式，通过网站、手机应用软件、通信应用程序或者仅仅通过电话为用户提供服务（X. Luo et al.，2019）。聊天机器人被认为是一种智能的对话软件代理（N. M. Radziwill and M. C. Benton，2017）、软件系统（M. F. McTear et al.，2016）、计算机程序（G. Sahaja et al.，2019），但是聊天机器人的形式可以结合软件与硬件，像亚马逊 Echo、谷歌 Home 和苹果 Home Pod 一样。Lannoy（2017）采用了广为人知的定义，聊天机器人是一种由规则，有时由人工智能驱动的，通过聊天或者会话界面与人交互的服务。Kaczorowska-Spychalska（2019）认为，聊天机器人结合了人文理念和技术化进程，是提升日益数字化的消费者与机器人交互质量的一次尝试。

聊天机器人的概念最早出现于 1950 年，随着其不断发展，聊天机器人已经可以通过智能终端触及每一个人，聊天机器人有着不同的用途和不同的形式，它们是由发展的人工智能驱动的，模拟与真人交互的对话系统。聊天机器人输入的内容不仅可以是自然语言（文本、语音或者两者都有），未来还可以有面部表情、眼神和肢体动作等。聊天机器人会像一个真人一样回应（G. Sahaja et al., 2019）、输出对话或者执行命令任务（N. M. Radziwill and M. C. Bento，2017）。

（3）数字营销框架。我们采用了 Kannan（2017）开发的数字营销研究框架，并且针对特定的数字技术聊天机器人进行了修改［图 5-3 是 Kannan（2017）中的数字营销研究框架］。通过由营销流程和营销策略所启发的框架可以帮助我们识别数字营销中被聊天机器人影响的关键接触点。然而，Kannan（2017）只从公司的角度审视了数字营销的研究问题，从顾客和其他相关部分的视角来看，许多问题仍有待研究。所以我们去除了“市场营销研究”部分，在其他部分中保留核心内容得到了如图 5-4 所示的框架。

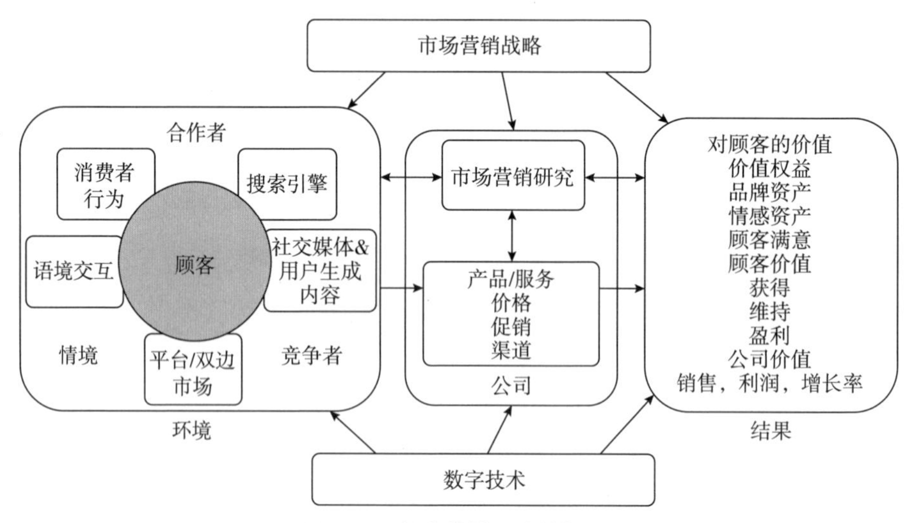

图 5-3　数字营销研究的框架

资料来源：Kannan（2017）。

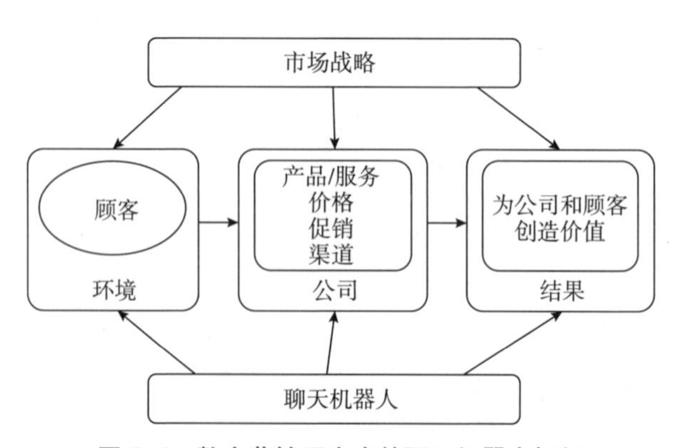

图 5-4　数字营销研究中的聊天机器人框架

顾客是公司经营环境的核心。情境、竞争者和合作者等其他因素都会影响顾客与环境之间的交互。在聊天机器人与顾客的交互过程中，会不断产生一些新的概念、现象和问题。环境分析后输入到公司的行为，公司的行为包含市场营销组合的所有元素——产品/服务、价格、促销和渠道。最终，关于市场营销行为与战略的结果，我们检查了聊天机器人在价值创造中的总体影响——为顾客创造价值（价值权益、品牌资产、情感资产和顾客满意），创造顾客价值（获得、维持和更高的利润率）与创造公司价值（作为销售、利润和增长率的函数）。因此，我们采用的框架识别了聊天机器人在市场营销过程和战略中具有或可能具有重大影响的关键接触点。

3. 方法

系统文献综述方法的步骤如下，图 5-5 展示了我们的文献综述过程，结合了有效的文献综述过程的三个阶段和文献检索过程（Y. Levy and T. J. Ellis，2006；J. Vom Brocke，2009）。此外，智能机器的科学研究是跨学科的。在数字营销领域中进行的研究可能会引出一些基本问题，这些问题可能在消费者心理学、市场营销分析、经济学、计算机科学或机器行为领域得到解答（P. Kannan，2017）。我们希望通过尽可能多的具有综合性和代表性的数据库，客观地捕捉到聊天机器人在数字营销中的所有关键实质性研究进展。

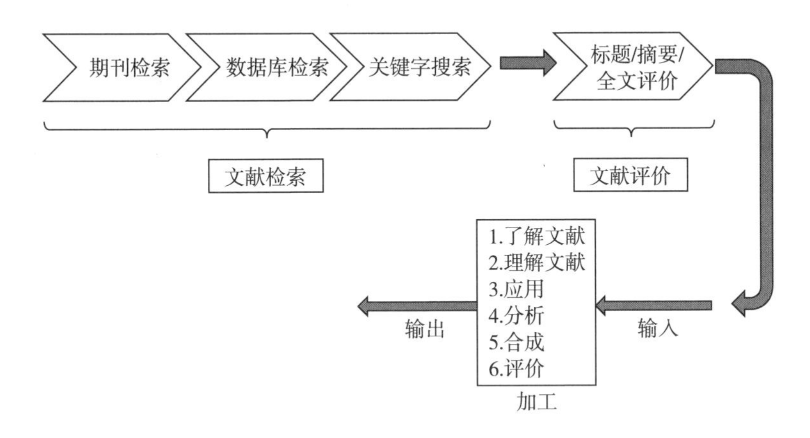

图 5-5　文献综述过程

根据文献检索过程，首先我们选择了 7 个相关的期刊：*Marketing Science*、*Journal of Marketing Research*、*Journal of Marketing*、*Journal of Consumer Research*、*International Journal of Research in Marketing*、*Journal of Consumer Psychology*、*Jour-*

nal of the Academy of Marketing Science。通过单独检索每一个期刊，只得到一篇来自 *Marketing Science* 的相关论文（X. Luo et al.，2019）。接着，为了全面了解现有的相关研究，我们选择了多学科文献数据库 EBSCOhost、Elsevier（ScienceDirect）和 ProQuest 进行系统的数据库检索。为了确保搜索结果的可靠性和有效性，以及考虑到最近发表的文章和著名的会议文献与会议记录，数据库搜索添加了 Google Scholar 索引。此外，由于我们专注于信息系统研究领域，也添加了信息系统协会电子图书馆［AIS Electronic Library（AISEL）］。搜索主要使用“chatbot”和“marketing”两个关键词，接着使用“chatbot”和“marketing”作进一步检索，检索过程中通过添加补充性的搜索词来缩小有大量搜索结果的搜索查询范围（简略搜索结果如表 5-1 所示）。检索 EBSCOhost 得到了 22 篇文章，删除重复文献后剩余 18 篇文章，然后通过阅读这些文献的标题、摘要和结论，初步筛选相关文献。在这个过程中，我们删除了非英语文献及与本研究问题无关的文献，最终剩余 9 篇。与上述检索与评价过程相似，ProQuest 剩余 1 篇，AISEL 得到 0 篇，选取了谷歌学术（Google Scholar）前 15 页的检索结果进行评价（15 页后的文献标题及摘要几乎和聊天机器人及市场营销无关），最终保留了 40 篇文章。当把所有文献合并到一个文件夹时，去除了 2 篇重复文献，剩余 48 篇（见表 5-1）。以上 48 篇论文被输入到加工过程，进行深入研究和综合。此外，我们使用“Web of Science”数据库进行检索，得到了一篇重复的论文，通过此项简单验证，我们已经尽可能覆盖了所有相关文献。以上工作共有两位研究者参与到检索结果的分析：第一位作者是论文的主要读者和编码者，第二位作者阅读论文并检查编码分析结果。对于论文评估和编码结果的差异会进行深入的讨论，直到达成一致的决定。

表 5-1　文献检索结果

检索短语数据库	chatbot	chatbots and marketing	同行评审期刊	去重	最终结果
EBSCOhost	2596	252	22	18	9
ProQuest	32	3	1	1	1
ScienceDirect	74	2	—	1	1
AISEL	388	232	39	0	0
Google Scholar	14900	4040	—	—	40
去重前					51
最终结果					48

通过列出、定义、描述和识别来提取相关文献中有意义的信息，然后经过总结、区分、解释和对比等来掌握信息的意义和重要性（Y. Levy and T. J. Ellis，2006），接着依据 Kannan（2017）的研究框架，将与主题相关的概念细分成不同的单元，之后，整理、讨论、整合和输出了高度相关的前期研究和研究议程，提出对未来研究具有洞察力的问题。输出材料经过专家评审后，对反馈意见进行修改，不断重复此过程。

4. 发现

借助 Kannan（2017）的数字营销研究的框架，我们得到四个分类：环境、公司、结果和市场营销战略。按照文章相应的研究方向进行分类后，环境部分有 2 篇，公司部分有 6 篇（其中关于服务有 4 篇），结果部分有 7 篇，战略部分有 1 篇，然后综合现有的研究成果，了解聊天机器人是如何影响环境、营销行为、结果和营销战略的。

（1）环境。数字科技正在迅速改变公司运营的环境，聊天机器人成为公司/品牌与消费者互动中越来越受欢迎的渠道之一。同时，关于聊天机器人采纳方面的研究正在兴起，Molinillo-Jimenez 等（2019）研究了感知专业性对持续使用聊天机器人意愿的影响，发现服务代理的感知专业性通过信任影响消费者继续使用聊天机器人的意愿。这项研究结果鼓励企业采用聊天机器人作为提供某些服务的有效渠道，并帮助开发人员改进以聊天机器人为中介的在线交互设计。

（2）公司。数字技术正在改变公司内部营销行为，包括产品/服务、价格、促销和渠道等营销组合中的所有元素。毫无例外，日益普及的聊天机器人影响了企业的营销行为。目前，聊天机器人被广泛用来改善客户服务，Trivedi（2019）将聊天机器人视为一个信息系统，发现感知风险降低了三个质量维度（信息质量、系统质量和服务质量）对客户体验的影响，其中系统质量对客户体验的影响最为显著。

利用位置和其他个人信息的聊天机器人在社交媒体促销和个性化促销中发挥着越来越重要的作用。Van den Broeck 等（2019）研究了聊天机器人的感知帮助性和有用性是否影响以及如何影响聊天机器人发起的广告的感知侵扰性，发现有效的聊天机器人广告需要有帮助的和有用的沟通，来降低对聊天机器人发起的商业信息的感知侵扰性。这进一步解释了聊天机器人能够模糊援助和广告之间的界限。

当聊天机器人被用作营销传播渠道时，Balasudarsun 等（2018）发现，消费者认为每日更新、智能对话、表情符号、常见问题解答、图片和视频是最重要的功能，而动态图片（Gifs）、竞赛和投票等功能并不重要，这有助于公司在向 Facebook 用户传递个性化信息的活动中保持适当的平衡。

（3）结果。结果反映了公司如何能够从聊天机器人提供的机会中获益，为客户创造价值，也为公司自身创造价值。

关于品牌资产，Zarouali 等（2018）试图调查影响消费者使用聊天机器人的态度和行为意向的（心理）预测因素，发现感知有用性和感知帮助性这两个认知预测因素与消费者对提供聊天机器人的品牌的态度呈正相关，情感决定的三个因素［愉悦（Pleasure）、兴奋（Arousal）和支配（Dominance）］预测了消费者对聊天机器人品牌的态度，从而影响他们使用和推荐聊天机器人的可能性（即惠顾意向）。

在顾客满意方面，Chung 等（2018）试图验证聊天机器人在奢侈品零售领域的营销努力（Marketing Efforts）的影响，并揭示出聊天机器人电子服务为公司/品牌和顾客提供了互动和参与的服务窗口。研究发现，在线服务代理提供了便利和优质的沟通，这对客户感知到的营销努力有积极的影响，并通过实证表明，电子服务代理的绩效可以通过互动（Interaction）、娱乐（Entertainment）、时髦（Trendiness）、定制（Customization）和问题解决（Problem-solving）等数字环境下的营销要素来衡量。人们会将聊天机器人人性化，而且聊天机器人的个性会影响客户满意度。Lannoy（2017）探究了在电子商务领域，聊天机器人的性格对客户满意度和情感联系的影响，发现外向型语言比内向型语言对顾客满意和情感联系的影响更积极。

在公司价值方面，Luo 等（2019）发现，在机器与顾客对话之前披露聊天机器人身份会降低购买率，因为顾客认为披露的机器人缺乏知识和同情心。Schurink（2019）发现，具有人类外貌的聊天机器人通常是最令人满意的，并会产生最高的购买意愿，此外，社会存在（Social Presence）似乎是这些联系的中介因素。Sivaramakrishnan 等（2007）认为，拟人化信息代理（充当交互式在线信息提供者的类人聊天机器人）主要在网站上可用的静态信息数量有限的情况下具有积极的影响。当消费者受到功利主义消费动机的驱使时，拟人化信息代理的存在会产生负面影响。

（4）市场营销战略。为了保持持续的竞争优势，企业关注的两个核心营销要素是其品牌和顾客。聊天机器人的引进及其广泛的使用改变了企业与顾客的交互，公司需要更新对顾客管理和品牌管理的理解，并且公司需要重新定义他们的营销组合指标。Thompson（2018）发现，聊天机器人目前是一个功能强大的数字营销工具，极大促进了顾客参与，并且聊天机器人满足了驱动顾客参与的部分标准，未来人工智能和机器学习聊天机器人会完全满足所有参与标准，促进个性化和交互，进而改善顾客体验和用户体验。此外，Thompson（2018）指出，会话营销（Conversational Marketing）是聊天机器人提供一个真正参与交流平台能力背后的关键交付物。会话营销是一种有潜力的战略，作为一种交付方式的聊天机器人与作为交互平台的会话营销，两者相互依赖。Sotolongo 和 Copulsky（2018）认为，随着即时通信应用的使用量持续增长，作为会话界面的聊天机器人将对品牌至关重要，营销在会话界面中需要注重品牌体验、发现和持续对话。品牌有时会犯错，会失去对谈话的控制，但是品牌应该是有用的、可用的，并随时准备从错误中学习，营销人员必须比以往任何时候都更坚持以客户为中心，并采取由外而内的方式来设计营销活动。

5. 未来研究议程

为了使综述工作易于处理，同时发现市场营销文献中存在的空白，并提出新的探索主题，我们对现有关于聊天机器人在数字营销中应用研究的回顾主要集中在设计的多学科数据库。聊天机器人与每一个广泛的领域相互作用，市场营销、消费者心理学、社会学、经济学、计算机科学和运筹学等领域中发展起来的理论和模型，可以帮助研究者发现新的研究工作和研究路线。所以，我们借助了来自多个学科的主题和理论以及数字营销研究框架探索更具体的研究问题，并指明未来的研究方向。

（1）环境。

1）人与聊天机器人交互模型需要综合地考虑更多因素。在开发人机交互模型时，需要从整体上考虑为人机交互中各方创造价值的过程，包括交互情境、消费者类型、消费者动机、交互要素、交互环境、聊天机器人属性和特征等。

经典的技术接受模型（Technology Acceptance Model，TAM）可以解释影响用户接受聊天机器人的决定性因素，公司/品牌在不同应用场景中实现的活动（如在营销实践中的使用范围、个别解决方案的进展程度和聊天机器人的功能程度等），以及它们的用户（特别是人口统计特征、个性特征、对新技术的兴趣、在该领域的经验或者对它们的同情）也需要关注。

不同情境下的地理、隐私与安全、监管和剽窃以及它们对数字营销的影响也应该得到关注。Davenport 等（2019）指出不同行业的特殊因素（如交通行业的交通事故率）、任务特征和对顾客身份很重要的拓展任务将会影响人们对人工智能的接纳。这些因素（如聊天机器人提供的信息的特征、信息相关性或信息质量，以及客户感知到的专业性/侵扰性等）何时以及如何影响聊天机器人的采用?

人类与机器人不仅要共存，还要协作。构建模型需要考虑潜在交互的多维性（例如活动及其影响，交互的个体性与集体性，只有一个人生成的空间和只有聊天机器人生成的空间以及混合解决方案），并将其视为由许多相互作用的元素组成，这些元素可以不断变化，也可以从互动和经验中不断学习复杂的适应模型（P. B. Brandtzaeg and A. Følstad，2018）。

2）顾客行为需要被重新认识。聊天机器人正在改变用户行为以及用户需求，同时改变了用户与技术、用户动态和使用模式之间的界面，更好地了解客户的需求和行为有助于提升客户体验，帮助企业进行数字化转型（K. N. Lemon and P. C. Verhoef，2016）。

我们可以借助现有相关理论和模型来重新认识顾客行为。顾客购买的过程，即从购买前（包括搜索）到购买后，是一个迭代的、动态的过程（S. Vǘzquez et al.，2016）。在购买前，聊天机器人如何帮助营销人员联系客户、吸引客户、增加客户参与度、转换客户、进行个性化营销？在购买时，在不同情境下使用聊天机器人的交互界面的组成和大小如何设置？如何影响顾客选择？以上问题的答案在不同的产品/服务类别中有何不同？在购买后，聊天机器人如何降低顾客流失率和增加顾客回头率？

在客户决策旅程（Customer Decision Journeys）的背景下，顾客购买过程被分为意识（Awareness）、评估（Evaluation）、购买（Purchase）和购买后的体验（Post-purchase Experience）等阶段，聊天机器人在每个阶段对顾客行为有什么影响，以及在消费者整个决策的每个数字接触点上扮演什么样的具体角色？

为了更好地理解顾客的需求和行为，需要运用消费者行为理论来解释消费者使用聊天机器人的心理动机。在使用聊天机器人时，消费者的认知能力和心理会发生怎样的变化？考虑到聊天机器人的个性化特征，消费者对价格的敏感度可能会降低（P. Kannan，2017），那么聊天机器人如何影响客户的产品选择、选择范围和评估能力？聊天机器人又如何轻推个人决策（A. Schär and K. Stanoevska-Slabeva，2019）？我们需要开展理论和实证研究来描述接触点如何相互作用并影响决策过程的长度。

同时，聊天机器人如何与用户的需求和愿望产生共鸣？反过来，随着用户对聊天机器人有更多的体验，这些相同的需求和愿望又是如何演变的（P. B. Brandtzaeg and A. Følstad，2018）？这些变化是暂时性的还是过渡性的？聊天机器人对消费者行为随后的演化和消费者与公司/品牌的互动有什么影响呢？现在需要有各种各样的尝试来建立或创新模型和理论，来解释和预测消费者行为和市场结构（M. Koufaris，2002）。

最后，聊天机器人向客户承诺了更好的服务质量和更个性化的体验，但目前的聊天机器人经常失败。当前的聊天机器人功能有限、构造简单，基于规则和逻辑响应。现今大量的企业和组织争相在其特定的服务领域部署聊天机器人，但是在聊天机器人部署的早期阶段，聊天机器人方案常常以糟糕的实例为目标，忽视用户需求和用户体验。Quah 和 Chua（2019）认为，聊天机器人需要能够更好地解释和理解用户的问题，包括整合隐性知识。那么，投资者是否对客户接受聊天机器人过于乐观了呢？是否存在采用悖论呢？

（2）公司。

1）聊天机器人对营销行为的影响需要更多的探索。聊天机器人对市场营销组合——产品/服务、价格、促销和渠道的影响需要得到关注，同时聊天机器人的属性、个性、外观、功能和身份对单个市场行为的影响也需要被讨论。

了解聊天机器人所处决策过程（Decision Journey）的确切阶段及其如何工作，可以设计特定的促销活动，在适当的接触点与顾客互动，并且改进客户关系管理（CRM）系统。Avery 和 Steenburgh（2018）使用购买漏斗来分析聊天机器人在每个阶段可以做什么。在漏斗的顶部，公司的内容刚刚吸引了潜在客户的注意，聊天机器人可以帮助公司获取更多的信息，使用符合品牌特性的声音交谈以加强与销售线索的联系，进行实时情绪分析和咨询帮助。与此同时，公司可以进行追加销售和交叉销售。在漏斗的中间环节，潜在客户形成自己的需求，评估公司与竞争对手的产品，需要教育和培育，聊天机器人可以进行线索分级，在不同客户交互的性质中扮演不同角色（例如根据问题的复杂程度），聊天机器人实际上可以代替人员代表，但是它能否仍旧实现 CRM 功能和客户满意度指标并不确定。在漏斗底部，销售人员提供产品演示等服务时，聊天机器人可以存储、提醒未触及的线索，激活剩余价值。而聊天机器人如何进一步培育和发展线索池中得分较低的线索？成本和线索转化率是多少呢？如果聊天机器人服务失败，公司如何应对呢？由此造成的工作量的增加，是否需要增加雇员人数呢？在售后阶段，聊天机器人如何能够加强客户关系并找到适当的方式来继续培育客户关系呢？

随着聊天机器人在客户决策过程中的参与度提升，我们需要发现营销活动和接触点的新方向，例如，如何设计对话式用户界面（Conversational UI）并预测聊天机器人与不同客户之间需要的对话流？对话式用户界面是理想的方案还是功能更强大的用户界面会给客户带来更高的效率？对话式用户界面的哪些关键指标和反馈可以对公司产生价值？

聊天机器人的个性会影响客户满意度。企业需要开发出体现自身品牌特征的聊天机器人，甚至在营销活动中，聊天机器人的个性也应适合细分群体特征。de

Haan 等（2018）发现外向性（Extraversion）、宜人性（Agreeableness）和尽责性（Conscientiousness）维度对顾客满意度的影响最大。Lannoy（2017）发现，在电子商务领域，外向型语言比内向型语言对顾客满意度和情感联系都有更积极的影响。而之前的研究表明，人们的性格会影响他们对机器人性格的偏好。有的研究发现人们喜欢与自己相似的机器人性格，也有研究发现人们喜欢与自己性格互补的机器人性格。然而，Brixey 和 Novick（2019）发现，当只有一种人格可以实现时，外向型和内向型的人都觉得与这种人格有更多的联系。Mileounis 等（2015）发现，外向型机器人通常被认为比内向型机器人更具社交智能，更受欢迎。Aly 和 Tapus（2016）也发现，内向的受访者对机器人的外向型状态有明显的偏好。因此，研究参与者的个性与他们对聊天机器人个性的偏好有何联系，以及合适的聊天机器人个性对不同市场行为有何影响也极有价值。

聊天机器人记录着用户生成的数据，从可见到不可见，不仅包括文本信息、评论和评级，还有语音、表情、眼神、肢体动作等。如何在聊天机器人上使用这些数据来设计新产品、服务和新的定价计划？聊天机器人如何将消费者的个人偏好与社会影响分开，利用这些数据并从挖掘消费者的偏好形成中获益？聊天机器人如何在数字空间中预测客户需求，实现高度个性化？

聊天机器人影响了关于质量和价格、推荐、搜索过程、客户期望等诸多方面信息的获取，逐渐对营销组合中的要素带来机遇和挑战。现在已有关于聊天机器人在服务和促销方面的研究，但关于聊天机器人对于产品和渠道方面的影响仍是空白。聊天机器人创造了顾客产品定制化和个性化的趋势和机会，增加了企业面临的价格挑战，也为产品和服务的动态定价和收益管理提供了机会，搜索关键字、展示广告和个性化的价格策略都引发了有趣的研究问题（P. Kannan，2017）。聊天机器人作为最受欢迎的营销渠道，组织如何在多个营销渠道之间进行选择呢？

现在对聊天机器人的评价存在着不同的声音，太多的不确定性导致了许多相互矛盾的看法（C. Thompson，2018）。很多学者对聊天机器人的作用非常乐观，认为聊天机器人在公司营销方面有很多优势。但是也有一些学者指出聊天机器人功能有限，只能完成简单的任务，Quah 和 Chua（2019）认为聊天机器人在解释问题和提供正确信息方面需要改进。Kaczorowska-Spychalska（2019）认为聊天机器人应该设计为动态的，能够学习和改变，不断进化，并根据与用户实际互动的情况进行优化。目前，企业采纳聊天机器人是否存在悖论？企业、部门、岗位使用聊天机器人营销的现状如何？

2）在营销活动中采用聊天机器人的隐性成本需要被识别。采用聊天机器人的隐形成本超出了硬件和软件的价格，与购置、实施以及运行聊天机器人相关，如果这些费用导致预算不足，那么识别问题范围、降低其对组织的影响至关重要（D. Barreau，2001）。当企业决定在市场营销活动中采用聊天机器人，在组织变革的过程中必然会产生隐性成本，这些隐形成本应该被识别，同时向公司提出建议以避免严重的后果。此外，隐性成本可以解释企业中可能存在的对聊天机器人的采用悖论，帮助企业决定是否使用以及在哪里使用聊天机器人技术，从而进行更加科学的管理。另外，隐性成本还可以帮助机器人开发公司调整产品，提高产品适应性。

3）伦理和人与聊天机器人的交互规则需要重视。任何新技术的影响都具有两面性（M. H. Huang and R. T. Rust，2018），聊天机器人也不例外，需要考虑它在伦理上的挑战和影响，确保以一种负责任的方式来使用它（H. de Haan et al.，2018）。

信息透明性是使用聊天机器人时要考虑的重要因素。客户应当知道他们是在与聊天机器人而不是真人通信。当聊天机器人以人类的身份出现时，人们会对其有很高的期望。然而，当聊天机器人的行为与真人的行为显示出差异时，这些期望就会被不信任所取代。

此外，对于信息和隐私所有权应当与客户进行明确的沟通。如果聊天机器人根据先前的订单和用户偏好组合一个购物列表，那么它属于聊天机器人还是用户？从与聊天机器人的对话中检索到的用户信息可以卖给第三方吗？如果是的话，是否应该通知用户？

聊天机器人可以基于对眼球运动、生物节律、文本信息的数据捕获，应用认知计算、预期计算和深度学习，帮助公司从推测出的客户偏好和客户需求中获益，但代价是客户隐私的出让（P. Kannan，2017）。如果可以访问客户数据则意味着增加额外的风险，那么客户是否愿意共享数据？在现在的营销环境下，企业如何才能赢得消费者的信任呢？如何权衡风险与客户个性化服务所带来的附加价值？应当设计什么样的机制既能使公司和客户受益，也能够保护客户的隐私安全？此外，企业应该制定更多的设计原则，开发让用户感到自然和人性化的聊天机器人（E. Schurink，2019）。人与聊天机器人之间的交互规则也很重要，更多的规则可以帮助企业开发出合适的聊天机器人，减少在交互过程中与客户的冲突，有利于提高用户体验质量。在满足社会公德的基础上，遵循恰当的互动规则，对提高服务质量和用户满意度至关重要。作为一个营销工具，聊天机器人可以促进或优化当前的营销活动，但聊天机器人不仅仅是一项技术，它具有个性和自我优化机制，未来可以成为人们忠实的反映，代表我们是什么，这对进一步的营销转型具有重要意义。然而，这需要深刻理解消费者和聊天机器人之间的交互规则（D. Kaczorowska-Spychalska，2019）。

（3）结果。聊天机器人对顾客价值和公司价值的影响应当被验证。顾客价值是指获得客户、维持客户以及盈利的活动，在更为综合的层面上，公司价值被定义为创造业绩、增加利润和获得增长率的功能。聊天机器人对顾客价值和企业价值各个维度的影响需要实证研究，同时，聊天机器人的特征和属性对客户价值和企业价值的单个维度的影响也需要进行实证研究。聊天机器人在通过言语和非言语互动来激发购买行为方面发挥着重要作用（M. Chung et al.，2018）。企业在多大程度上可以受益于聊天机器人包装（例如，嵌入式聊天机器人功能作为智能设备的接触点）？聊天机器人又是如何跨越多个渠道影响客户参与度、收入和利润率以及总体客户保持率和增长率的？

Balasudarsun 等（2018）认为，企业使用聊天机器人可以增加其销售额，改善终端的客户服务，削减巨额的成本。前瞻产业研究院报告指出，2014～2018年，全球销量逐年增长，2018 年为 1657.1 万台，同比增长 61.29%，增长迅速。报告认为，聊天机器人作为服务机器人的重要产品，能够应用于各种领域，其市场规模也逐步扩大。预计到 2020 年，聊天机器人将为 85%的顾客服务交互提供助力，到 2022 年聊天机器人每年将节约 80 多亿美元的成本。但目前还没有关于聊天机器人对客户价值和企业价值影响的实证研究。那么，在聊天机器人中是否存在采用悖论和生产率悖论（E. Brynjolfsson，1993）？回答这个问题将有助于企业了解聊天机器人的价值，无论是正面还是负面的。

（4）市场营销战略。聊天机器人对营销战略的影响研究很少受到关注。随着聊天机器人在企业中的应用范围不断扩大，为了获得更好的效益，减少对组织的负面影响，应当明确聊天机器人给企业带来的隐性成本。同时，还需要关注聊天机器人对企业战略层面的决策产生的影响。Ivanov（2019）认为，未来的公司会分为标准化、机器交互服务的高科技公司和依赖人类员工的高触觉公司，在这样的背景下，企业如何采用聊天机器人进行数字化转型呢？公司如何通过聊天机器人战略性地管理自己的品牌和客户？企业如何使用聊天机器人来创造可持续的竞争优势、获得市场份额，并增加客户资产和品牌资产？

组织想要使用聊天机器人通常需要对组织程序进行一些定制或修改，而与这些修改相关的成本往往被忽略。揭示这些隐性成本对于确定一个系统的实际价格和评估其对该机构的潜在价值至关重要（D. Barreau，2001）。通过数字环境与客户进行互动成为越来越多企业/品牌的共识，引进聊天机器人也成为一项营销战略，但是隐性成本需要核查清楚。

聊天机器人如何以及为什么可以替代或最终取代每种任务/工作中的营销人员？人工智能工作替代理论（The AI Job Replacement Theory）规定了服务工作所需的四种智能：机械智能、分析智能、直觉智能和移情智能，并为企业指出了在完成这些任务时应该如何在人类和机器人之间做出选择。聊天机器人作为人工智能应用之一，需要哪些数据来完成理论的实证研究及为公司提供相关的指导和预测，比如人力资源管理方面、改善人与聊天机器人合作方面。

小结

聊天机器人已经渗入了日常生活中的方方面面，它可以帮用户打电话、发信息、找应用、添加日历安排、翻译、新闻网络信息搜索、查找地图路线、发电子邮件、询问天气，等等。但是要在更加广阔的数字营销领域使用好聊天机器人功能、发挥好聊天机器人的效用，还需要学术界、产业界进行更丰富、更深入的研究与开发。

三、人工智能赋能未来教育

1. 引言

纵观历史，每一次技术变革都对世界格局产生了深刻影响。面对科技进步、经济全球化浪潮和知识经济的发展，世界各国高等教育都面临着转型和教育改革的重任。相对于以往的信息技术，人工智能对于教育发展将具有颠覆性影响。面对这种前所未有的技术跨越所带来的颠覆性教育变革，我国急需加快研究，尽早部署应对。在此背景下，《中国教育现代化 2035》提出了推进教育现代化的八大基本理念：更加注重以德为先，更加注重全面发展，更加注重面向人人，更加注重终身学习，更加注重因材施教，更加注重知行合一，更加注重融合发展，更加注重共建共享。到 2020 年，全面实现“十三五”发展目标，我国教育总体实力和国际影响力将显著增强，劳动年龄人口平均受教育年限明显增加，教育现代化取得重要进展，为全面建成小康社会做出重要贡献。本部分将对技术与教育内在作用逻辑、人工智能与未来教育相关研究进行学术史梳理。

2. 技术与教育作用内在逻辑综述

教育是一门时代学。每个时代的教育都带有那个时代的特征，从庠序到私塾，从古代官学到现代公立学校，无一不是时代变迁的产物（曹培杰，2018）。人类教育的变革始终是与生产技术的质的变化和人类知识扩容紧密联系在一起的。农业时代以种植渔猎为主，形成的社会知识与文字孕育出教育的行业形态——学校教育，精英教育一直在农业时代居于主导地位；工业时代以机械、电力为主，形成的生产知识与技术孕育出教育的普及形态——全民教育，学校教育下移，义务教育在全球广泛推行；信息时代以电子信息为主，形成的知识信息流孕育出教育的网络形态——虚拟教育，终身教育进程大大加快，全球教育一体化将在21世纪广泛展开（张湘洛，2008）。

如今，人工智能经过60多年的发展，已经进入了新阶段，社会转型又对教育发展提出了新的要求。2018年4月14日，教育部科技委在北京举行“人工智能与未来教育”科技前沿与战略圆桌会议，分析并研判人工智能的发展以及对未来教育的影响。教育部党组成员、副部长杜占元在会议中指出：“人工智能技术有可能成为新的革命的起点，而不是以往革命的延伸”，并给这个新革命起了个名字，叫“零点革命”。

教育在农业时代的物质进步和技术的支撑下，从混沌的原始形态走向清晰的行业形态，成为人类社会最早的社会分工之一。学校教育的产生是人类物质文明和精神文明达到一定阶段的结晶，是教育的一次大跨越和升华。人类从简单纷乱的原始教育走向复杂系统的学校教育，标志着人类教育真正从盲目的自发发展迈入有序的自我发展。作为人类历史上久负盛名的农业大国，以孔子为代表的一批教育家让中国教育在农业时代大放异彩。

普及教育在最先进入工业化的国家出现。工业革命的发起国——英国在18世纪末首先从社会教育运动开始普及教育，推动文化下移，然后引入国家干预，最终形成现代国民教育制度。在英国的积极影响下，欧洲在19世纪开始大规模地普及教育，且发展迅速（John Lawson and Harold Silver，1973）。因此，教育史学家称19世纪为欧洲普及教育的世纪。得益于欧洲领先的工业时代教育体系，在整个19世纪，欧洲的科学以及人文群星闪耀，极大地推动了世界的工业革命进程。

信息技术将成为21世纪人类社会发展的主要动力。以计算机多媒体和网络为代表的信息技术的出现，深刻地改变着人们的思维模式、教育方式和活动空间。计算机和网络的结合使整个人类世界融为一个完整的信息体，将教育的速度、规模、质量和方式有机地整合在一起，使教育在虚拟状态下呈现前所未有的开放性，教育的时空界限被打破，教育模式发生了质的变化。作为信息技术强国，美国在这一领域取得了领先的优势。

2016~2017 年可以说是“人工智能”年。在这近两年的时间里，以阿尔法狗（AlphaGo）及其系列为代表的“人机大战”开启了人工智能热，从学术界到企业界，从精英到平民，大街小巷所谈的大多是“人工智能”。麦肯锡全球研究院预测，人工智能正在促进社会发生转变，这种转变比工业革命“发生的速度快 10 倍，规模大 300 倍，影响几乎大 3000 倍”。此时的中国，在人工智能领域已经成为世界第二大经济体。中国教育能否抓住这一轮人工智能革命的浪潮，从更根本上推动中华民族的伟大复兴梦想，尤为重要。

总结与评述：

人类教育的四次变革强化了教育的元功能——人才培养，保证了人类文化的传承和人类社会各时代发展所需的人才培养，加速了人类探索自然、改造社会的进程。四次变革给教育观念带来了全新的变化。第一次变革使人们对学校教育有了清晰的认识，形成了学校教育的观念，即系统的、正规的、全面的、优质的教育观念。第二次变革使人们对教育民主观念有了清晰的认识，教育平等的理念被社会广泛认可。第三次变革使人们有了新的教育时空观念，即“地球村”教育观念。每个人可以利用新兴的虚拟网络便捷地在世界的每一个角落获得良好的教育。第四次变革将彻底带来教育革命性的飞跃，让教育回归到人的发展。

第一次变革改变了教育的原始状态，从原始的个别教育走向个性化的农耕教育，学校教育成为少数人的一项特权。随着奴隶社会的到来，生产力发展，文字出现，教育实现了从原始的、简单的、零星的生产劳动教育向成型的、系统的、有规模的学校教育的跨越。学校教育使零散的民间知识汇聚在专门的机构，为教育集中到社会中的少数人创造了极为有利的条件。教育的平等性被打破，使少部分人脱离了生产劳动而获得了系统的优质教育，教育的政治功能逐步显现。教育的文化传承功能加强，教育的生产功能减弱，人文教育代替生产教育，成为学校教育的主体。

第二次变革改变了学校教育的培养模式，从个性化的农耕教育走向以班级授课为核心的规模化教育，扩大了教育受众和教育内容，接受基础的学校教育成为国民的一项基本义务。学校教育向社会下层敞开大门，国民教育代替特权教育，教育国家化迈向教育国民化和社会化，教育的公益性取代了教育的特权垄断，教育的科学性取代了教育的经验性，学校教育广泛普及，义务教育成为国民教育的基础（张湘洛，2008）。批量式、标准化和集中化的班级授课制推动了教育的民主发展，加快了知识普及与再生，提高了生产效率，生产的可持续发展得以延续。

第三次变革改变了教育技术层面，扩大了教育的时空范围，新的教学模式和学习方式不断出现。虚拟教育打破了学校人才培养的一元化格局，构建起互联网平台上的学校、家庭、企业和社会一体的交互式人才培养体系。虚拟教育改变了知识传递的方式，将最终超越传统的地域国界和社会意识形态，推动全球教育的整合，使优质教育资源真正为全人类所共享。每个人受教育的方式将更加灵活便捷，分散式、翻转式的个性化教育和延续整个人一生的终身教育在21世纪将得到充分体现。

第四次变革将全面解放人，让人的发展、人的创造能力成为教育最根本的目标。当前，以人工智能为代表的技术创新进入一个前所未有的活跃期，而教育仍未摆脱"工业化"的印记，以至于有人认为，"我们把机器制造得越来越像人，却把人培养得越来越像机器"，这不仅制约着教育功能的充分发挥，而且会导致经济社会转型面临危机。所以，我们要有一种时代紧迫感，全面深化教育改革，推动"工业化教育"向"智慧型教育"转变，扩大高质量人才的供给能力，为经济社会发展提供强有力的人力资源保障。理念是行动的先导。我国有独特的历史、文化和国情，有近三千年教育史，积累了丰富的教育经验和智慧。推进教育现代化，必须扎根中国、融通中外、立足时代、面向未来，从我国优秀教育传统中汲取营养，积极吸收借鉴国际先进经验，以新的发展理念和教育思想指导教育现代化。《中国教育现代化2035》将"基本理念"单列一节，系统提出了八个"更加注重"的基本理念，即以德为先、全面发展、面向人人、终身学习、因材施教、知行合一、融合发展、共建共享。这八大基本理念，遵循了教育规律和人才成长规律，也顺应了国际教育发展趋势。

3. 教育信息化推进综述

我国在《教育信息化十年发展规划（2011—2020年）》中明确指出"探索现代信息技术与教育的全面深度融合，以信息化引领教育理念和教育模式的创新，充分发挥教育信息化在教育改革和发展中的支撑与引领作用"，教育信息化对于推动教育改革和发展的作用不容置疑。本部分内容对教育信息化的现状和最新发展进行总结，为人工智能在未来教育中的应用提供借鉴和指导。

（1）教育信息化定义。教育信息化的概念是在20世纪90年代伴随着信息高速公路的兴建而提出来的（祝智庭，2001）。美国克林顿政府于1993年9月正式提出建设"国家信息基础设施"（National Information Infrastructure，NII），俗称"信息高速公路"（Information Superhighway）的计划，其核心是发展以Internet为核心的综合化信息服务体系和推进信息技术（Information Technology，IT）在社会各领域的广泛应用，特别是把IT在教育中的应用作为实施面向21世纪教育改革的重要途径。祝智庭（2001、2011）比较了教育信息化相关的多个词条，认为IT in education和E-education与教育信息化对应，即教育信息化是IT技术在教育中的应用。张国锋（2005）则从外延角度，将教育信息化定义为“为适应信息社会对人才培养的要求，基于以计算机为代表的现代信息技术，建立与先进教育理念相适应的教学模式、教育管理体制的过程”。何克抗（2011）将教育信息化理解为“信息与信息技术在教育、教学领域和教育、教学部门的普遍应用和推广”，从而将IT细分为信息和信息技术，并将应用领域界定为教育和教学。

综上所述，教育信息化是在教育教学过程中，利用IT技术解决教育领域问题，从而提升教育水平和质量的过程。其中IT包括了与信息相关的各种技术，包括IT基础设施、数据分析、机器学习等，教育领域问题指人才培养的质量、教育的成本、教育的公平性等。

（2）教育信息化现状及发展趋势。早在2005年，联合国教科文组织（UNESCO）将教育信息化的发展（技术在教育中的应用）分为兴起、应用、融合和革新四个阶段（吴永和、刘博文和马晓玲，2017）。我国教育信息化紧跟国际潮流，“九五”期间是多媒体教学发展期和网络教育启蒙期，“十五”期间是多媒体应用期和网络建设发展期，“十一五”期间则是网络持续建设和应用普及期。经过十多年的建设，我国教育信息化已经在基础设施建设、重大应用、资源建设、标准化建设、法律法规建设和相应的管理等方面取得快速发展（祝智庭，2011）。

在2018年举行的第三届中美智慧教育大会上，教育部科技司司长雷朝滋提出，中国教育信息化正在从1.0时代迈向2.0时代，现阶段中国的教育信息化事业已经实现了“五大进展，三大突破”：“三通两平台”建设与应用取得重大进展、教师信息技术应用能力明显提升、信息化技术水平显著提高、信息化对教育改革推动作用大幅提升、中国教育信息化的国际影响力显著增强，教育信息化应用模式、全社会参与的推进机制、探索符合国情的教育信息化发展路径取得重大突破（车明朝，2018）。在此基础上，教育部做出了实施教育2.0的战略决策，实现“三全两高一大”。”三全”：教学应用覆盖全体教师，学习应用覆盖全体适龄学生，数字校园建设覆盖全体学校；“两高”：提高信息化应用水平，提高师生信息素养；“一大”：建设一个“互联网+教育”大平台。

综上所述，我国教育信息化从试点应用、布局基础设施，到逐步普及信息技术应用、提升师生信息技术能力，实现了教育教学的多媒体化、数字化、信息化，未来要实现教育信息化从融合应用向创新发展转变。教育信息化积累的大量的教学、学习数据，加上人工智能算法、计算能力的突破，将教育信息化推进到新的阶段——教育人工智能。

（3）教育人工智能、智慧教育、智能教育。2017 年，国家颁布的《新一代人工智能发展规划》提出了“智能教育”，该规划指出，要利用智能技术加快推动人才培养模式、教学方法改革，构建包含智能学习、交互式学习在内的新型教育体系，提供精准推送的教育服务，实现日常教育和终身教育定制化。

智慧教育的起源可以追溯到 IBM 的智慧地球报告，IBM 总结智慧教育的五大特征为：①面向学生的自适应学习项目和学习档案袋；②面向师生的协同技术和数字化学习资源；③计算机化管理、监控和报告；④为学习者提供更好的信息；⑤无处不在的在线学习资源（张立新和朱弘扬，2015）。2011 年，韩国教育科学技术部发布了《通往人才大国之路：推进智慧教育战略施行计划》（*A Pathway to a Great Country with Talents*：*Promoting the SMART Education Strategy Program*），大力推进智慧教育，将智慧教育的内涵定义为 SMART，每个首字母分别代表自主式（Self-directed）、兴趣（Motivated）、能力与水平（Adaptive）、丰富的资料（Resource enriched）、信息技术（Technology Embedded），强调智能教育是一种基于学习者自身的能力与水平，兼顾兴趣，通过娴熟地运用信息技术，获取丰富的学习资料，开展自助式学习的教育（朴钟鹤，2012）。闫志明等（2017）认为教育人工智能（Education Artificial Intelligence，EAI）是人工智能与学习科学结合而形成的一个新领域，学习者模型、教学模型、领域知识模型是其核心内容。

张立新和朱弘扬（2015）引用 Simons 关于智慧教育的三维定义：智慧、教育和系统，强调人工智能的系统性，智慧教育应该是灵活、高效、自适应的，应该充分重视教育的服务功能，需要社区、学校、家长等成员的系统性参与。吴永和、刘博文和马晓玲（2017）对人工智能时代的教育体系进行了描绘，“新型的教育体系要以‘人工智能服务教育’的理念为指导，利用高速发展中的移动互联技术等，旨在打造人人皆学、处处能学、时时可学的智能化教育环境，促进学习方式变革和教育模式的创新，为学生、教师和各级教育管理者提供适合、精准、便捷、人性化的优质服务，最终形成‘人工智能+教育’的生态系统”。

人工智能是一项颠覆性的技术，会对教育产生颠覆性的影响，但是众多学者都强调技术的工具性，最终还是要回归到服务教育、服务人上。在第三届中美智慧教育大会上，全国教育学会会长钟秉林重申教育的终极目标是培养全面而有个性发展的人，在智能教育时代要谨防技术至上的迷失，特别注意避免个性化教育中因为片面性反馈造成的歧路引导和扩大数字鸿沟导致教育不公平（车前朝，2018）。张立新和朱弘扬（2015）提倡将智慧教育看作一种“人机协同工作系统”，是人和技术协同作用而构成的教育系统，人是技术的主宰。祝智庭和魏非（2018）在提倡智慧教育的同时，建议在实践过程中要认真分析与预判潜在风险，面对技术的冲击和挑战时恪守底线思维：把适合机器（智能技术）做的事让机器去做，把适合人（师生、管理者、服务者等）做的事让人来做，把适合于人机合作的事让人与机器一起来做，从而构建技术融合的人类命运共同体。

（4）教育人工智能的商业实践探索。互联网时代催生了在线教育，可汗学院、Ted 演讲等慕课平台是这一时期的典型代表，实现了优秀教育资源的共建共享；而人工智能时代，特别是深度学习算法在机器学习、数据挖掘上的突破，再次赋能教育，推动教育行业走上新的台阶。在各国政府大力支持和推动的同时，商业界的实践探索和应用也如火如荼地发展着。

亿欧智库（2018）总结了教育人工智能应用的现状，现阶段人工智能技术对教育产业的赋能（见图 5-6），主要是对教育工作的替代和辅助，将教师和学生从低效重复的工作中解放出来，进而提升教学与学习效率，解决了传统教育中以教师为核心的成本高、效率低、不公平的问题。在教育机构方面，主要通过智能图书馆、升学职业规划、考勤工作、智能分班排课、招生咨询管理、校园安防等辅助教务工作、人事行政和学校管理，代表企业有校宝在线、校管家、科大讯飞、百度教育等；在教师方面，通过语音测评、智能批改、习题推荐、分级阅读、教育机器人、智能陪练等实现教研教学、测评和管理的智能化，代表企业有流利说、一起作业、考拉阅读、寒武纪智能等；在学生方面，通过智能书写本、拍照搜题等帮助学生更好地完成课堂任务和课后任务，代表企业包括作业帮、学霸君、小猿搜题等。

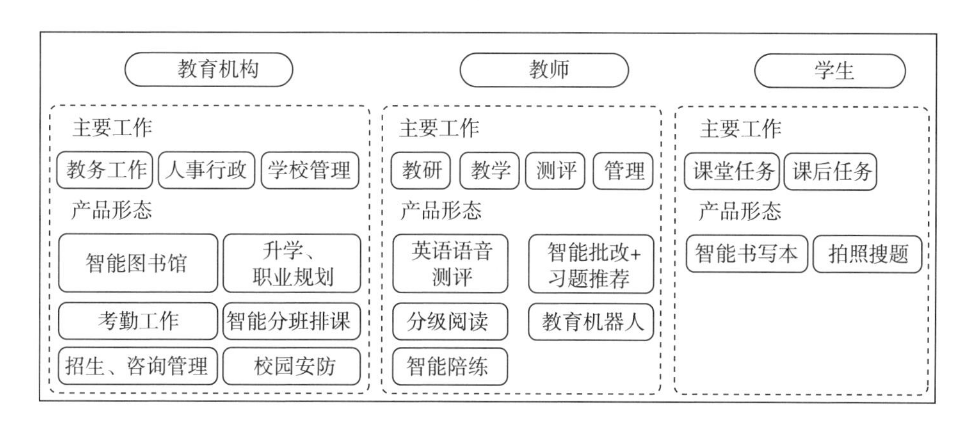

图 5-6　人工智能对教育的赋能

资料来源：亿欧智库（2018）。

教育人工智能的典型应用是自适应教育，倡导嵌入式评价、及时干预引导和个性化学习。自适应学习早在20世纪90年代的美国就已存在，目前已得到较为广泛的应用，大量跟踪研究证明，自适应学习产品能够有效提高学生学习效率和成绩。美国K-8（相当于中国的小学、初中）自适应学习公司DreamBox Learning曾在2010年后做过一项调查（调查样本超过480个，其中大部分为K-8公立校教师），结果表明，49%的人正在自适应学习软件上教授补充课程，42%的人正将其作为核心课程平台使用（艾瑞咨询，2018）。国外的明星企业包括面向机构和院校提供自适应学习引擎的Knewton、培生集团旗下面向高等教育学生提供在线作业、教学和评估的Mylab & Mastering、面向所有年龄层提供个性化学习的教育科技公司RealizeIt和专注于数学教育的DreamBox learning。中国积极引进境外明星企业如Knewton、培生等产品进行本地化，同时，涌现出一大批本土新型教育科技公司，如乂学教育开发了松鼠AI，作为真人老师的赋能工具；学吧课堂开发了教学导航系统，根据学生在题库的表现情况给老师提供支持，从而优化学习进程，实现规模化的教学过程把控。

总结与评述：

上述研究从技术背景、内涵、目标到发展路径和风险防范对教育信息化做了深入的探讨。教育信息化诞生于信息时代，初期专注于教学的网络化、多媒体化，随着互联网、云计算、大数据的推动，逐步延伸到教育管理的信息化和教育人工智能，同时教育人工智能产业快速发展，在课堂教学、课后学习方面有大量的商业应用。教育人工智能、智能教育和智慧教育都是在人工智能技术与教育交叉融合后形成的概念，教育人工智能强调人工智能与学习科学的交叉，智慧教育与智能教育相近，指教育体系的智能化和个性化。教育人工智能是手段，用于实现智慧教育或智能教育的目标。

教育的终极目标是人的全面而有个性的发展，教育信息化的作用是促进教育目标的实现，特别是教育的质量、效率和公平。现有的教育信息化研究和实践主要从教育的效率和公平角度进行考虑，如通过在线教育平台实现资源共享，通过大数据进行学情分析、提高教学效率。相比之下，如何培养全面而有个性发展的人，教育信息化特别是人工智能技术如何服务于人的培养目标的实现，并没有得到充分的研究，需要更多的思考和探讨。

4. 人工智能技术发展对教育的影响研究

人工智能技术已经被视为推动现代社会进步的核心技术力量之一，并且开始服务于工业、经济、农业、环境、医疗等众多领域，切实推动了社会的进步。其中，人工智能技术作为未来教育技术发展中的关键，将对教育本身产生深远的影响。而目前中国学术界对于“人工智能技术发展对教育的影响”的研究还极为有限，尚处于概念层面的探讨阶段，有关该主题的案例分析、实证分析等研究十分欠缺。

就目前查阅到的中文文献来看，对于“人工智能技术发展对教育产生的影响”以及“人工智能时代下，教育应该何去何从”等问题，中国学者主要进行了以下几方面的思考和讨论。

首先，专家普遍认为，人工智能技术的发展对教育的影响将是深远且具有颠覆性的。对此，一些学者积极尝试描绘在人工智能时代教育的蓝图和构想。例如，朱永新认为，在高度信息化、智能化和个性化的时代，传统的学校会逐步走向消亡，替代它的将是“未来学习中心”。未来学习中心将有十个基本特征：学习中心的内在本质是个性化的，外在形式是丰富化的，时间是弹性化的，内容是定制化的，方式是混合化的，教师是多元化的，费用是双轨化的，评价是过程化的，机构是开放化的，目标是幸福化的（朱永新等，2017）。

其次，在思考新一代人工智能教育的同时，教育辅助技术的智能化迫使人们开始重新思考教育的本质。关于教育本质的探讨，许多学者会从变与不变的角度展开思考。教育总有变与不变的东西。如果没有把握住“不变”的东西，就永远把握不了教育真正的本性，也永远跟不上变化的步伐。什么才是教育不变的东西？朱永新认为，这就是，过一种幸福、完整的教育生活。而徐子望认为不变，可能就是“无教自教”（朱永新等，2017）。教育的真谛、找到答案的真谛就是自学。自学是最大的因材施教，自学是最高的个性化教育。还有可能不会变的，就是所谓“温故而知新”的实践。关于未来变化，朱永新认为，教育是为生命存在的。我们把人的生命分成自然生命、社会生命和精神生命。所以未来的学习课程，会更加关注生命和生活，会更加注重让学生珍爱生命、热爱生活、成就人生。所以，拓展生命的长宽高，培养生命的真善美，是未来学习中心的一个重要任务（朱永新等，2017）。

再次，人工智能技术将撼动现有的教育模式。第一，对教师教学方法的冲击，包括促进教师角色的分解与职能转变和形成新型教师教育体系，并提高教师综合能力等（李欢冬和樊磊，2018）。第二，对学生学习方法的冲击。第三，对学校教育体制的冲击（朱永新等，2017），例如，加速传统教学组织向新型教学组织转变，加速数字校园向智能校园的不断进化，以及提高教育区域治理效果及宏观决策水平等方面都将迎接来自人工智能技术的挑战（李欢冬和樊磊，2018）。

还有，在人工智能背景下，教育需要全面变革。闫志明等（2018）从师资、课程和实践方面提出了相关看法。第一，在师资方面：为应对人工智能发展的挑战，大学和学术机构一方面应该把计算机科学人才、统计学人才、数据库和软件工程师等与人工智能相关的人才组织起来，形成一支高水平的研究团队并给予支持；另一方面还应该积极从学校外部引进人工智能专业人才，充实人工智能教学团队，为教学质量提高和人才培养提供基本保障。第二，在课程方面：首先，大学应在软件工程等相关专业中加强机器学习、数据挖掘、自然语言处理等人工智能相关课程的教学，在程序设计等专业课程中突出人工智能方法，使学生掌握人工智能专业知识和专业能力，培养专门的人工智能研发人才。其次，大学应向其他专业学生提供人工智能应用类课程，使学生掌握在其他领域中应用人工智能工具的方法。例如，针对教育学专业的学生，可向他们介绍教育领域常用的人工智能工具，并使他们掌握应用这些工具优化教学的方法。最后，大学应对社会各领域在人工智能和数据科学方面所面临的挑战进行整理，形成典型的教学案例以供学生进行分析和研究，从而促进人工智能专业人才的培养。第三，在实践方面：大学应加强与人工智能企业的交流合作，建立密切的伙伴关系，为学生提供研究和实践的机会。通过校企合作，可以有效提高学生在人工智能产品方面的研发能力（闫志明等，2018）。吴传刚（2018）认为，人工智能的技术特性决定了它在未来的发展中在增进人类思维能力和促进教育反思、探寻教育本质方面会有突出的表现。首先，人机互学促进师生思维的高阶发展。人类无法预测人工智能的发展限度，因为它超出了人类理解的界限。想要把控人工智能就必须具备把控人工智能的“思维”能力。这就要求大多数的非计算机专业人士也要能够理解一定的机器语言和思维逻辑。而这样的任务势必要落在教育领域，即学校教育要担负起这一任务。教学中需要完成两项目标：一是能够理解人工智能的原理、算法；二是能够将这些机器智能的方式方法用于丰富人类现有的思维。让人类的自然思维中的隐藏部分，以外显的形式被我们认知，并能够通过教学得以传承（吴传刚，2018）。想想孩子们如今如何与人工智能和自动技术进行互动：人们可以对Siri说“展示穿橙色裙子名人的照片”，然后泰勒·斯威夫特（Taylor Swift）的照片在不到一秒钟的时间内便出现在手机上。在上述案例中，人工智能方案将语音截成若干小块，并发送至云端，对它们进行分析，以确定其可能的意思并将结果转化为一系列搜索请求。然后云端会对搜索出来的数百万个可能答案进行筛选和排序。借助云端的可扩展性，这一过程仅耗费十几毫秒的时间。这并不是什么复杂的事情，但它需要众多用于解读音频的组件波形分析，辨别裙子的机器学习，信息保护加密等。发明这类技术的人必须有组建团队、开展团队合作的能力，并能够整合由其他团队开发的解决方案。这些都是我们需要向下一代传授的技能（哈佛商业评论，2017）。其次，人机比照促进对教育本质的追寻，或将推动未来教育在师生关系、人际关系、意义构建和创造力发挥四个方面的突出转变（吴传刚，2018）。

另外，人工智能能够极大地促进教育的发展，也要防范可能引发的负面影响。李欢冬和樊磊（2018）认为，人工智能对教育的作用可以大致体现在感知、知识和认知三个层面上。其中，感知层应用是评估学生学业知识水平与学习状态，并按照评判结果为用户推荐下一个步骤或路径的基础。而知识层面应用是在简单“感知—推荐”的基础上，更为深入、更精准地分析当前状态与所需达成目标之间的距离，判断其间缺失的环节和达成目标所需的资源，并利用机器学习算法，找出从当前状态到目标之间的最优路径，这同时也是构建学习模型的过程。而认知层面作用的特点是在数据分析基础上，根据不同学生的认知特点，对学生的学习过程进行主动干预，以达到优化学习过程、科学评价学习效能等作用（李欢冬和樊磊，2018）。在2018年4月14日教育部科技委在北京举行的“人工智能与未来教育”科技前沿与战略圆桌会议上，就有专家担忧人工智能技术在教育领域可能带来数据隐私的问题，人工智能技术改造下的教育有可能加大城乡教育不公以及由此带来新型教育不均衡的问题。

最后，人工智能技术发展对不同学科的影响已达成共识，但是如何影响以及影响程度还有待进一步探讨。

有些学者从自身学科出发，提出一些值得思考的问题。例如，谈到人工智能技术发展对于法学教育的影响，张建文（2018）认为需要思考以下几个问题：第一，到底是不是“狼”来了的问题。第二，这次大变革（人工智能）中，法学人才培养到底应该定位在什么层次？也就是说，我们要培养什么样的人？培养的人要来干什么？怎么培养？这三个法学教育基本问题需要我们思考，就是“是什么”“为什么”以及“怎么样”的问题。第三，人工智能在2017年虽然很热，但法学教育界对于人工智能对法学就业的影响实际上还没有更多考虑（张建文，2018）。任毅和张振楠（2017）在讨论人工智能对继续教育的影响时，首先分析了其在继续教育中的应用潜力，包括（人工智能可以）消化以学习者个性化差异为基础的大数据。对于消化大数据这一应用而言，“沃森”人工智能程序是目前在人工智能处理大数据以实现现实需求方面的经典案例之一（张璐晶，2015）。其次，人工智能可以充分利用共享经济下的互联网资源，以及进行供给侧和需求侧的数据匹配，以满足学习需求：人工智能能够在不占用人工成本的基础上，建构供给侧和需求侧的联系桥梁，以实现资源有效配置和需求充分满足。此外，他们还讨论了人工智能与继续教育融合过程中存在的问题，包括教学“交互”和教育的局限性问题、推理和决策机制不完善、人工智能适用领域的局限以及教育者缺乏对人工智能教育技术的了解等问题（任毅和张振楠，2017）。

最合适的教育，而不是最优教育。之前教育资源分布集中，好学校有着好老师、好的教学资源。家长和孩子争先恐后想进入，人工智能让教育资源普及到每位老师和学生，大数据的智能又让个性教育成为可能。在人工智能时代下的教育变革让学生获得最合适的教育，而不是最优教育。

通过机器模拟，让人更加聪明。跨媒体学习将有效提高教育与学习效率。人类形成基本概念和判断依赖多种信息的综合，如文字、图表、听觉、视觉、嗅觉，等等。教学中，我们除了文字表达、知识讲授外，还要采用配图、实验、参观、实习实训等各种形式，其目的就是让学生形成跨媒体的知识。随着人工智能的发展，VR、AR 技术不断完善，跨媒体学习将更为简易，教育与学习效率将得到大幅提高。赵沁平院士（2018）以 VR 为例介绍，虚拟现实技术是智慧教育的基础之一，它可使学习者进入任何逼真的学习对象环境中，进行沉浸式学习，也可以进行交互式实验，从而大幅度提高学习成效。虚拟现实将在多媒体与计算机教学之后重新改造人们的学习方式，对整个教育领域的变革都将起到划时代的推动作用。

游戏，获得逻辑的快乐。采用游戏化的方式进行学习。在人工智能时代，借助信息技术，帮助传统师生课堂和自学者学习环境实现更好的交互学习，用游戏化的体验让学生获得逻辑的快乐，成为每个人的快乐原动力。

总结与评述：

综上所述，在人工智能技术发展对教育的影响研究方面，中国学者从教育的本质的再思考、人工智能对现有教育的冲击、教育未来的发展走向以及人工智能技术发展对不同学科的影响等多个角度思考，取得了一些基础性的研究成果，为未来对该问题的深入研究提供了诸多可以参考、借鉴、升华和提炼的核心观点和主张。下一步，在该问题的研究上，一方面，应该适时地把系统性的思考和多学科的理论作为工具，使该问题的研究突破当前概念层面的探索与讨论，向更具体的层面深入，刻画人工智能时代下的教育体系，以及该体系与社会分工和个人发展的联系；另一方面，也应该积极关注人工智能技术在教育领域中的最新实践，在不同年龄层的社会群体中的最新应用，以期获取最新的数据与观察，为人工智能技术发展对教育影响的实证研究、案例分析等填补空白。

5. 人工智能时代教育变革对策研究综述

随着科技的发展，人工智能的发展逐渐完善，社会即将进入人工智能全面应用的时代。教育是国家发展、社会进步最为重要的支撑和保障。面对人工智能时代的到来，教育需要做哪些变革、采取哪些对策，才能够为社会培养适应性人才，为时代的发展提供更多的有生力量。国务院于2017年7月发布了《新一代人工智能发展规划》，提出要发展“智能教育”。利用智能技术加快推动人才培养模式、教学方法改革，构建包含智能学习、交互式学习的新型教育体系。开展智能校园建设，推动人工智能在教学、管理、资源建设等全流程应用。开发立体综合教学场、基于大数据智能的在线学习教育平台。开发智能教育助理，建立智能、快速且全面的教育分析系统。建立以学习者为中心的教育环境，提供精准推送的教育服务，实现日常教育和终身教育定制化。2018年以来，国家在推动人工智能教育变革方面做出了很多的尝试，并制定了一系列政策和规划，详情如表5-2所示：

表5-2 2018年以来主要教育变革措施

2018年1月16日	发布《普通高中课程方案和语文等学科课程标准（2017年版）》，在此次“新课标”改革中，正式将人工智能、物联网、大数据处理划入新课标
2018年4月2日	教育部发布高等学校人工智能创新行动计划 1. 到2020年建立50家人工智能学院、研究院或交叉研究中心，并引导高校通过增量支持和存量调整，加大人工智能领域人才培养力度。 2. 构建人工智能多层次教育体系。在中小学阶段引入人工智能普及教育；不断优化完善专业学科建设，构建人工智能专业教育、职业教育和大学基础教育于一体的高校教育体系
2018年4月28日	首部人工智能基础教材在沪发布，全国40所高中将开设AI课
2019年2月27日	中共中央办公厅、国务院办公厅印发了《加快推进教育现代化实施方案（2018—2022年）》（以下简称《实施方案》），并发出通知，要求各地区各部门结合实际认真贯彻落实。其第六项重点任务就是大力推进教育信息化。着力构建基于信息技术的新型教育教学模式、教育服务供给方式以及教育治理新模式

许多国家和地区都在推动教育领域的变革，为人工智能时代做准备。从2017年开始，加拿大、中国、丹麦、欧盟、芬兰、法国、印度、意大利、日本、墨西哥、北欧—波罗的海地区、新加坡、韩国、瑞典、阿联酋和英国等都发布了促进AI使用和开发的策略（Dutton，2018），如图5-7所示。没有两种策略是相似的，每种策略都侧重于人工智能政策的不同方面：科学研究、人才发展、技能和教育、公共和私营部门的采用、道德和包容、标准和法规以及数据和数字基础设施。

为实现教育强国之梦，2011年6月韩国教育科学技术部向总统府递交了《通往人才大国之路：推进智能教育战略》提案，并于同年10月发布了《推进智能教育战略施行计划》。韩国大力推行智慧教育，构建一个基于学习者自身能力、水平和兴趣，运用信息技术获取丰富资源进行自主学习的学习体系，提出了包含 4C 再加上信息和通信技术素养（ICT Literacy）、跨文化理解（Cross）、职业与生活技能（Career and Life Skills）的 7C 人才标准（朴钟鹤，2011）。

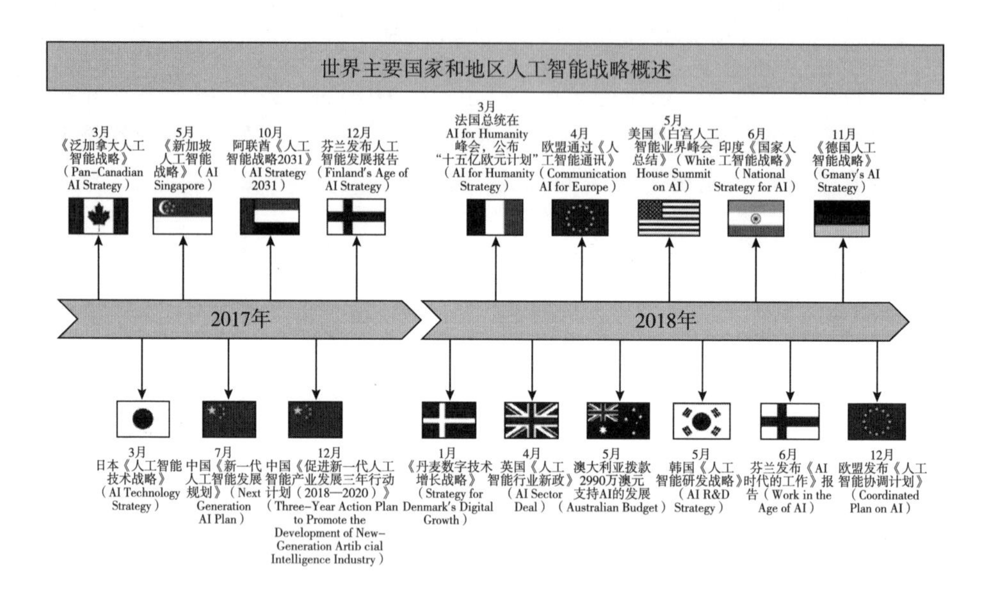

图 5-7　世界主要国家和地区的人工智能战略

资料来源：Dutton（2018）。

日本提出《面向第四次产业革命人才培养综合提案》，强化数理情报与计算机教育，将“计算机编程”设为必修课，升级产教融合模式，适时增设“专门职业大学”，以回应第四次产业革命与“社会 5.0”人力资源需求（肖凤翔和安培，2017）。美国作为世界第一大国，在应对 AI 教育变革上制定了一系列措施。2016 年 10 月，美国白宫科技政策办公室（OSTP）率先发布了题为《为人工智能的未来做好准备》的报告，从七个领域提出了具体建议，包括公共事务运行，联邦政府管理，社会监管，人才培养，社会自动化与经济发展，公平、安全与治理，全球安全，提出了人工智能应用的广泛前景。2018 年 12 月，美国国家科学技术委员会发布了 *Charting a Course for Success: America's Strategy for Stem Education*，提出了 STEM（科学、技术、工程以及数学）教育五年战略规划，进一步提升美国公民的数字设备使用能力和 STEM 技能，更为重要的是提高公民的批判性思维和解决问题的能力，以适应智能时代的发展。美国 21 世纪教育联盟提出了人才的4C标准：协作（Collaboration）、沟通（Communication）、批判性思考（Critical thinking）和创造性（Creativity）。除此以外，2019年2月11日，美国总统特朗普正式签署行政命令 *American AI Initiative*，即美利坚合众国人工智能倡议。在此强调在人工智能发展的同时，推动数学（即STEM）教育，使美国人为未来的工作变换做好准备。中国发布了《中国教育现代化2035》计划，力争到2035年“建成服务全民终身学习的现代教育体系、普及有质量的学前教育、实现优质均衡的义务教育、全面普及高中阶段教育、职业教育服务能力显著提升、高等教育竞争力明显提升、残疾儿童少年享有适合的教育、形成全社会共同参与的教育治理新格局”，真正实现教育质量、效率、公平和竞争力的全面提升。

除了韩国、日本和美国，加拿大、印度、澳大利亚、欧盟等国家和地区都在大力推动人工智能发展和教育变革，具体措施如表5-3所示。

表5-3　澳大利亚等国家和地区的人工智能战略

澳大利亚	在2018~2019年澳大利亚预算中，政府宣布了一项为期四年的2990万澳元投资，投资将支持合作研究中心项目、设立博士奖学金以及推出其他旨在增加澳大利亚人工智能人才供应的举措
加拿大	加拿大是第一个发布国家人工智能战略的国家。详细的2017年联邦预算中，泛加拿大人工智能战略是一项为期五年、共计1.25亿加元的计划，旨在投资人工智能研究和人才
欧盟	2018年4月，欧盟委员会通过了《人工智能通讯》：一份长达20页的文件，阐述了欧盟对人工智能的态度。让欧洲人为AI带来的社会经济变化做好准备
印度	印度通过关注如何利用人工智能不仅可以促进经济增长，还可以利用社会包容，对国家人工智能战略采取了独特的方法。撰写该报告的政府智库NITI Aayog称这种方法为#AIforAll。在报告中，NITI Aayong将医疗保健、农业、教育、智慧城市和智能移动作为优先考虑的领域，这些领域将通过应用AI实现最大的社会效益

人工智能时代需要运用新的方法来培养人才，这是企业急需解决的问题。红杉中国在其2018年公布的报告中称，目前中国有超过1000家AI公司注册。这些公司占全球所有AI公司的近1/4。因此，对于国内与人工智能相关的大多数企业而言，中国仅次于美国。华为高管魏伟（2018）认为，采用人工智能技术不仅可以使其产品更加智能化，还可以提高内部管理效率，尽管人力资源总人数占员工总数比重相对较小，但它可以贡献高达总收入的90%。华为在内部人才培养方面建立了一个开发计划，以促进人工智能方面人才的发展。该计划将帮助华为与开发商、大学、研究机构和合作伙伴合作，建立更好的人才库和生态系统，以支持AI开发。华为决定投资超过1.4亿美元，这笔费用将用于科学研究、人工智

能课程和人才培训。除此之外，2018 年，华为在 HCNA-AI 会议上公布了中国跨国公司建立人工智能人才认证体系，这项为技术专业人士设计的新认证旨在通过人才发展推动人工智能技术和行业发展，并最终促进企业在数字经济中实现技术进步，在 AI 时代建立可持续的人才生态系统。IBM 为了帮助企业实现向人工智能的转变，2018 年 11 月宣布了 IBM Talent&Transformation 这样一项帮助企业及其员工在人工智能和自动化时代蓬勃发展的新业务。IBM Talent&Transformation 不仅将提供强大的 AI 技能培训，还将帮助公司推动使用 AI 为员工提供支持、消除偏见和建立现代员工队伍所需的转型。IBM 开发了一项新的服务产品和教育计划——AI skills Academy，可帮助企业在整个企业内规划、构建和应用战略性 AI 计划，如评估 AI 角色和技能，建立必要的技能以及创建支持 AI 战略的组织结构。

针对教育变革对策的教学层面研究，国内学者和专家进行了一系列研究。张晓和王晓龙（2017）认为需要加强对人工智能的认知，同时提高师资力量，加大对软硬件的建设。牛云云和方坤（2017）认为，需要更有针对性的教学内容、更为人性化的教学方式、更恰当的教学工作、更公平的教学环境。王克胜和束永存（2018）在以上基础上增加了设定科学的评价体系以及试点开设、稳步推进的建议。宋来（2018）提出，需要加大对人工智能应用的教学场景的提炼，必须要搭建更加符合教育特点的结构框架，使其充分适应各种各样的教育环境，有效处理好关于人工智能在教育领域所遇到的问题的建议。

关于如何顺利推广人工智能时代的教育变革，周宝（2017）认为必须改善教学方式，变革学习范式以及优化校园管理。除此之外，李想（2018）认为可充分发挥人工智能相关行业协会的作用，在政府、企业、学校间搭建一个沟通协调交流的平台，促进人工智能技术的投入、研发和推广。在职业教育方面，董刚（2018）认为，人工智能时代职业教育的发展策略包括人才培养目标回归教育本质，调整专业设置，引领产业发展；信息化影响下的教育教学方法；以大数据为支撑的精细化管理等。冉叶兰（2017）强调个性化教学的重要性。随着经济发展，新技术不断创新，传统的教育模式终将改变，教育正变得灵活、模块化、易接触到和学得起，个性化教学将成为主流。

教育变革对策的教学层面，国外学者的研究主要偏向人工智能的应用研究。一是在诊断方面，Jain 等（2009）提出了一种基于感知器的学习障碍检测器模型。Kohi 等（2010）提出了一种利用神经网络（ANN）识别阅读困难的系统方法。Anuradha 等（2010）利用人工智能技术开发了一个更准确、更省时的注意力缺陷障碍（ADHD）诊断平台。二是在干预方面，Melis 等（2001）介绍了 ActiveMath，一种基于 Web 的数学辅导平台。Gonzale 等（2010 ）设计了一个数学问题中错误检测自动分析平台。

随着技术的发展，现阶段的教育已经无法适应高度信息化、智能化、个性化的时代。未来的教育将是什么样，需要朝着什么方向走？朱永新（2017）认为未来的学习将越来越个性化，更具有弹性，逐渐向终身学习发展。林卫民（2018）认为，未来学校将会开展基于智能技术的教育创新和变革行动，想要更好地办好智能化的学校需要拥有“解决现实教育问题的思维方式”，这种思维方式要从人的发展方向和未来社会发展趋势出发，解释学校教育应当采取的变革行动。一切“学校创新和变革”，都离不开技术层面的改造，离不开掌握技术的教师以及指向“有用性”的行动。《21 世纪技能》（Trilling & Fadel，2009）中有一句话：“21 世纪的学校，应该教会学生运用 21 世纪技能，去理解和解决真实世界的各种挑战！”这些技能应该包括：学习与创新技能——批判性思考和解决问题的能力、沟通与协作能力、创造与革新能力；培养数字素养技能——信息素养、媒体素养、信息与通信技术素养；职业和生活技能——灵活性与适应能力、主动性与自我导向、社交与跨文化交流能力、高效的生产力、责任感、领导力等。《下一代科学标准》（NGSS，2013）也强调了普遍的学习技能和能力的重要性。如何培养各方面的能力？杜占元（2018）也强调在智能教育时代要着重培养学生的自主学习能力、提出问题的能力、人际交往能力、创新思维能力以及谋划未来的能力。《2018 德勤全球人力资本趋势报告》发现，人工智能、机器人技术和自动化涌入工作场所，大大加速了组织内部和外部所需角色和技能的转变。令人惊讶的是，这些角色和技能关注的是“独一无二的人”，而非纯粹的技术：调查受访者预测未来对解决复杂问题的能力（63%）、认知能力（55%）和社交能力（52%）等技能会有巨大需求。如何在智能时代培养人的各方面能力？教育信息化 2.0 需要力争实现“三个转变”：一是从教育专用资源向教育大资源转变，二是从提升师生信息技术应用能力向提升其信息素养转变，三是从融合应用发展向创新发展转变，从而构建“互联网+”条件下的人才培养新模式，发展基于互联网的教育服务新模式，探索信息时代教育治理新模式。因此，未来的教育变革应更注重人的能力的培养，而不是知识的灌输，开展更加个性化的教学，强调终身学习（杜占元，2018）。

小结

人工智能带来社会经济全方位变革。近年来，随着高质量的“大数据”的获取、计算能力的大幅提升、以深度学习为代表的算法的突破，人工智能研究快速发展，同时不断地影响、渗透、推进着相关产业、行业快速发展，人工智能再次成为焦点，并将在社会管理、生命健康、金融、能源、农业、工业等众多领域大放光彩，成为人们生活中不可或缺的组成部分（郑南宁，2018）。当前，苹果、谷歌、微软、亚马逊、脸书这五大科技巨头无一例外投入越来越多的资源抢占人工智能市场，甚至整体转型为人工智能驱动的公司。国内互联网领军者“BAT”也将人工智能作为重点战略，凭借自身优势，积极布局人工智能领域。截至2017年6月，全球人工智能企业总数达到2542家，其中美国拥有1078家，占据42%；其次是中国，拥有592家，占据23%；其余872家企业分布在瑞典、新加坡、日本、英国、澳大利亚、以色列、印度等国家（腾讯研究院，2017）。除了企业外，如今全球各大高校也纷纷加入大热的AI浪潮之中，截至2018年11月，33所中国高校成立了人工智能学院，为国家新一代人工智能的技术研发、人才培养与储备提供坚实力量。

在这场人工智能浪潮中，教育处于风暴的中心，教育改革事关新一代的人才储备，直接决定新一轮科学技术竞争的成败，事关国家竞争力和国运。教育变革与时代发展紧密相连、相辅相成，教育变革推动时代的发展，同时时代发展又对人才培养、知识创新提出了新的要求。回顾历史，教育从农业时代的精英教育到工业时代的全民教育，再到信息时代的网络教育，人工智能等新一代技术将人类引领到智能时代，冲击了传统的教师教学、学生学习方法和教育体制，引导我们重新思考教育的本质。一方面，众多学者对人工智能时代的教育变革翘首以盼，如潘云鹤院士（2018）认为基于大数据的智能的个性化教育成为可能，跨媒体学习将有效提高教育与学习效率；中国工程院赵沁平院士以VR为例介绍，虚拟现实技术是智慧教育的基础之一，它可使学习者进入任何逼真的学习环境中进行沉浸式学习，从而大幅度提高学习成效；朱永新（2017）认为，未来学习中心将取代学校，学习走向个性化、丰富化、弹性化和开放化；戴永辉、徐波和陈海建（2018）认为，神经网络、机器学习、情感计算等人工智能技术的发展，不仅为解决上述问题提供了新的技术手段，而且促使教学进一步向“以学习者为中心”的个性化、精准化和智能化方向发展，人工智能发展对混合式教学的观照主要体现在推动个性化教学资源建设、促进互动教学与浸润式情感教学、推进课堂教学与在线学习融合等方面；杨宗凯和吴砥（2018）认为，人工智能必将引发教育模式、教学方式、教学内容、评价方式、教育治理、教师队伍等一系列的变革和创新，助力教育流程重组与再造，推动教育生态的演化，促进教育公平、提高教育质量。另一方面，也有不少学者对人工智能时代的教育保持克制的乐观，如钟秉林（2018）重申教育的终极目标是培养全面而有个性发展的人，技术只是手段，不能代替教育的全部，教师在转变观念、提升素养、加快教学改革以适应技术发展的同时，也要着力避免唯技术的教学误区，特别要谨防个性化教育进入片面性反馈造成的歧路引导和因为数字鸿沟进一步加剧教育不公平问题。无论智能机器人如何发展，充其量只是“有知识没文化”的人类代偶，教育工作者应该是教育的主体（祝智庭、彭红超和雷云鹤，2018）。2017 年 12 月，上海对外经贸大学人工智能与变革管理研究院与上海知言网络科技工作联合发布《重新定义学习——企业学习与人才发展白皮书》，强调人工智能带来全新社会形态和社会规则，新技术带来新商业，新商业带来新规则，需要重新定义公司、重新定义团队、重新定义工作，并需要进一步重新定义学习，一切从原点出发，重新思考重新设计。

当前，我国已有部分企业和学校进行智慧教育的实践，但在实践过程中重硬轻软、重建设轻应用的现象仍比较突出（张立新和朱弘扬，2015）。相比之下，人工智能在教育产业的商业应用全面开花，英语语音测评、智能陪练、智能批改和教育机器人产业快速发展，涌现出科大讯飞、乂学教育、好未来、猿题库等一大批创新型教育科技企业，中国在线教育/手机在线教育课程用户规模和网民使用率均呈快速上升趋势，截至 2017 年 6 月，我国在线教育用户和手机在线教育用户规模达 2.6 亿元（亿欧智库，2018）。从国际教育实践来看，美国依然处在人工智能研究领域的前沿，并且很早部署教育转型，取得了领先优势。为了填补美国学校所教内容与 21 世纪生活和工作所需知识及技能之间存在的鸿沟，美国政府提出了“21 世纪技能”，并在各类教育中予以部署。美国已经形成的“人机共生”教育生态，对其他国家有借鉴意义。

综上所述，现有的关于“人工智能与未来教育”的研究可以得出如下结论：第一，当前学者更多地在“术”的层面，对更为具体的教育内容、教学方式、教师作用、学习评价等方面进行探讨，而对于更高层面的“略”的层面，缺乏系统、深入、深刻的研究，也就是顶层设计方面存在不足。第二，当前学者大多聚焦于智慧教育的目标和潜在前景的讨论上，多是会议场所的观点性表示，缺乏达成深入、广泛的共识之后的纲领性陈述。第三，从当前教育领域的实践来看，商业教学机构、商业在线培训公司、商业人力资源公司、创新型高科技企业等在适应人工智能时代的新教育形态变化上，呈现出更为适应的态势，并取得了较好的效果；但对比而言，体制内的教育发展在这方面明显滞后。第四，当前主要国家在人工智能时代的教育变革实践方面，美国是起步最早、顶层设计较为系统、落地推进更为广泛的国家。我国在此领域，需要迎头赶上。第五，人工智能带来的新教育才刚刚拉开序幕，全球不同的国家起步各有差异，但是未来每一个国家都有巨大的超越的机会。面向未来人工智能发展需要的教育变革，我们国家刻不容缓。

四、人工智能发展的规制

1. 引言

人工智能技术从2016年开始，势如破竹逐渐进入公众视线，已引起国际社会的高度重视。面对分散式的人工智能信息技术的普及与发展，中国通过了分散式的个别化立法对它在电子商务、新闻内容的推荐以及人工智能投顾等多个领域的信息技术应用与发展进行了积极的回应，算法公开透明的立法是对贯穿于这些立法的共同基本要求。美国司法判例对人工智能算法的具体法律性质和定义进行了明确，美国有大量关于数据和隐私保护的联邦和州立法，与人工智能的司法监管相辅相成。与中国、美国的分散式个别化立法形成了鲜明对比的是，欧盟通对个人数据权利的严格保护，形成了对人工智能的源头规制模式。在数字经济成为经济发展的新动力的背景下，这三种模式体现了在数据权利保护和人工智能产业发展平衡问题上的不同侧重。

除了中国、美国、欧盟等国家或经济体外，国际电工电子工程师学会（IEEE）也在人工智能规制方面做了卓有成效的工作。IEEE人工智能系列标准的起草工作始于2016年，是IEEE人工智能系统全球道德倡议的一部分。IEEE人工智能合伦理设计是为后期的IEEE人工智能系列标准服务的。这份文件由专门负责研究人工智能和自主系统中的伦理问题的IEEE全球计划下属各委员会共同完成。这些委员会由人工智能、伦理学、政治学、法学、哲学等相关领域的100多位专家组成。目前IEEE的人工智能伦理准则的最新版本为2020年推出的第二版。

科学界的意见领袖比尔·乔伊曾发表题为《为什么未来不需要我们》的评论文章，他清楚地指出，随着大数据和人工智能对系统的控制能力越来越强，在更广泛的人工智能领域内无法具有更大的技术自主性，意外或非预期的违法行为可能会变得越来越危险。

总体来看，目前IEEE人工智能伦理准则与欧盟的人工智能伦理准则是当下影响比较大的倡议。这一部分将主要介绍这两个倡议，同时兼顾中国和美国在这一领域的进展。

2. 人工智能规制理念

当前的人工智能机器深度学习的框架仍然无法完全模拟现代人类的丰富想象

力及强大的创造力，科学的研究与技术发明创造仍将是现代人类的最大优势和主体性所在。从人工智能监管的主体性角度出发，比较得到普遍认可的主体性界定问题是：人工智能的主体性是否泛指一种能够正确地执行人类任务（这种执行任务如果由于人类自己去做而无法执行，则人工智能需要其本身是否具备人工智慧）的机器（其中包括智能硬件和人工智能软件）。尽管这个主体性的定义在理论上无法对于人工智能这一主体性的概念本身进行精确的描述，甚至过于宽泛、空洞，但这个定义可以为国家相关法律部门规制使用人工智能的行为提供一定程度的法律限制与指引，在对人工智能实际操作的监督管理过程中，也可以给相关部门规制监管人员较大的自由和裁量权，进而可以使人工智能监管的方式变得更具有情境意义和合理性。

在讨论如何规范和保护人工智能的基本问题之前，需要澄清一个非常基本的问题，那就是：对于当前人工智能的兴起和发展，我们到底应当对其发展持有一种怎样的认识和态度。首先，严格的技术法规。虽然人工智能技术的发展是一把双刃剑，但随着人工智能的发展，其具有相当优势的特殊性，一旦人类社会的发展和不正当的经济发展可能会造成毁灭性的灾难。其次，不断完善的监管制度。工业革命开始后，科学技术和经济的快速发展呈现出“指数爆炸”的趋势。人工智能未来发展的不确定性将逐渐超越人类的想象和期望，甚至可能直接触及未来人类知识和认知的最大化。而制度法是根据人类社会经济条件及其发展轨迹的各种具体形式而形成的一种抽象的法律秩序，人工智能的发展是不可预测的，无疑对于法律行政规制建设提出了巨大的革命性的挑战。

3. IEEE《人工智能设计的伦理准则》（第二版）

国际电工电子工程师学会于2017年底发布了《人工智能设计的伦理准则》（第二版），提出了人工智能产品和技术的使用者在设计、开发和推广应用过程中应当必须遵循以下一般道德原则：平等人权——必须确保不侵犯任何国际社会公认的平等人权；福祉——在其设计和推广使用人工智能方面必须优先地考虑有关人类社会福祉的指标；问责制——确保其产品的设计者和经营者必须负责任且使用者必须负责任；透明度——必须确保他们以透明的管理方式进行运作。该准则仔细地探讨了自动系统的透明性、数据的隐私、算法的偏见、数据治理等当前人工智能领域备受学术界关注的人工智能伦理和技术问题。

IEEE《人工智能设计的伦理准则》旨在在实践中建立一个框架，指导我们正确认识这些人工智能技术系统设计可能对我们造成的相关技术以外的损害和影响，并就此问题进行了对话和展开讨论，实现以下主要目的：第一，个人数据权利和个人访问控制；第二，通过经济效应增进福祉；第三，问责的法律框架；第四，智能与自主技术系统应适用相关的财产法；第五，透明和个人权利；第六，教育和知悉的政策；第七，将价值嵌入自主系统；第八，重塑自主武器。

《人工智能设计的伦理准则》第二次修订版进一步丰富了人工智能道德伦理问题，涵盖了 13 个道德方面，包括一般道德原则、价值嵌入的人工智能道德伦理方法、研究和人工智能设计、AGI 和 ASI 的安全、个人使用数据、自主研制武器、经济和社会人道主义伦理问题、法律、情感伦理计算、教育和社会知识产权政策、经典人道主义伦理问题、现实混合性、幸福指数等对伦理问题提出了具体的建议，如在人工智能法律方面，认为目前的人工智能技术和经济发展还不足以完全赋予国家对人工智能的法律伦理地位。这些具体建议可为国家后续的人工智能标准等人工智能政策制定以及伦理工作的研究提供参考。

第二版准则将人工智能的伦理问题从 9 个方面扩展到 13 个方面。这是来自学术界、工业界、社会研究、政策研究和政府部门的数百名具有科技、人文等多学科背景的参与者达成的共识。它是在全球范围内系统、全面地阐述人工智能伦理问题的重要文献，并没有中断发展和完善。人工智能道德规范可以为 IEEE 正在推广的 11 项人工智能道德标准的制定提供建议。两者的结合有望实现从抽象原则到具体技术研发设计的人工智能伦理。然而，伦理要求能否在技术层面上真正实现，还存在争议，需要更多的探索。

IEEE 全球伦理倡议活动会聚了一批来自全球六大洲的数百名参与者，他们都具有信息技术与管理以及人文学科的资深学术背景，是一批来自学术界、产业界、社会经济界、政策界等领域以及地方政府部门的思想领袖。这些思想领袖可以一起讨论如何针对一些紧迫的伦理问题，并在理论上达成共识。IEEE《人工智能设计的伦理准则》（第二版）的主要准则如下：

（1）从原则到实践（From Principles to Practice）

- ○ 伦理一致的设计概念框架的三大支柱
  - ■ 人类普遍价值观
    - ● 只要是为了尊重人权、与人的价值观相一致、全面增进福祉，同时赋予尽可能多的人权，A/IS 可以成为促进社会福祉的巨大力量
  - ■ 政治自决和数据存储机构
    - ● A/IS 如果设计和实施得当，在人们能够获得并控制构成和代表其身份的数据时，根据各个社会的文化准则，有很大的潜力促进政治自由和民主

■ 技术可靠性

● A/IS 将可靠、安全、积极地实现其设计的目标，同时提升其人为驱动的价值

● 对技术进行监测，以确保其运作符合人类价值观和尊重合法权利和既定的道德目标

● 制定验证和验证流程，包括可解释性方面，以提高可审计性和 A/IS 认证

（2）一般原则（General Principles）

○ 人权

■ A/IS 的建立和运作应尊重、促进和保护国际公认的人权

○ 福祉

■ A/IS 创造者应将增进人类福祉作为发展的主要成功标准

○ 数据存储

■ A/IS 创造者应赋予个人访问和安全共享其数据的能力，以维持人们控制其身份的能力

○ 有效性

■ A/IS 创造者和运营商应提供 A/IS 有效性和适用性的证据

○ 透明度

■ 特定 A/IS 决策的基础应始终是可发现的

○ 问责制

■ A/IS 的创建和运行应为所有决策提供明确的理由

○ （预防）滥用意识

■ A/IS 创造者应防范 A/IS 在运行中的所有潜在误用和风险

○ 能力

■ A/IS 创造者应规定操作人员学习安全有效操作所需的知识和技能

（3）A/IS 中的古典伦理学（Classical Ethics in A/IS）

○ 自主智能系统研究中经典伦理学的定义

■ 为道德、自主和智慧奠定基础

■ 区别

■ 需要一个通俗易懂的古典伦理词汇

■ 向自主和智能系统的创造者展示道德

■ 企业与企业接触时的古典伦理

- ■ 自动化系统对工作场所的影响
- ○ 来自全球不同传统的古典伦理学
  - ■ 西方伦理传统对伦理的垄断
  - ■ 古典佛教伦理传统在 A/IS 设计中的应用
  - ■ 神道教传统在建筑设计中的应用
- ○ 技术世界的古典伦理学
  - ■ 维护人的自主权
  - ■ A/IS 中文化迁移的含义
  - ■ 目标导向行为在自主智能系统中的应用
  - ■ 实用程序设计中的规则伦理要求

（4）福祉（Well-being）

- ○ A/IS 创造者幸福指数的价值
  - ■ 在“幸福指数”以及国际和国家机构对其使用的背后，有着丰富而有力的科学依据
  - ■ 提高 A/IS 创造者对幸福指标的认识和应用，可以为算法时代的企业社区和其他组织创造更大的价值、安全性和相关性
  - ■ A/IS 创造者通过确保 A/IS 不会损害地球的自然系统或 A/IS 有助于实现地球自然系统的可持续管理、保护和恢复来保护人类福祉
  - ■ A/IS 创造者有机会防止 A/IS 所导致地球自然系统退化，从而对人类福祉造成损失
  - ■ 人权法与追求幸福有关，但有别于追求幸福。将人权框架作为 A/IS 创造者的基本基础，意味着 A/IS 创造者尊重现有法律，将其作为福祉分析和实施的一部分
- ○ 为 A/IS 创造者实施幸福指标
  - ■ A/IS 创造者如何将幸福感融入他们的工作
  - ■ A/IS 创造者如何影响 A/IS 目标以确保幸福，A/IS 创造者可以从幸福和其他领域的现有模型中学习或借鉴什么
  - ■ 需要建立通过利益相关者审议确定相关福祉指标的决策程序
  - ■ 没有足够的机制来预见和衡量 A/IS 的负面影响，并促进和保障 A/IS 的正面影响

（5）情感计算（Affective Computing）

- ○ 跨文化系统
  - ■ 部署情感系统的社区规范和价值观至关重要
  - ■ 镜像学习与机器交互影响个人规范以及社会和文化规范
  - ■ 情感系统都需要尊重它们所嵌入的文化的价值观
  - ■ 没有普遍的伦理原则，伦理规范因社会而异
- ○ 系统关怀
  - ■ 文献表明，纳入关怀性 A/IS 对个人和社会都有一些潜在的好处，当产生负面影响时提出适当的警告
- ○ 系统操纵/轻推/欺骗
  - ■ 轻推可能会鼓励对个人和社会产生意想不到的长期影响的行为，无论是积极的还是消极的
  - ■ 未来可能引起争议的做法：允许机器人或其他情感系统为社会的利益推动用户
  - ■ 在政府行为的背景下，追求这种设计路径是否合乎道德，这一点值得关注
  - ■ 实现预期目标，需要有透明度
- ○ 支持人类潜能的系统
  - ■ 广泛地使用 A/IS，可能会因为减少了组织内人的自主性以及取代了管理链中的创造性、情感表达和共情的成分，而使我们的组织更加脆弱
  - ■ 符合伦理的设计应该支持而不是阻碍人类的自主性或其表达
  - ■ AI 可以前所未有地进入人类文化和人类空间，但它们不是，也不应该被视为人类
  - ■ 提高警惕，开展强有力的跨学科、持续的研究，以确定 A/IS 对人类福祉产生积极和消极影响的情况
  - ■ 对系统本身进行设计限制，以避免可能以未知方式改变人的生活的机器决策
  - ■ 在可能影响人类福祉的系统中，应根据需要提供解释
- ○ 具有合成情绪的系统
  - ■ 合成情绪部署到情感系统中会增加 A/IS 的可访问性

(6) 个人数据及个人代理(Personal Data and Individual Agency)

- ○ 创建
  - ■ 为每个人提供创建和投射其个人数据的条款和条件的方法,可以在机器可接受的级别上阅读和同意
- ○ 策划
  - ■ 向每个人提供他们策划的个人数据或算法代理,以在任何真实、数字或虚拟环境中表示他们的条款和条件
- ○ 控制
  - ■ 为每个人提供访问服务的权限,允许他们创建一个可信的身份,以控制其数据的安全、特定和有限的交换

(7) 指导伦理研究和设计的方法(Methods to Guide Ethical Research and Design)

- ○ 跨学科教育与研究
  - ■ 将伦理学纳入 A/IS 相关学位课程
  - ■ 跨学科合作
  - ■ A/IS 文化和背景
  - ■ A/IS 领域的机构伦理委员会
- ○ A/IS 公司惯例
  - ■ 基于价值观的伦理文化与行业实践
  - ■ 基于价值观的领导力
  - ■ 授权提出道德问题
  - ■ 所有权和责任
  - ■ 利益相关者
  - ■ 基于价值观的设计
- ○ 责任和评估
  - ■ 算法监管
  - ■ 独立审查机构
  - ■ 使用黑盒组件
  - ■ 需要更好的技术文档

(8) A/IS 促进可持续发展(A/IS for Sustainable Development)

- ○ 可持续发展
  - ■ 目前制定和部署 A/IS 的路线图与联合国 17 项可持续发展目标(SDG)所界定的人类最重要挑战的影响不一致,也不以这些

挑战的影响为指导，这些目标共同致力于为所有人创造一个更加平等的繁荣、和平、保护地球和人类尊严的世界

- ■ 预计 A/IS 将产生超越市场领域和商业模式的影响，并在全球社会传播；但需要制定措施，防止 A/IS 助长社会紊乱的出现或扩大
- ■ 信息真实权是民主社会实现可持续发展和更平等世界的关键，但 A/IS 对这一权利构成了风险，必须加以管理

○ 平等可用性

- ■ A/IS 的潜在用途是为 LMIC 创造可持续的经济增长

○ A/IS 和就业

- ■ 在个性化服务时代，转变劳动力市场能力发展方案等多侧面平台和预测分析的兴起可以极大地提高劳动力供需匹配的效率
- ■ A/IS 对就业影响的分析过于关注受影响的工作的数量和类别，而应该更多地关注改变工作任务内容的复杂性

○ A/IS 和教育

- ■ 为 HIC 和 LMIC 的未来劳动力提供教育，以设计符合道德标准的 A/IS 应用程序

○ A/IS 和人道主义行动

- ■ 在人为危机和自然灾害期间及之后，人道主义行动有助于拯救生命、减轻痛苦和维护人的尊严，并有助于防止和加强对这种情况发生的准备
- ■ 在人道主义紧急情况下收集和使用数据都存在伦理问题

（9）将值嵌入自主智能系统（Embedding Values into Autonomous and Intelligent Systems）

○ 自主智能系统的识别规范

- ■ 确定要部署 A/IS 的特定社区的规范，使用适当的科学方法，并在系统的整个生命周期中持续下去
- ■ 为了应对社会规范的动态变化，与利益相关者保持透明
- ■ 系统对规范冲突的解决必须是透明的，即由系统记录并随时可供用户、相关部署社区和第三方评估人员使用

○ 自主智能系统中规范的实现

- ■ 开展各种研究工作，特别是不同学派和不同学科的科学家之间的合作研究

        - 具有高度的透明度，表现为实现过程的可追溯性、推理的数学可验证性、基于外观的信号的诚实性以及系统操作和决策的可理解性
        - 采用多种策略来减少危害的可能性和程度
    - 评估 A/IS 的实施
        - 并非目标群体的所有规范都平等地适用于人类和人造机器人
        - 评估过程可能存在不利的潜在偏差，应将潜在弱势群体的成员纳入诊断和纠正此类偏见的努力中
        - 最大限度地提高第三方的有效评估，允许使用强有力的验证技术来评估系统的安全性和规范遵从性，以实现对相关社区的问责

(10) 政策

- 确保 A/IS 支持、促进并促成国际公认的法律规范
- 发展 A/IS 方面的政府专长
- 确保治理和伦理是 A/IS 研究、开发、获取和使用的核心组成部分
- 制定 A/IS 政策，以确保公共安全和负责任的 A/IS 设计
- 教育公众了解 A/IS 的道德和社会影响

(11) 法律

- 法律制度中值得信赖的 A/IS 的采用准则
    - 福祉、法律制度和 A/IS
        - 如何改善法律制度的运作，从而增进人类福祉
    - 妨碍知情信任
        - 在法律制度中采用 A/IS 有哪些挑战，如何克服这些障碍
    - 有效性
        - 如何收集和披露 A/IS 有效性的证据，以促进对 A/IS 是否适合在法律制度中采用的信任
    - 能力
        - 如何规范 A/IS 的操作人员所需的知识和技能，以促进对 A/IS 在法律体系中适用性的知情信任
    - 透明度
        - 如何共享信息来解释在给定的决策或结果下达成 A/IS，从而促进对 A/IS 在法律体系中适用性的知情信任

- 问责制
  - 如何才能对 A/IS 申请的结果进行责任分配，以促进对 A/IS 是否适合在法律制度中采用的信任
- A/IS 的法律地位
  - 如何对与 A/IS 相关的技术进行法律监管以及对部署这些技术的系统进行适当的法律处理？什么样的法律地位（或其他法律分析框架）适用于 A/IS
  - 确定不应授予 A/IS 的决策和操作类型
  - 如果 A/IS 的发展显示出自我意识和意识，那么需要重新审视它们是否应该享有与人类同等的法律地位的问题
  - 赋予 A/IS 完全的法人资格可能带来一些经济利益，但也是不明智的，尚未发展到在法律上或道德上适合 A/IS 现在定义的固有的权利和责任的法律

4. 欧盟人工智能伦理准则《可信 AI 的伦理指南》

2019 年 4 月 8 日，最终发行版本的《可信人工智能道德规范》（以下简称《道德规范》）与最新的欧盟委员会关于制定和构建以人为本的可信人工智能的伦理准则相应法律和政策建议文件同时正式发布，欧盟最新版的《可信人工智能的伦理准则》（以下简称《伦理准则》）终于正式面世，将“以人为本”伦理准则作为其发展可信人工智能和科学技术的一个核心目标和要义。基于此，欧盟决定结合自身的法律和价值观，将一种尊重自然和人类的尊严、自由、民主、平等、法治以及尊重人权的价值观念完全融入伦理准则之中，并进一步提出了发展和实现可信人工智能的三大目标与要素：

（1）可信人工智能技术应当严格遵守人工智能相关的法律法规；

（2）可信人工智能的发展应当严格符合其相应的人工智能伦理标准和人工智能价值观的基本要求；

（3）可信人工智能的发展应当在科学技术和经济社会的层面上具有一定的稳健性。三大目标与要素明确了正在发展的人工智能总体目标与基本要求，是发展和实现可信人工智能的充分必要的条件，以此要素作为发展的基础，欧盟初步形成了人工智能伦理准则的核心框架，主要包含可信人工智能的基础原则、可信人工智能的要求及实现手段、可信人工智能的评估机制三个部分。

《伦理准则》的提出，对欧盟人工智能战略框架进行了补充和完善，是欧盟适应新时代科技发展要求、保持国际竞争地位的重要战略举措。欧盟人工智能道

德规范的出台有其深刻的原因，其国际政治和经济影响值得关注。

首先，欧盟已充分意识到人工智能技术的重要作用与巨大潜力，认定规范人工智能技术发展有利于欧盟把握当前难得的发展机遇，提升自身国际竞争力。在这一背景下，欧盟高度重视人工智能的决定性作用，努力在激烈的国际竞争中保持优势，强调要建立坚实可靠的人工智能战略框架，大力发展人工智能技术。因此，引入《道德规范》等一系列人工智能系统准则，有利于规范欧盟人工智能的发展，保护数据和隐私的安全，维护欧盟内部数据的自由流动，促进欧盟建立单一的数据市场。这对欧盟自身的发展具有重要意义。

其次，《伦理准则》是欧盟人工智能战略框架体系的重要组成部分，符合欧盟的发展战略需要。欧盟认识到，人工智能技术的发展和应用将带来新的伦理和法律问题。因此，有必要尽快出台相应的监管框架，在推动技术创新的同时，维护欧盟一贯坚持的价值观和基本权利，坚持可解释性和透明度的伦理原则。因此，《伦理准则》的出台有利于规范欧盟整个人工智能行业的发展，维护欧盟自身产品安全、高质的国际声誉，保持欧盟经济的核心竞争力。同时，这也有利于进一步补充和完善欧盟的人工智能战略体系框架，为欧盟发展“以人为本”的人工智能提供规则保障，符合欧盟的战略规划需求。

最后，欧盟意识到人工智能技术的快速发展不仅促进了社会进步和经济发展，也带来了许多法律和伦理上的挑战。欧盟迫切需要用政策手段来预防和应对。人工智能技术的产生使得现有社会环境更为复杂，其发展不可避免地涉及社会公平、数据安全、隐私保护、消费者权益保护以及非歧视性原则等敏感议题，引起了公众对人工智能技术安全性与可靠性的关切。因此，欧盟人工智能伦理准则的出台不仅有助于规范人工智能系统的设计与研发过程，预防潜在风险，也便于欧盟对已有人工智能系统进行审核与监管，为解决人工智能带来的伦理问题与挑战提供指导原则。

5. 中国《新一代人工智能伦理规范》

2021 年 9 月 25 日，国家新一代人工智能治理专业委员会发布了《新一代人工智能伦理规范》，旨在将伦理道德融入人工智能全生命周期，为从事人工智能相关活动的自然人、法人和其他相关机构等提供伦理指引。《新一代人工智能伦理规范》指出人工智能各类活动应遵循以下基本伦理规范：

（1）增进人类福祉。坚持以人为本，遵循人类共同价值观，尊重人权和人类根本利益诉求，遵守国家或地区伦理道德。坚持公共利益优先，促进人机和谐友好，改善民生，增强获得感、幸福感，推动经济、社会及生态可持续发展，共建人类命运共同体。

（2）促进公平公正。坚持普惠性和包容性，切实保护各相关主体合法权益，推动全社会公平共享人工智能带来的益处，促进社会公平正义和机会均等。在提供人工智能产品和服务时，应充分尊重和帮助弱势群体、特殊群体，并根据需要提供相应替代方案。

（3）保护隐私安全。充分尊重个人信息知情、同意等权利，依照合法、正当、必要和诚信原则处理个人信息，保障个人隐私与数据安全，不得损害个人合法数据权益，不得以窃取、篡改、泄露等方式非法收集利用个人信息，不得侵害个人隐私权。

（4）确保可控可信。保障人类拥有充分自主决策权，有权选择是否接受人工智能提供的服务，有权随时退出与人工智能的交互，有权随时中止人工智能系统的运行，确保人工智能始终处于人类控制之下。

（5）强化责任担当。坚持人类是最终责任主体，明确利益相关者的责任，全面增强责任意识，在人工智能全生命周期各环节自省自律，建立人工智能问责机制，不回避责任审查，不逃避应负责任。

（6）提升伦理素养。积极学习和普及人工智能伦理知识，客观认识伦理问题，不低估不夸大伦理风险。主动开展或参与人工智能伦理问题讨论，深入推动人工智能伦理治理实践，提升应对能力。

除了上述伦理原则，中国《新一代人工智能伦理规范》还提出管理规范、研发规范、供应规范和使用规范等中国人工智能治理的主张，为后续更加扎实的法律法规建设提供了基础。

小结

总体而言，我国当务之急的立法就是尽快修改现行的法律，使之与人工智能大数据和其他人工智能算法等技术在特定的领域和应用程序场景立法中的广泛应用相适应。我国法律对于人工智能的法律程序规制需要实现内容具体化、情境具体化，避免了人工智能的宽泛语言表达下的各种话语。

欧盟人工智能伦理准则是欧盟人工智能战略框架的重要组成部分，是欧盟把握当前发展机遇、适应发展新态势、应对发展新挑战做出的重要举措。美国的算法和政府责任法促进了美国政府自动做出的决策以及算法的信息公开性、透明度和数据的可解释性，将进一步提高算法在美国政府的决策过程中的通用性和可信度，为其他国家和地区制定人工智能算法的规则提供了有益的参考。欧盟和美国为此问题所做出的努力对于同样长期致力于加快发展物联网和人工智能等新兴技术的中国来说具有重要的启示和意义。

与欧盟的其他相应的战略规划文件的实施相比，中国的全球人工智能发展战略的成型早先一步，对具体的产业、技术以及人工智能产品的具体发展战略目标相对更加具体。这主要得益于目前中国在人工智能数据资源庞大、应用的场景丰富、人才的积累迅速等方面的相对领先优势。因此，未来中国应积极借鉴国际先进理念，继续保持这一优势，推动在人工智能规制方面的国际贡献，抓紧研究建立并且进一步完善人工智能的伦理政策和监管的体系，重视并积极参与人工智能国际标准，特别是人工智能伦理准则的讨论和制定，力争掌握相关国际竞争的主动权。

附录1 关于味霸炒菜机器人使用情况的调研

关于味霸炒菜机器人使用情况的调研

您好！我们正在做一个关于组织采纳人工智能产品的影响因素研究。完成这份问卷大概需要5~10分钟时间，请你结合自身情况来回答所有问题，感谢您的支持和配合！
本问卷不记名，所有题目的答案均无对错之分。所有回答仅供统计分析和学术研究之用，请您根据实际情况认真填写问卷，放心作答！

问题	选项/指标
第一部分：基本资料	
性别	□男　□女
年龄	
□25岁及以下　□26~30岁　□31~35岁　□36~40岁　□41~45岁　□46~50岁　□51岁及以上	
教育程度	□初中　□高中或中专　□大专　□本科　□硕士
您所在的公司：	
职位：____________（如厨师，服务员，前台，某部门管理人员）	

第二部分：组织采纳人工智能产品的影响因素量表
以下是5组有关您所在公司采纳人工智能产品情况的描述，请根据真实情况，在符合的选项上打"√"，您的回答没有正确与错误之分。

第一组	非常不同意	不同意	一般	同意	非常同意
公司有使用人工智能产品的相关经验					
使用了"炒菜机器人"后，饭店的出餐速度变快了					
"炒菜机器人"的操作对你来说很复杂					
对于采用了"炒菜机器人"后的工作变化能够很好地适应					
使用了"炒菜机器人"后，顾客对餐厅的满意度更高了					
您有使用相关人工智能产品的技术与经验					
公司有足够的资金用于采购"炒菜机器人"					

续表

第二组	非常不同意	不同意	一般	同意	非常同意
公司高层支持“炒菜机器人”的采用					
使用“炒菜机器人”，您公司的配方用料、食材选用等机密信息存在泄露的风险					
日常因为使用“炒菜机器人”而产生的成本很高					
公司具备使用人工智能产品的专业知识					
使用了“炒菜机器人”后，餐厅比之前更受欢迎了					
餐厅使用“炒菜机器人”后，现有设施的布置发生了很大变化					
“炒菜机器人”作为人工智能产品，本身会促进消费者用餐					
第三组	非常不同意	不同意	一般	同意	非常同意
我们不介意炒菜机器人公司可以获取到菜品信息					
使用了“炒菜机器人”后，能够为顾客提供更好的服务					
高层管理者鼓励员工学习、使用“炒菜机器人”来完成工作					
您认为顾客对于“炒菜机器人”有猎奇心态，会选择尝试					
“炒菜机器人”的维护费用很高					
“炒菜机器人”的操作培训费用很高					
第四组	非常不同意	不同意	一般	同意	非常同意
制造商可以提供有关使用“炒菜机器人”的必要培训					
“炒菜机器人”制造商可以提供及时、有效的支持					
您不确定顾客是否会接受使用“炒菜机器人”烹饪的菜品					
采购“炒菜机器人”的成本很高					
使用“炒菜机器人”是您公司重要的商业伙伴向您推荐的					
您公司的重要竞争对手正在或即将使用“炒菜机器人”					
“炒菜机器人”制造商提供租金优惠					
有关“炒菜机器人”的培训多久进行一次？					
□一周　□两周　□一个月　□三个月　□六个月					
第一次学习使用“炒菜机器人”用了多长时间？					
□十五分钟　□半小时　□两小时　□五小时　□八小时					

续表

公司基本信息：	
您所在餐饮店的员工总数：	
您所在餐饮店的厨师数量：	
您所在餐饮店的服务员数量：	
您所在餐饮店每天用餐的消费者数量大致为：	
您所在餐饮店的餐饮类型为	□快餐　□家常菜　□中高端酒店
非常感谢您填写这份调查问卷！	

附录 2 变量问卷题项细节

变量	变量定义	测量题项（很不同意—很同意）	理论来源
专业性（Expertise）	聊天机器人拥有的知识与能力	EX 1：客服小蜜似乎知识渊博	Nordheim（2018）
		EX 2：客服小蜜的回答内容很专业	Nordheim（2018）
		EX 3：客服小蜜可以理解我的问题	Nordheim（2018）
		EX 4：客服小蜜可以提供准确的答案	Nordheim（2018）
		EX 5：客服小蜜能够胜任它的工作	Mayer 等（1995）
易用性（Ease of use）	与系统完成交互的简易性	EOU 1：学习使用淘宝小蜜很简单	Nordheim（2018）
		EOU 2：我和淘宝小蜜的对话清晰易懂	
		EOU 3：淘宝小蜜很容易使用	
		EOU 4：让淘宝小蜜做我想让它做的事情很容易	
拟人性（human likeness）	交互系统的可感知的拟人化特征	您觉得聊天机器人客服小蜜是：	Ho 等（2010）
		HL 1：不自然—自然	
		HL 2：无生命的—活着的	
		HL 3：人造的—类人的	
		HL 4：机械的回复—有意识的回复	
品牌信任（brand trust）	在有风险的情况下，消费者对品牌可靠性和意图充满信心的期望	BT 1：我相信淘宝有能力做好	Koschate-Fischer 等（2015）
		BT 2：我相信淘宝	
		BT 3：我依赖淘宝	
		BT 4：我认为淘宝会兑现其承诺	
风险（risk）	用户对不良结果的可能性的感知	RI 1：在使用客服小蜜时，我感到自己容易受损失	Nordheim（2019）
		RI 2：使用客服小蜜可能会有负面的结果	
		RI 3：使用客服小蜜，我感到不安全	
		RI 4：使用客服小蜜时，我必须要小心	

续表

变量	变量定义	测量题项（很不同意—很同意）	理论来源
可预测性（predictability）	用户对交互系统行为一致性的感知	PR 1：我和客服小蜜的互动在我预料之中	Corritore（2005）
		PR 2：客服小蜜的回应令我十分惊讶	Nordheim（2018）
		PR 3：客服小蜜的表现和我预期的一样	Nordheim（2018）
		PR 4：客服小蜜回复的内容和我预期的一样	Nordheim（2018）
		PR 5：我发现客服小蜜回复的内容类型是可以预测的	Corritore（2005）
响应速度（response speed）	用户感知到聊天机器人响应的速度	RS 1：客服小蜜会立刻回复我的问题（很不认同—很认同）	访谈
		RS 2：客服小蜜的回复速度（很慢—很快）	
		RS 3：客服小蜜的回复速度很慢（很不认同—很认同）	
		RS 4：客服小蜜会短暂延迟后再回复我的问题（很不认同—很认同）	
		RS 5：客服小蜜的回复速度很快（很不认同—很认同）	
人工支持	使用聊天机器人未能满足需求，进而选择求助人工客服	CS 1：在使用客服小蜜时，我经常联系人工客服（很不认同—很认同）	访谈
		CS 2：在使用客服小蜜时，我从未联系过人工客服（很不认同—很认同）	
		CS 3：我选择使用客服小蜜是因为可以联系人工客服（很不认同—很认同）	
		CS 4：每次使用客服小蜜，我都会联系人工客服（很不认同—很认同）	
信任（Trust）	信任是建立在对他人的意向或行为的积极预期基础上，而敢于托付（愿意承受风险）的一种心理状态	T 1：客服小蜜值得信赖	Nordheim（2018）
		T 2：客服小蜜会做对我不利的事	Nordheim（2018）
		T 3：客服小蜜不会利用我	Corritore 等（2015）
		T 4：我怀疑客服小蜜的意图、行为和回答结果	Jian 等（2000）
		T 5：客服小蜜似乎是骗人的	Nordheim（2018）
		T 6：我相信客服小蜜不会伤害我	Corritore 等（2015）
		T 7：我很熟悉客服小蜜	Jian 等（2000）
		T 8：我信任客服小蜜	Nordheim（2018）

续表

变量	变量定义	测量题项（很不同意—很同意）	理论来源
信任技术倾向（Propensity to technology）	愿意依赖技术的普遍倾向	PTT 1：我通常信任新技术，除非我有一个不信任它的理由	Mcknight 等（2011）
		PTT 2：第一次使用某种技术，在有疑问时，我通常会暂且信任它	
		PTT 3：我相信大多数技术在应用中都是有效的	
		PTT 4：绝大多数技术都是极好的	
		PTT 5：大多数技术都具有其领域所需要的功能	
		PTT 6：大多数技术能够使我做我需要做的事情	
任务（task）	需要聊天机器人解决的用户需求类型	TA ：我会选择使用客服小蜜来 · 咨询订单问题 · 进行投诉 · 两者都用 · 两者都不用	访谈
隐私担忧（privacy concern）	个人在互联网上提交个人信息时对“信息隐私威胁”的担忧	PC 1：如果把个人信息提交给客服小蜜（肯定会被滥用—肯定不会被滥用）	Bansal 等（2015）
		PC 2：对于我提交的个人信息被滥用，我的关注程度（很低—很高）	
		PC 3：提交个人信息给客服小蜜是（很不明智—很明智）	
		PC 4：一旦把个人信息提交给客服小蜜（肯定会被盗用—肯定不会被分享或售卖）	
人格	大五人格，一般指的是宜人性（A）、尽责性（C）、情绪稳定性（ES）、外向性（E）和开放性（O）	E1：外向的，精力充沛的	李金德（2013）
		A1：爱批评人的，爱争吵的	
		C1：可信赖的，自律的	
		ES1：忧虑的，易心烦的	
		O1：易接受新事物的，常有新想法的	
		E2：内向的，安静的	
		A2：招人喜爱的，友善的	
		C2：条理性差的，粗心的	
		ES2：冷静的，情绪稳定的	
		O2：遵循常规的，不爱创新的	

附录 3 问卷各变量信度分析

因子	题项编号	量表的 Cronbach's α	修正后的项与总计相关性（CITC）	删除项后的 Cronbach's α
专业性	EX 1	0.919	0.788	0.902
	EX 2		0.784	0.903
	EX 3		0.758	0.908
	EX 4		0.781	0.903
	EX 5		0.850	0.889
易用性	EOU 1	0.757	0.470	0.743
	EOU 2		0.603	0.674
	EOU 3		0.662	0.638
	EOU 4		0.495	0.736
拟人性	HL 1	0.847	0.585	0.846
	HL 2		0.771	0.766
	HL 3		0.732	0.785
	HL 4		0.654	0.818
品牌信任	BT 1	0.789	0.638	0.718
	BT 2		0.708	0.681
	BT 3		0.437	0.826
	BT 4		0.641	0.718
风险	RI 1	0.867	0.674	0.847
	RI 2		0.697	0.838
	RI 3		0.812	0.790
	RI 4		0.693	0.841
信任技术倾向	PTT 1	0.827	0.589	0.802
	PTT 2		0.501	0.819
	PTT 3		0.683	0.782

续表

因子	题项编号	量表的 Cronbach's α	修正后的项与总计相关性（CITC）	删除项后的 Cronbach's α
信任技术倾向	PTT 4	0.827	0.557	0.807
	PTT 5		0.596	0.799
	PTT 6		0.682	0.784
信任	T 1	0.757	0.743	0.684
	T 2*		0.316	0.762
	T 3		0.245	0.771
	T 4*		0.361	0.750
	T 5*		0.538	0.716
	T 6		0.627	0.702
	T 7		0.287	0.762
	T 8		0.718	0.698
可预测性	PR 1	0.406	0.324	0.263
	PR 2*		-0.219	0.671
	PR 3		0.418	0.195
	PR 4		0.378	0.213
	PR 5		0.325	0.258
响应速度	RS 1	0.692	0.544	0.596
	RS 2		0.650	0.557
	RS 3*		0.369	0.676
	RS 4*		0.136	0.792
	RS 5		0.683	0.537
人工支持	CS 1	0.871	0.845	0.791
	CS 2*		0.611	0.877
	CS 3		0.781	0.811
	CS 4		0.681	0.852
隐私担忧	PC 1	0.556	0.477	0.372
	PC 2*		-0.011	0.827
	PC 3		0.628	0.270
	PC 4		0.502	0.368

附录 4 各变量量表的因子分析结果

变量	代码	题项	因子 1	共同性	特征值	方差解释率（%）	累计方差解释率（%）
专业性	EX 1	客服小蜜似乎知识渊博	0.868	0.753	3.785	75.707	75.707
	EX 2	客服小蜜的回答内容很专业	0.865	0.749			
	EX 3	客服小蜜可以理解我的问题	0.845	0.714			
	EX 4	客服小蜜可以提供准确的答案	0.861	0.742			
	EX 5	客服小蜜能够胜任它的工作	0.910	0.828			
易用性	EOU 1	学习使用客服小蜜很简单	0.695	0.483	2.326	58.153	75.707
	EOU 2	我和客服小蜜的对话清晰易懂	0.797	0.636			
	EOU 3	客服小蜜很容易使用	0.839	0.703			
	EOU 4	让客服小蜜做我想要它做的事情很容易	0.710	0.504			
拟人性	HL 1	仿真的—自然的	0.751	0.564	2.744	68.593	68.593
	HL 2	无生命的—活着的	0.886	0.785			
	HL 3	人造的—类人的	0.862	0.742			
	HL 4	机械的回复—有意识的回复	0.808	0.652			
品牌信任	BT 1	我相信淘宝有能力做好	0.842	0.708	2.508	62.703	62.703
	BT 2	我相信淘宝	0.872	0.760			
	BT 3	我依赖淘宝	0.628	0.394			
	BT 4	我认为淘宝会兑现其承诺	0.804	0.646			
风险	RI 1	使用客服小蜜时，我感到自己容易受损失	0.816	0.666	2.866	71.639	71.639
	RI 2	使用客服小蜜可能会有负面的结果	0.832	0.693			
	RI 3	使用客服小蜜，我感到不安全	0.905	0.819			
	RI 4	使用客服小蜜，我觉得自己必须要小心	0.829	0.688			

续表

变量	代码	题项	因子 1	共同性	特征值	方差解释率（%）	累计方差解释率（%）
信任技术倾向	PTT 1	我通常信任新技术，除非我有一个不信任它的理由	0.718	0.516	3.277	54.613	54.613
	PTT 2	第一次使用某种技术，在有疑问时，我通常会暂且信任它	0.640	0.409			
	PTT 3	我相信大多数技术在应用中都是有效的	0.799	0.639			
	PTT 4	绝大多数技术都是极好的	0.708	0.501			
	PTT 5	大多数技术都具有其领域所需的功能	0.746	0.556			
	PTT 6	大多数技术使我能够做我需要做的事情	0.810	0.656			
响应速度	RS 1	客服小蜜会立刻回复我的问题	0.822	0.676	2.545	50.908	50.908
	RS 2	客服小蜜的回复速度	0.914	0.836			
	RS 3*	客服小蜜的回复速度很慢	-0.418	0.175			
	RS 4*	客服小蜜会短暂延迟后再回复我的问题	-0.179	0.032			
	RS 5	客服小蜜的回复速度很快	0.909	0.826			
人工支持	CS 1	在使用客服小蜜时，我经常联系人工客服	0.924	0.853	2.908	72.706	72.706
	CS 2*	使用客服小蜜时，我从未联系过人工客服	-0.766	0.587			
	CS 3	我选择使用客服小蜜是因为可以联系人工客服	0.891	0.794			
	CS 4	每次使用客服小蜜，我都会联系人工客服	0.821	0.674			

附录5 正式量表的信度分析

变量	题目	标准化载荷	条目信度 R^2	组合信度 CR	平均提取方差 AVE	Cronbach's α
专业性	EX1	0.719	0.585	0.8148	0.5954	0.812
	EX2	0.827	0.683			
	EX3	0.765	0.518			
易用性	EOU1	0.732	0.430	0.7453	0.6448	0.740
	EOU2	0.719	0.517			
	EOU3	0.656	0.536			
风险	RI1	0.685	0.470	0.7311	0.4823	0.709
	RI2	0.825	0.680			
	RI3	0.545	0.297			
信任技术倾向	PTT1	0.613	0.426	0.7133	0.3839	0.712
	PTT2	0.632	0.334			
	PTT3	0.578	0.399			
	PTT4	0.653	0.375			
信任	T1	0.813	0.661	0.7728	0.4698	0.761
	T2	-0.530	0.281			
	T3	0.538	0.289			
	T4	0.805	0.648			
可预测性	PR1	0.717	0.598	0.7224	0.4695	0.704
	PR2	-0.545	0.297			
	PR3	0.773	0.515			
响应速度	RS1	0.680	0.666	0.7859	0.5518	0.784
	RS2	0.726	0.526			
	RS3	0.816	0.462			

续表

变量		题目	标准化载荷	条目信度 R^2	组合信度 CR	平均提取方差 AVE	Cronbach's α
拟人性		HL1	0.715	0.511	0.8912	0.6732	0.890
		HL2	0.868	0.753			
		HL3	0.841	0.707			
		HL4	0.849	0.721			
品牌信任		BT1	0.801	0.472	0.7671	0.5249	0.764
		BT2	0.679	0.461			
		BT3	0.687	0.641			
人工支持		CS1	0.800	0.591	0.8266	0.6138	0.824
		CS2	0.781	0.610			
		CS3	0.769	0.640			
隐私担忧		PC1	0.754	0.594	0.8017	0.5742	0.801
		PC2	0.748	0.559			
		PC3	0.771	0.568			
人格	外向性	E1	1.071	1.146	0.806	0.6873	0.792
		E2	−0.612	0.375			
	责任心	C1	0.750	0.563	0.5904	0.4254	0.564
		C2	−0.537	0.288			
	开放性	O1	0.727	0.529	0.5679	0.4026	0.550
		O2	−0.526	0.276			

附录6 正式量表验证性因子分析参数估计表

拟合指数	χ^2	DF	GFI	CFI	χ^2/DF	AGFI	TLI	RMSEA
专业性模型	0	0	1.000	1.000				
易用性模型	0	0	1.000	1.000				
风险模型	0	0	1.000	1.000				
信任技术倾向			0.998	1.000	0.975	0.990	1.000	0.000
信任			0.998	0.999	1.251	0.988	0.997	0.022
可预测性	0	0	1.000	1.000				
响应速度	0	0	1.000	1.000				
拟人性			0.996	0.998	1.926	0.981	0.995	0.043
品牌信任	0	0	1.000	1.000				
联系人工客服	0	0	1.000	1.000				
隐私担忧	0	0	1.000	1.000				
人格（外向性+尽责性+开放性）			0.923	0.881	15.035	0.729	0.702	0.193
人格（外向性+尽责性）			0.965	0.935	28.1	0.654	0.608	0.268
人格（外向性+开放性）			0.973	0.949	21.8	0.727	0.695	0.235
人格（尽责性+开放性）			0.957	0.885	35.2	0.574	0.308	0.301

附录7　各变量之间的相关性

变量	平均值（M.）	标准差（S.D.）	RI	EOU	EX	PTT	T	PR	RS	HL	BT	CS	PC	E	C	O
RI	1.8519	0.64677	0.700													
EOU	4.1949	0.60106	-0.442**	0.803												
EX	3.9832	0.71818	-0.443**	0.772**	0.772											
PTT	4.1885	0.46497	-0.410**	0.533**	0.572**	0.620										
T	4.3022	0.54391	-0.580**	0.614**	0.688**	0.624**	0.685									
PR	3.8236	0.66935	-0.519**	0.633**	0.696**	0.551**	0.618**	0.685								
RS	4.3263	0.60351	-0.367**	0.407**	0.468**	0.503**	0.512**	0.461**	0.743							
HL	3.2579	1.01491	-0.319**	0.487**	0.571**	0.308**	0.386**	0.558**	0.244**	0.820						
BT	4.366	0.53063	-0.484**	0.519**	0.544**	0.570**	0.619**	0.491**	0.532**	0.343**	0.725					
CS	3.1702	0.95499	0.200**	-0.241**	-0.285**	-0.121*	-0.250**	-0.256**	-0.152**	-0.170**	-0.173**	0.783				

续表

变量	平均值（M.）	标准差（S. D.）	RI	EOU	EX	PTT	T	PR	RS	HL	BT	CS	PC	E	C	O
PC	3.6332	0.77238	-0.388**	0.448**	0.520**	0.347**	0.478**	0.457**	0.395**	0.475**	0.385**	-0.235**	0.758			
E	4.1356	0.95655	-0.334**	0.259**	0.224**	0.275**	0.258**	0.292**	0.231**	0.164**	0.335**	-0.073	0.230**	0.829		
C	4.5448	0.80953	-0.305**	0.274**	0.275**	0.390**	0.366**	0.322**	0.338**	0.155**	0.294**	-0.131*	0.258**	0.440**	0.652	
O	4.5041	0.75778	-0.364**	0.309**	0.320**	0.356**	0.316**	0.354**	0.315**	0.199**	0.316**	-0.156**	0.259**	0.553**	0.538**	0.635

风险 RI，易用性 EOU，专业性 EX，信任技术倾向 PTT，信任 T，可预测性 PR，响应速度 RS，拟人化 HL，品牌信任 BT，人工支持 CS，隐私担忧 PC，外向性 E，尽责性 C，开放性 O

注：** 表示在 0.01 级别（双尾），相关性显著；* 表示在 0.05 级别（双尾），相关性显著。

附录8 逐步回归分析模型结果

模型总结[f]

	R	R^2	调整后的 R^2	标准误差估计	变化统计			D. W.
					ΔR^2	ΔF	ΔF 显著性	
1	0.688[a]	0.473	0.471	0.39549	0.473	337.041	0.000	
2	0.753[b]	0.567	0.565	0.35879	0.094	81.861	0.000	
3	0.780[c]	0.609	0.606	0.34160	0.042	39.702	0.000	
4	0.786[d]	0.617	0.613	0.33824	0.009	8.464	0.004	
5	0.789[e]	0.622	0.617	0.33660	0.005	4.649	0.032	1.920

a. 预测变量：（常量），专业性

b. 预测变量：（常量），专业性，风险

c. 预测变量：（常量），专业性，风险，品牌信任

d. 预测变量：（常量），专业性，风险，品牌信任，响应速度

e. 预测变量：（常量），专业性，风险，品牌信任，响应速度，可预测性

f. 因变量：信任

附录 9 稳健性检验

输入法回归全样本与子样本（删掉易用性、拟人性和人工支持变量）对比

输入法回归模型系数（N=500，全样本，因变量：信任）

模型	模型	标准化系数	t	显著性
		Beta		
1	（常量）		8. 625	0. 000
	专业性	0. 331	5. 663	0. 000
	风险	−0. 226	−5. 741	0. 000
	品牌信任	0. 207	4. 835	0. 000
	响应速度	0. 097	2. 445	0. 015
	可预测性	0. 114	2. 288	0. 023
	拟人性	−0. 071	−1. 752	0. 081
	易用性	0. 067	1. 298	0. 195
	人工支持	−0. 027	−0. 804	0. 422

输入法回归模型系数（N=500，子样本，因变量：信任）

模型	标准化系数	t	显著性
	Beta		
（常量）		8. 625	0. 000
专业性	0. 351	7. 423	0. 000
风险	−0. 231	−5. 890	0. 000
品牌信任	0. 211	4. 966	0. 000
响应速度	0. 103	2. 601	0. 010
可预测性	0. 103	2. 156	0. 032

附录 10 差异性分析

性别的组统计

	性别	平均值	标准偏差	标准误差平均值
信任	男	4. 3676	0. 54985	0. 04242
	女	4. 2500	0. 53468	0. 03690

性别的独立样本 t 检验

		莱文方差齐性检验		均值齐性 t 检验						
		F	显著性	t	自由度	Sig（双尾）	均值差值	标准误差差值	差值 95% 置信区间	
									下限	上限
信任	假定等方差	0. 52	0. 471	2. 097	376	0. 037	0. 118	0. 056	0. 007	0. 228
	不假定等方差			2. 091	353. 56	0. 037	0. 118	0. 056	0. 007	0. 228

任务特征的独立样本 t 检验

		莱文方差齐性检验		均值齐性 t 检验						
		F	显著性	t	自由度	Sig（双尾）	均值差值	标准误差差值	差值 95% 置信区间	
									下限	上限
信任	假定等方差	7. 493	0. 006	−0. 003	365	0. 998	−0. 00016	0. 057	−0. 112	0. 111
	不假定等方差			−0. 003	274. 306	0. 998	−0. 00016	0. 059	−0. 116	0. 115

单因素 ANOVA 差异分析的结果

	平方和	自由度	均方值	F	显著性
信任 * 年龄	0. 595	5	0. 119	0. 399	0. 849
信任 * 学历	0. 423	5	0. 085	0. 284	0. 922
信任 * 外向性	9. 368	11	0. 852	3. 051	0. 001
信任 * 责任心	17. 819	10	1. 782	6. 979	0. 000
信任 * 开放性	13. 910	9	1. 546	5. 826	0. 000

附录 11 调节效应检验

信任影响因素回归分析（模型因变量为信任，调节变量为信任技术倾向）

变量	模型 1	模型 2	模型 3	模型 4	模型 5	模型 6	模型 7	模型 8	模型 9	模型 10	模型 11
常量	3.158***	1.109***	0.886**	1.211***	0.541*	2.673***	1.043***	0.983***	1.237***	0.599*	2.680***
性别	-0.071	-0.065	-0.092*	-0.127**	-0.060	-0.090*	-0.063	-0.09*	-0.127**	-0.062	-0.091*
年龄	0.000	-0.034	-0.006	-0.020	0.003	-0.011	-0.033	-0.007	-0.020	0.003	-0.010
学历	-0.056	-0.004	-0.013	-0.012	-0.018	-0.001	-0.004	-0.017	-0.013	-0.020	-0.001
外向性	0.019	0.008	0.018	-0.004	0.002	-0.004	0.006	0.018	-0.003	0.003	-0.004
尽责性	0.171***	0.079**	0.058	0.062*	0.079**	0.058*	0.079**	0.058	0.062*	0.078**	0.058*
开放性	0.091*	-0.023	0.000	-0.011	0.001	-0.025	-0.024	0.006	-0.009	0.004	-0.024
任务	-0.026	0.032	0.011	0.022	0.009	0.012	0.033	0.01	0.022	0.008	0.011
专业性		0.373***					0.376***				
响应速度			0.214***					0.201***			
可预测性				0.321***					0.319***		
品牌信任					0.380***					0.368***	

续表

变量	模型 1	模型 2	模型 3	模型 4	模型 5	模型 6	模型 7	模型 8	模型 9	模型 10	模型 11
风险						−0.318***					−0.316***
信任技术倾向		0.365***	0.541***	0.445***	0.427***	0.527***	0.375***	0.533***	0.440***	0.427***	0.524***
专业性*信任技术倾向							0.041				
响应速度*信任技术倾向								−0.064			
可预测性*信任技术倾向									−0.023		
品牌信任*信任技术倾向										−0.052	
风险*信任技术倾向											0.016
R^2	0.161	0.577	0.463	0.523	0.513	0.530	0.578	0.465	0.523	0.514	0.531
$\triangle R^2$	0.161	0.416	0.302	0.362	0.352	0.370	0.001	0.002	0.000	0.001	0.000
$\triangle F$	10.125***	181.140***	103.507***	139.872***	133.007***	144.872***	0.941	1.262	0.194	0.596	0.075

信任影响因素回归分析（模型因变量为信任，调节变量为隐私担忧）

变量	模型 1	模型 2	模型 3	模型 4	模型 5	模型 6	模型 7	模型 8	模型 9	模型 10	模型 11
常量	3.158***	1.776***	1.735***	2.012***	1.002***	3.894***	1.741***	1.670***	2.010***	0.815**	3.839***
性别	−0.071	−0.045	−0.064	−0.112**	−0.028	−0.061	−0.045	−0.062	−0.108*	−0.027	−0.063
年龄	0.000	−0.037*	−0.004	−0.021	0.006	−0.010	−0.038*	−0.005	−0.018	0.003	−0.008
学历	−0.056	−0.005	−0.010	−0.012	−0.016	−0.002	−0.005	−0.010	−0.009	−0.018	−0.005
外向性	0.019	0.002	0.008	−0.016	−0.012	−0.016	0.002	0.009	−0.014	−0.015	−0.011
尽责性	0.171***	0.110***	0.095**	0.095**	0.109***	0.104**	0.110***	0.095**	0.095**	0.112***	0.103**

续表

变量	模型 1	模型 2	模型 3	模型 4	模型 5	模型 6	模型 7	模型 8	模型 9	模型 10	模型 11
开放性	0.091*	-0.010	0.019	0.004	0.011	-0.002	-0.013	0.017	0.006	0.012	0.000
任务	-0.026	0.030	0.007	0.021	0.008	0.005	0.034	0.010	0.015	0.015	-0.002
专业性		0.440***					0.456***				
响应速度			0.295***					0.312***			
可预测性				0.393***					0.383***		
品牌信任					0.485***					0.533***	
风险						-0.358***					-0.344***
隐私担忧		0.101**	0.210***	0.158***	0.178***	0.197***	0.094**	0.207***	0.161***	0.168***	0.208***
专业性 * 隐私担忧							0.037				
响应速度 * 隐私担忧								0.036			
可预测性 * 隐私担忧									-0.059		
品牌信任 * 隐私担忧										0.097**	
风险 * 隐私担忧											0.104*
R^2	0.161	0.531	0.385	0.466	0.483	0.439	0.532	0.387	0.470	0.492	0.448
$\triangle R^2$	0.161	0.370	0.225	0.306	0.322	0.279	0.001	0.001	0.004	0.009	0.009
$\triangle F$	10.125***	145.276***	67.228***	105.428***	114.561***	91.424***	1.065	0.886	2.674	6.712*	5.906*

参考文献

［1］伯努瓦·里豪克 . QCA 设计原理与应用［M］. 北京：机械工业出版社，2017：96.

［2］陈蕾 . 社会化电子商务环境下消费者信任的建立与评价研究［D］. 中国农业大学，2016.

［3］陈松云，何高大 . 机器智能视域下的教育发展与实践范式新探——2018《美国机器智能国家战略》的启示［J］. 远程教育杂志，2016，36（3）：34-44.

［4］陈文波，黄丽华 . 组织信息技术采纳的影响因素研究述评［J］. 软科学，2006（3）：1-4.

［5］程开明 . 结构方程模型的特点及应用［J］. 统计与决策，2006（10）：22-25.

［6］杜龙波 . 企业用户人工智能技术采纳行为研究［D］. 北京邮电大学，2019.

［7］杜运周，贾良定 . 组态视角与定性比较分析（QCA）：管理学研究的一条新道路［J］. 管理世界，2017（6）：155-167.

［8］对话机器人市场调查报告：到 2026 年或将突破 10 亿美元规模［EB/OL］. Report and Data.［2019-08-28］. https：//www. infoq. cn/article/Tuzykh2D6W2MgWt9eou1.

［9］范齐，马闻远，张朔 . 基于 TAM 模型的线上购物中信任对购买意图的多重作用研究［J］. 山东师范大学学报（自然科学版），2018，33（2）：215-221.

［10］Futurism. 当你对一个聊天机器人敞开了心扉，它不再是智障［EB/OL］.［2018-02-02］. https：//tech. 163. com/18/0202/07/D9KE3A5L00097UDT. html.

［11］高杰 . 颠覆式创新："区块链+新闻"平台特点与发展瓶颈［J］. 中国报业，2020（5）：22-25.

［12］高妮妮 . 显性与隐性视角下的医院成本管理研究［D］. 天津大学，2014.

［13］高妮妮，刘子先．隐性成本含义、估测方法和控制方法研究述评［J］．科研管理，2014，35（9）：69-78.

［14］郭其鑫，于卫红，李朝辉．面向客户服务的聊天机器人系统设计［J］．软件，2019，40（9）：84-86.

［15］何哲．通向人工智能时代——兼论美国人工智能战略方向及对中国人工智能战略的借鉴［J］．电子政务，2016（12）：2-10.

［16］红玲，钟书华．企业技术联盟成本及其分配［J］．科研管理，2001（4）：92-98.

［17］胡凌．人工智能的法律想象［J］．文化纵横，2017（4）：108-116.

［18］胡维平，赵亚洁．浅析 90 后与人工智能的交互共处［J］．艺术科技，2017（7）：425.

［19］胡祥培，尹进．信任传递模型研究综述［J］．东南大学学报（哲学社会科学版），2013，15（4）：7+46-51+135.

［20］黄晓莉，田心悦，吕雪，等．人工智能与银行业人员需求变动研究［J］．合作经济与科技，2020（4）：76-78.

［21］姜云婷．可行性的展望：区块链技术在新闻行业中的运用［J］．传播力研究，2019，3（7）：46.

［22］匡文波，黄琦翔，郭奕．区块链与新闻业：应用与困境［J］．中国报业，2020（5）：16-19.

［23］匡文波，杨梦圆，郭奕．区块链技术如何为新闻业解困［J］．新闻论坛，2020（1）：18-20.

［24］李本．美国司法实践中的人工智能：问题与挑战［J］．中国法律评论，2018（2）：54-55.

［25］李锦峰，滕福星．从技术伦理视角审视人机聊天［J］．自然辩证法研究，2008（9）：38-41.

［26］李梦芸．人工智能时代财务会计向管理会计转型思考［J］．合作经济与科技，2019（20）：172-173.

［27］李蔚，何海兵．定性比较分析方法的研究逻辑及其应用［J］．上海行政学院学报，2015，16（5）：92-100.

［28］林海，鄢平，严中华，等．消费者初次网络购物中信任与不信任影响因素差异的实证研究［J］．现代情报，2015，35（4）：31-34+45.

［29］林家宝，万俊毅，鲁耀斌．生鲜农产品电子商务消费者信任影响因素分析：以水果为例［J］．商业经济与管理，2015（5）：5-15.

［30］刘国刚．人工智能客户服务体系的研究与实现［J］．现代电信科技，2009，39（3）：50-54+59.

［31］刘若泉．浅析如何利用需求层次理论进行客户服务管理［J］．现代商业，2016（5）：92-93.

［32］刘湲．企业隐性成本分析与控制［J］．西部财会，2011（8）：28-30.

［33］罗仕鉴．群智创新：人工智能 2.0 时代的新兴创新范式［J］．包装工程，2020，41（6）：12.

［34］吕文晶，徐丽，刘进，等．中国人工智能研究的十年回顾——基于 2008—2017 年间文献计量和知识图谱分析［J］．技术经济，2018，37（10）：73-78+116.

［35］Ma M. 对抗抑郁症带来的悲伤，治愈系 AI 心理医生会有用吗?［EB/OL］．［2020-01-21］．https：//www. tmtpost. com/4234886. html.

［36］聂双．人工智能：给市场营销一个新时代［J］．中国对外贸易，2017（6）：58-59.

［37］欧月萍．浅议人工智能时代财务会计向管理会计的转型［J］．中国商论，2019（20）：172-173.

［38］彭红霞，徐贤浩，张予川．基于 TOE 框架的企业采纳 RFID 决定性因素研究［J］．技术经济与管理研究，2013（11）：3-7.

［39］齐佳音，胡帅波，张亚．人工智能聊天机器人在数字营销中的应用：文献综述［J］．北京邮电大学学报（社会科学版），2020，22（4）：59-70.

［40］戎晨珊．区块链技术对新闻业商业模式的影响［J］．中国传媒科技，2019（2）：10-13.

［41］邵必林，孔瑞青，林森．建筑施工项目隐性成本量化模型构建及应用［J］．西安建筑科技大学学报（自然科学版），2018，50（2）：285-294+300.

［42］邵必林，张妍．我国物流企业管理隐性成本评价模型研究［J］．物流技术，2015，34（9）：98-100.

［43］沈俊鑫，李爽，张经阳．大数据产业发展能力影响因素研究——基于 fsQCA 方法［J］．科技管理研究，2019，39（7）：140-147.

［44］孙国强，石文萍．大学校园微信用户非理性集群行为生成路径研究——基于清晰集的定性比较分析［J］．情报科学，2017，35（5）：150-156.

［45］陶锋．当代人工智能哲学的问题、启发与共识——“全国人工智能哲学与跨学科思维论坛”评论［J］．四川师范大学学报（社会科学版），2018，45（4）：29-33.

[46] 汪庆华. 人工智能的法律规制路径：一个框架性讨论 [J]. 现代法学, 2019, 41 (2): 54-63.

[47] 王凤彬, 江鸿, 王璁. 央企集团管控架构的演进：战略决定、制度引致还是路径依赖？——一项定性比较分析（QCA）尝试 [J]. 管理世界, 2014 (12): 92-114+187-188.

[48] 王闰芳, 赵义国. 从管理角度看企业的隐性成本 [J]. 冶金财会, 2006 (11): 22-23.

[49] 王浩畅, 李斌. 聊天机器人系统研究进展 [J]. 计算机应用与软件, 2018, 35 (12): 1-6+89.

[50] 王树良, 李大鹏, 赵柏翔, 等. 聊天机器人技术浅析 [J]. 武汉大学学报（信息科学版）, 2019 (1): 1-8.

[51] 王燕, 侯建荣. 享乐/功利态度对人工/机器人服务方式的选择偏好研究 [J]. 上海管理科学, 2019, 41 (6): 37-42.

[52] 杨曦, 罗平, 贾古丽. 基于社会学信任理论的软件可信性概念模型 [J]. 电子学报, 2019, 47 (11): 2344-2353.

[53] 姚飞, 张成里, 陈武. 清华智能聊天机器人"小图"的移动应用 [J]. 现代图书情报技术, 2014, 30 (7): 120-126.

[54] 殷佳章, 房乐宪. 欧盟人工智能战略框架下的伦理准则及其国际含义 [J]. 国际论坛, 2020 (2): 18-30+155-156.

[55] 尤建新, 柳彦青, 杜学美. 企业质量信誉损失评估模型研究 [J]. 管理学报, 2004 (2): 127-128+221-223.

[56] 张昌盛. 未来人工智能是否能够跨越"恐怖谷"？——一种现象学视角的考察 [J]. 重庆理工大学学报（社会科学版）, 2019, 33 (12): 143-151.

[57] 张驰, 郑晓杰, 王凤彬. 定性比较分析法在管理学构型研究中的应用：述评与展望 [J]. 外国经济与管理, 2017, 39 (4): 68-83.

[58] 张斯博. 客户服务与市场营销整合的价值研究 [J]. 中外企业家, 2020 (3): 20.

[59] 赵海丹. 结构方程模型在管理学实证研究中的应用 [J]. 商场现代化, 2014 (5): 69-70.

[60] 赵玲玲, 罗军. 基于 Android 的智能聊天机器人设计 [J]. 现代计算机（专业版）, 2016 (25): 18.

[61] 钟涵. 信息时代背景下人工智能在会计管理中的应用探析 [J]. 中国乡镇企业会计, 2020 (4): 232-233.

［62］邹蕾，张先锋．人工智能及其发展应用［J］．信息网络安全，2012（2）：11-13.

［63］左亦鲁．算法与言论——美国的理论与实践［J］．环球法律评论，2018（5）：122-139.

［64］Aguirre-Duarte N. Can people with asymptomatic or pre-symptomatic COVID-19 infect others：A systematic review of primary data［M］. MedRxiv，2020.

［65］Ai T.，Yang Z.，Hou H.，Zhan C.，Chen C.，Lv W.，Xia L. Correlation of chest CT and RT-PCR testing in coronavirus disease 2019（COVID-19）in China：A report of 1014 cases［J］. Radiology，2020，296（2）：E32-E40.

［66］Aly A.，Tapus A. Towards an intelligent system for generating an adapted verbal and nonverbal combined behavior in human-robot interaction［J］. Autonomous Robots，2016，40（2）：193-209.

［67］Ankel S. As China lifts its coronavirus lockdowns，authorities are using a color-coded health system to dictate where citizens can go［J］. Business Insider，2020（28）.

［68］Anupam Chander. The racist algorithm［J］. Michigan Law Review，2017，115（6）：1027.

［69］Arnold V.，Collier P. A.，Leech S. A.，Sutton S. G. Impact of intelligent decision aids on expert and novice decision-makers' judgements［J］. Accounting and Finance，2004（44）：1-26.

［70］Atwal，Glyn，Alistair Williams. Luxury brand marketing-the experience is everything! Advances in luxury brand management［M］. London：Palgrave Macmillan，2017：43-57.

［71］Awa H. O.，Ukoha O.，Emecheta B. C. Using T-O-E theoretical framework to study the adoption of ERP solution［J］. Cogent Business & Management，2016，3（1）.

［72］Baker A. L.，Phillips E. K.，Ullman D.，Keebler J. R. Toward an understanding of trust repair in human-robot interaction［J］. ACM Transactions on Interactive Intelligent Systems，2018，8（4）：1-30.

［73］Schär A.，Stanoevska-Slabeva K. Application of digital nudging in customer journeys-A Systematic Literature Review［C］. The Twenty-fifth Americas Conference on Information Systems，2019.

［74］Baker S. R.，Farrokhnia R. A.，Meyer S.，Pagel M.，Yannelis C. How does household spending respond to an epidemic? Consumption during the 2020 COVID-19 pandemic (No. w26949) [R]. National Bureau of Economic Research, 2020.

[75] Bansal G., Zahedi F. M., Gefen D. The role of privacy assurance mechanisms in building trust and the moderating role of privacy concern [J]. European Journal of Information Systems, 2015, 24 (6): 624-644.

[76] Baskerville R., Myers M., Yoo Y. Digital first: The ontological reversal and new challenges for IS [J]. MIS Quarterly, 2020 (44).

[77] Bass B., Goodwin M., Brennan K., et al. Effects of age and gender stereotypes on trust in an anthropomorphic decision aid [R]. Proceedings of the Human Factors and Ergonomics Society Annual Meeting, 2013, 57 (1): 1575-1579.

[78] Bedard J., L. Graham Jr. Auditors' knowledge organization: Observations from audit practice and their implications [J]. A Journal of Practice & Theory, 1994, 13 (1): 73-83.

[79] Bell T. B., Carcello J. V. A decision aid for assessing the likelihood of fraudulent financial reporting [J]. Auditing: A Journal of Practice and Theory, 2000, 19 (1): 169-182.

[80] Berry, Dianne C., Laurie T. Butler, Fiorella De Rosis. Evaluating a realistic agent in an advice-giving task [J]. International Journal of Human-Computer Studies, 2005, 63 (3): 304-327.

[81] Boris Babic, Daniel L. Chen, Theodoros Evgeniou, et al. A better way to onboard AI [J]. Harvard Business Review, 2020 (11).

[82] Bradley J. In scramble for coronavirus supplies, rich countries push poor aside [N]. The New York Times, 2020.

[83] Brandtzaeg Petter Bae, Asbjørn Følstad. Why people use chatbots [C]. International Conference on Internet Science. Springer, Cham, 2017: 20.

[84] Broad W. J. A. I. Versus the Coronavirus [N/OL]. The New York Times, https://www.nytimes.com/2020/03/26/science/ai-versus-the-coronavirus.html, 2020-3-26.

[85] Bryjnjolfsson E., Daniel R., Syverson C. Unpacking the AI-productivity paradox [J]. MIT Sloan Management Review, 2018 (16): 5.

[86] Brynjolfsson E, Rock D, Syverson C. Artificial intelligence and the modern productivity paradox [J]. The Economics of Artificial Intelligence: An Agenda, 2019: 23.

[87] Bullock J., Pham K. H., Lam C. S. N., Luengo-Oroz M. Mapping the landscape of artificial intelligence applications against COVID-19 [J]. Journal of Artificial Intelligence Research, 2020 (69): 807-845.

[88] Bozic B., Kuppelwieser V. G. Customer trust recovery: An alternative explanation [J]. Journal of Retailing and Consumer Services, 2019 (49): 208-218.

[89] Bozic B. Consumer trust repair: A critical literature review [J]. European Management Journal, 2017, 35 (4): 538-547.

[90] Zarouali B., Van den Broeck E., Walrave M. and Poels K. Predicting consumer responses to a chatbot on Facebook [J]. Cyberpsychology, Behavior, and Social Networking, 2018, 21 (8): 491-497.

[91] Campbell D. T. Common fate, similarity, and other indices of the status of aggregates of persons as social entities [J]. Behavioral Science, 1958, 3 (1): 14.

[92] Can T. K., Mete T., Burcu B. Impact of RPA technologies on accounting systems [J]. The Journal of Accounting and Finance, 2018 (82): 235-250.

[93] Choedak K. The effect of chatbots response latency on users' trust [D]. University of Oklahoma, 2020.

[94] Chung M., Ko E., Joung H., Kim S. J. Chatbot e-service and customer satisfaction regarding luxury brands [J]. Journal of Business Research, 2020 (117): 587-595.

[95] Comunale C., Sexton T. R. A fuzzy logic approach to assessing materiality [J]. Journal of Emerging Technologies in Accounting, 2005 (2): 1-15.

[96] Conboy K. Being promethean [J]. European Journal of Information Systems, 2019, 28 (2): 119-125.

[97] Corman V. M., Landt O., Kaiser M., Molenkamp R., Meijer A., Chu D. K., Mulders D. G., et al. Detection of 2019 novel coronavirus (2019-nCoV) by real-time RT-PCR [J]. Eurosurveillance, 2020, 25 (3).

[98] Corritore C. L., Kracher B., Wiedenbeck S. On-line trust: Concepts, evolving themes, a model [J]. International Journal of Human-computer Studies, 2003, 58 (6): 737-758.

[99] COVID-19 National Emergency Response Center, Epidemiology & Case Management Team, Korea Centers for Disease Control & Prevention. Contact Transmission of COVID-19 in South Korea: Novel Investigation Techniques for Tracing Contacts [J]. Osong Public Health and Research Perspectives, 2020, 11 (1): 60-63.

[100] Thompson C. Assessing Chatbot Interaction as a Means of Driving Customer Engagement, 2018.

[101] Rei C. M. Causal evidence on the "Productivity Paradox" and implications for managers [J]. International Journal of Productivity and Performance Management, 2004, 53 (2): 129-142.

[102] Dabholkar, Pratibha A., Dayle I. Thorpe, Joseph O. Rentz. A measure of service quality for retail stores: Scale development and validation [J]. Journal of the Academy of Marketing Science, 1996, 24 (1): 3.

[103] Dahlia F., Aini A. Impacts of robotic process automation on global accounting services [J]. Asian Journal of Accounting and Governance, 2018 (9): 123-131.

[104] Dai J., M. Vasarhelyi. Imagineering Audit 4.0 [J]. Journal of Emerging Technologies in Accounting, 2016, 13 (1): 1-15.

[105] Daniel E. Coronavirus digital health passport to be supplied to 15 countries [J]. Verdict, 2020.

[106] Davenport T. H., J. Kirby. Just how smart are smart machines? [J]. MIT Sloan Management Review (Spring), 2016.

[107] David C. Introducing blue Prism: Robotic process automation for the enterprise [M]. San Francisco, CA: Chappell & Associates, 2017.

[108] David G., John K., Terry H., Bryan D. Medical group's adoption of electronic health records and information systems [J]. Health Affairs, 2005, 24 (5): 1323-1333.

[109] Davis F. D., Bagozzi R. P., Warshaw P. R. User acceptance of computer technology: A comparison of two theoretical models [J]. Management Science, 1989, 35 (8): 982-1003.

[110] Davis, Fred D., Richard P. Bagozzi, Paul R. Warshaw. User acceptance of computer technology: A comparison of two theoretical models [J]. Management Science, 1989, 35 (8): 982-1003.

[111] Deniz A., Alexander K., Miklos A. V. Big data and analytics in the modern audit engagement research needs [J]. A Journal of Practice & Theory, 2017, 36 (4): 1-27.

[112] Department of Health and Social Care. Government launches NHS Test and Trace service [EB/OL]. GOV. UK. Retrieved from https: //www. gov. uk/govern-

ment/news/government-launches-nhs-test-and-trace-service, 2020.

[113] Barreau D. The hidden costs of implementing and maintaining information systems [J]. The Bottom Line: Managing Library Finances, 2001, 14 (4): 207-213.

[114] Chaffey D., Ellis-Chadwick F. Digital marketing strategy, implementation and practice [M]. London: Pearsonuk, 2019.

[115] Meyerson D., Weick K. E., Kramer R. M. Swift trust and temporary groups [J]. Trust in Organizations: Frontiers of Theory and Research, 1996: 166-195.

[116] Ullman D., Leite L., Phillips J., Kim-Cohen J., Scassellati B. Smart human, smarter robot: How cheating affects perceptions of social agency [J]. Proceedings of the Annual Meeting of the Cognitive Science Society, 2014, 36 (36).

[117] Kaczorowska-Spychalska D. How chatbots influence marketing [J]. Management, 2019, 23 (1): 251-270.

[118] Rousseau D. M., Sitkin S. B., Burt R. S. and Camerer C. Not so different after all: A cross-discipline view of trust [J]. Academy of Management Review, 1998, 23 (3): 393-404.

[119] Elena D. B. Applicability of a brand trust scale across product categories. A multigroup invariance analysis [J]. European Journal of Marketing, 2004, 38 (5-6): 573-592.

[120] European Commission. Building Trust in Human-Centric Artificial Intelligence [R]. 2019-4-8.

[121] European Data Protection Board. Statement by the EDFB chair on the processing of personal data in the context of the COVID-19 outbreak [EB/OL]. Retrieved from https://edpb.europa.eu/news/news/2020/statement-edpb-chair-processing-personal-data-context-covid-19-outbreak_en, 2020.

[122] Evan T. S. Understanding technology adoption: Theory and future directions for informal learning [J]. Review of Educational Research, 2009, 79 (2): 625-649.

[123] De Visser E. J., Peeters M. M. M., Jung M. F., Kohn S., Shaw T. H., Pak R., Neerincx M. A. Towards a theory of longitudinal trust calibration in Human-Robot Teams [J]. International Journal of Social Robotics, 2020, 12 (2): 459-478.

[124] Schurink E. The role of perceived social presence in online shopping: The effects of chatbot appearance on perceived social presence, satisfaction and purchase intention [D]. Master, University of Twente, 2019.

[125] Van den Broeck E., Zarouali B., Poels K. Chatbot advertising effectiveness: When does the message get through? [J]. Computers in Human Behavior, 2019 (98): 150-157.

[126] Fang Y., Zhang H., Xie J., Lin M., Ying L., Pang P. and Ji W. Sensitivity of chest CT for COVID-19: Comparison to RT-PCR [J]. Radiology, 2020.

[127] Fernandes N. Economic effects of coronavirus outbreak (COVID-19) on the world economy [EB/OL]. DOI: 10.2139/ssrn.3357504, 2020.

[128] Ferretti L., Wymant C., Kendall M., Zhao L., Nurtay A., Abeler-Dörner L. and Fraser C. Quantifying SARS-CoV-2 transmission suggests epidemic control with digital contact tracing [J]. Science, 2020, 368 (6491).

[129] Følstad A., Brandtzaeg P. B. Users' experiences with chatbots: Findings from a questionnaire study [J]. Quality and User Experience, 2020, 5 (1): 3.

[130] Følstad A., Nordheim C. B., Bjørkli C. A. What makes users trust a chatbot for customer service? An exploratory interview study; proceedings of the International Conference on Internet Science, INSCI 2018, F [C]. Springer, 2018.

[131] Gasper, Karen, Kosha D. Bramesfeld. Imparting wisdom: Magda Arnold's contribution to research on emotion and motivation [J]. Cognition and Emotion, 2006, 20 (7): 1001-1026.

[132] Gefen, David. E-commerce: The role of familiarity and trust [J]. Omega, 2000, 28 (6): 725-737.

[133] Glaser B., Strauss L. The discovery of grounded theory: Strategies for qualitative research [M]. Chicago: Aldine, 1967.

[134] Glikson E., Woolley A. W. Human Trust in Artificial Intelligence: Review of Empirical Research [J]. Academy of Management Annals, 2020, 14 (2): 1-90.

[135] Gnewuch U., Morana S., Adam M., et al. Faster is not always better: Understanding the effect of dynamic response delays in human-chatbot interaction [C]. Proceedings of the Twenty-Sixth European Conference on Information Systems, Portsmouth, UK, 2018.

[136] Google Duplex: An AI System for Accomplishing Real-World Tasks over

the Phone [EB/OL]. Yaniv Leviathan and Yossi Matias, 2018-05-08.

[137] Graham L., J. Damens, G. Van Ness. Developing risk advisorism: An expert system for risk identification [J]. A Journal of Practice & Theory, 1991, 10 (1): 69-96.

[138] Green B. P., Choi J. H. Assessing the risk of management fraud through neural network technology [J]. A Journal of Practice and Theory, 1997, 16 (1): 14-28.

[139] Griffiths J. Renewed outbreaks in South Korea, Germany and China show continued risk as more countries seek to reopen [EB/OL]. CNN, 2020, Retrieved from https://www.cnn.com/2020/05/11/asia/china-south-korea-coronavirus-reopening-intl-hnk/index.html.

[140] Guimón J., Narula R. A Happy exception: The pandemic is driving global scientific collaboration [J]. Issues in Science and Technology, 2020.

[141] Gunia A. What South Korea's nightclub coronavirus outbreak can teach other countries as they reopen [EB/OL]. Time, 2020, Retrieved from https://time.com/5834991/south-korea-coronavirus-nightclubs/.

[142] Gao G. G., McCullough J., Agarwal R., Angst C. Deconstructing the Health IT Adoption Paradox, 2009: 1-6.

[143] Hinton G., Deng L., Yu D., Dahl G. E., Mohamed A., Jaitly N., Senior A., Vanhoucke V., Nguyen P., Sainath T. N., Kingsbury B. Deep neural networks for acoustic modeling in speech recognition: The shared views of four research groups [J]. IEEE Signal Processing Magazine, 2012, 29 (6): 82-97.

[144] Sahaja G., Priyanka V., PreetiUppala M. P., Murthy B. R. Chatbot-A Variety of Lifestyles [J]. Journal of Applied Science and Computations, 2019, VI (I): 367-378.

[145] Hancock P. A., Billings D. R., Schaefer K. E., et al. A meta-analysis of factors affecting trust in human-robot interaction [J]. Human Factors, 2011, 53 (5): 517-527.

[146] Hansen S. D., Dunford B. B., Alge B. J., et al. Corporate social responsibility, ethical leadership, and trust propensity: A multi-experience model of perceived ethical climate [J]. Journal of Business Ethics, 2016, 137 (4): 649-662.

[147] Haselhuhn M. P., Kennedy J. A., Kray L. J., et al. Gender differences in trust dynamics: Women trust more than men following a trust violation [J]. Journal

of Experimental Social Psychology, 2015.

[148] Hellewell J., Abbott S., Gimma A., Bosse N. I., Jarvis C. I., Russell T. W., Flasche S., et al. Feasibility of controlling COVID-19 outbreaks by isolation of cases and contacts [J]. The Lancet Global Health, 2020.

[149] Ho C., Macdorman K. F. Revisiting the uncanny valley theory: Developing and validating an alternative to the godspeed indices [J]. Computers in Human Behavior, 2010, 26 (6): 1508-1518.

[150] Hobbes T. Leviathan [M]. Menston, U. K.: Scolar Press, 1969.

[151] Holtgraves T., Ross S. J., Weywadt C., et al. Perceiving artificial social agents [J]. Computers in Human Behavior, 2007, 23 (5).

[152] Huang C., Wang Y., Li X., Ren L., Zhao J., Hu Y., Cheng Z. Clinical features of patients infected with 2019 novel coronavirus in Wuhan, China [J]. The Lancet, 2020, 395 (10223): 497-506.

[153] Hunter D. J. COVID-19 and the stiff upper lip—The pandemic response in the United Kingdom [J]. New England Journal of Medicine, 2020, 382 (16): 31.

[154] Hu E. COVID-19 Testing: Challenges, Limitations and Suggestions for Improvement, 2020.

[155] De Haan H., Snijder J., Van Nimwegen C., Beun R. J. Chatbot Personality and Customer Satisfaction [D]. Bachelor, Utrecht University, 2018.

[156] IEEE Corporate Advisory Group. IEEE guide for terms and concepts in intelligent process automation [M]. New York: IEEE, 2017.

[157] Ienca M., Vayena E. On the responsible use of digital data to tackle the COVID-19 pandemic [J]. Nature Medicine, 2020, 26 (4): 463-464.

[158] Independent High-Level Expert Group on AI Set up by the European Commission, Ethics Guidelines for Trustworthy AI [EB/OL]. https://ec.europa.eu/digital-single-market/en/news/ethics-guidelines-trustworthy-ai.

[159] Influencer Marketing Hub, 2020. COVID-19 Marketing Report: Statistics and Ad Spend [EB/OL]. Retrieved from https://influencermarketinghub.com/coronavirus-marketing-ad-spend-report/.

[160] Isaac V., Shame A. 2020. AMCIS: Adoption and Diffusion of Ambivalent Information Technologies [EB/OL]. Available at: https://amcis2020.aisconferences.org/track-descriptions/#toggle-id-2.

[161] Ischen C., Araujo T., Voorveld H., et al. Privacy concerns in chatbot

interactions [C]. Springer, 2019.

[162] Purcărea I. M. Digital Marketing Trends Transforming Marketing [J]. Digital Marketing to Patients, 2019.

[163] James Y. L. T. An integrated model of information systems adoption in small business [J]. Journal of Management Information System, 1999, 15 (4): 187-214.

[164] Javaid M., Haleem A., Vaishya R., Bahl S., Suman R., Vaish A. Industry 4.0 technologies and their applications in fighting COVID-19 pandemic [J]. Diabetes & Metabolic Syndrome: Clinical Research & Reviews, 2020.

[165] Jia J. S., Lu X., Yuan Y., Xu G., Jia J., Christakis N. A. Population flow drives spatio-temporal distribution of COVID-19 in China [J]. Nature, 2020: 1-11.

[166] John Mc Carthy. What is artificial intelligence? [J]. Communications of the Acm, 2016: 1-4.

[167] Julia K., Tomas H. D. The emergence of artificial intelligence: How automation is changing auditing [J]. Journal of Emerging Technologies in Accounting, 2017, 14 (1): 115-122.

[168] Justinger J., Heuer T., Schiering I., Gerndt R. Forgetfulness as a feature: Imitation of Human Weaknesses for Realizing Privacy Requirements [J]. Proceedings of Mensch and Computer, 2019: 825-830.

[169] Avery J. and Steenburgh T. HubSpot and Motion AI: Chatbot-Enabled CRM [J]. Harvard Business School Case, 2018, 518 (67): 1-24.

[170] Lee J. D. and See K. A. Trust in automation: Designing for appropriate reliance [J]. Human Factors, 2004, 46 (1): 50-80.

[171] Lannoy J. The effect of chatbot personality on emotional connection and customer satisfaction [D]. Master Business Administration, University of Twente, 2017.

[172] Wildman J. L., Shuffler M. L., Lazzara E. H., Fiore S. M., Burke C. S., Salas E. and Garven S. Trust development in swift starting action teams [J]. Group & Organization Management, 2012, 37 (2): 137-170.

[173] Mell J. N., DeChurch L., Contractor N., Leenders R. Identity asymmetries: An experimental investigation of social identity and information exchange in multiteam systems [J]. Academy of Management Journal, 2020.

[174] Stein J. P., Ohler P. Venturing into the uncanny valley of mind: The in-

fluence of mind attribution on the acceptance of human-like characters in a virtual reality setting [J]. Cognition, 2017 (160): 43-50.

[175] Trivedi J. Examining the customer experience of using banking chatbots and its impact on brand love: The moderating role of perceived risk [J]. Journal of Internet Commerce, 2019, 18 (1): 91-111.

[176] Quah J. T., Chua Y. Chatbot assisted marketing in financial service industry [C]. The International Conference on Services Computing, 2019.

[177] Vom J. Brocke, Simons A., Niehaves B., Riemer K., Plattfaut R., Cleven A. Reconstructing the giant: On the importance of rigour in documenting the literature search process [Z]. The ECIS 2009 Proceedings, 2009.

[178] Kaczorowska-Spychalska D. How chatbots influence marketing [J]. Management, 2019, 23 (1): 251-270.

[179] Kamil O. The application of artificial intelligence in auditing: Looking back to the future [J]. Expert Systems with Applications, 2012: 8490-8495.

[180] Kim M. W., Liao W. M. Estimating hidden quality costs with qualityloss Functions [J]. Accounting Horizons, 1994.

[181] Kim S., Park, G., Lee Y., Choi S. Customer emotions and their triggers in luxury retail: Understanding the effects of customer emotions before and after entering a luxury shop [J]. Journal of Business Research, 2016, 69 (12): 5809-5818.

[182] Kim, Angella Jiyoung and Eunju Ko. Impacts of luxury fashion brand's social media marketing on customer relationship and purchase intention [J]. Journal of Global Fashion Marketing, 2010, 1 (3): 164-171.

[183] KPMG. KPMG intelligent auditing [EB/OL]. http: //www. sohu. com/a/338081497_120070887, 2019.

[184] Krizhevsky A., Sutskever I., Hinton G. E. Imagenet classification with deep convolutional neural networks [J]. Advances in Neural Information Processing Systems, 2012: 25.

[185] Kuan K. K. Y., P. Y. K. Chau. A perception-based model for EDI Adoption in small businesses using a technology - organization - environment framework [J]. Information & Management, 2001, 38 (8): 507-521.

[186] Kummitha R. K. R. Smart technologies for fighting pandemics: The techno-and human-driven approaches in controlling the virus transmission [J]. Government Information Quarterly, 2020.

[187] Kupfesrchmidt K., Cohen J. Can China's COVID-19 strategy work elsewhere? [J]. Science, 2020 (367): 1061-1062.

[188] Gray K., Wegner D. M. Feeling robots and human zombies: Mind perception and the uncanny valley [J]. Cognition, 2012, 125 (1): 125-130.

[189] Jarek K., Mazurek G. Marketing and artificial intelligence [J]. Central European Business Review, 2019, 8 (2): 46-55.

[190] Lee K. M., Jung Y., Kim J., Kim S. R. Are physically embodied social agents better than disembodied social agents?: The effects of physical embodiment, tactile interaction, and people's loneliness in human-robot interaction [J]. International Journal of Human-computer Studies, 2006, 64 (10): 962-973.

[191] Lemon K. N., Verhoef P. C. Understanding customer experience throughout the customer journey [J]. Journal of Marketing, 2016, 80 (6): 69-96.

[192] Terada K., Jing L., Yamada S. Effects of agent appearance on customer buying motivations on online shopping sites [Z]. Proceedings of the 33rd Annual ACM Conference Extended Abstracts on Human Factors in Computing Systems-CHI EA'15, 2015, 929-934.

[193] LabCorp. Fact sheet for healthcare providers [J]. Laboratory Corporation of America Holdings, 2020.

[194] Lankton N. K., Mcknight D. H., Tripp J. Technology, humanness, and trust: Rethinking trust in technology [J]. Journal of the Association for Information Systems, 2015, 16 (10): 880-918.

[195] Lau H., Khosrawipour V., Kocbach P., Mikolajczyk A., Schubert J., Bania J., Khosrawipour T. The positive impact of lockdown in Wuhan on containing the COVID-19 outbreak in China [J]. Journal of Travel Medicine, 2020, 27 (3).

[196] Lee D. KPMG recruits IBM Watson for cognitive tech audits, insights [J]. Accounting Today, 2016 (March 8).

[197] Lee H. China, South Korea Ease Border Controls for Business Travel [M]. Bloomberg, 2020.

[198] LEE, Jungwoo. Discriminant analysis of technology adoption behavior: A case of internet technologies in small businesses [J]. Journal of Computer Information Systems, 2004, 44 (4): 57-66.

[199] Lensberg T., Eilifsen A., McKee T. E. Bankruptcy theory development and classification via genetic programming [J]. European Journal of Operational Re-

search, 2006, 169 (2): 677-697.

[200] Li Xin, Traci J. Hess, Joseph S. Valacich. Why do we trust new technology? A study of initial trust formation with organizational information systems [J]. The Journal of Strategic Information Systems, 2008, 17 (1): 39-71.

[201] Li, Z., Yi, Y., Luo X., Xiong N., Liu Y., Li S., Zhang Y. Development and clinical application of a rapid IgM-IgG combined antibody test for SARS-CoV-2 infection diagnosis [J]. Journal of Medical Virology, 2020.

[202] Liu J. and Greater H. Deployment of Health IT in China's Fight Against the COVID-19 Pandemic [EB/OL]. Imaging Technology News, 2020-4-2. https://www.itnonline.com/article/deployment-health-it-china%E2%80%99s-fight-against-covid-19-pandemic.

[203] Luo X., Tong S., Fang Z., et al. Frontiers: Machines vs. Humans: The impact of artificial intelligence chatbot disclosure on customer purchases [J]. Marketing Science, 2019, 38 (6): 937-947.

[204] L. Cui, S. Huang, F. Wei, C. Tan, C. Duan, M. Zhou. Superagent: A customer service chatbot for e-commerce websites [J]. Proceedings of ACL, 2017: 97-102.

[205] L. Takayama, W. Ju, C. Nass. Beyond dirty, dangerous and dull: What everyday people think robots should do [C]. 2008 3rd ACM/IEEE International Conference on Human-Robot Interaction (HRI), IEEE, 2008: 25-32.

[206] Malle B. F., Ullman D. A Multi-Dimensional Conception and Measure of Human-Robot Trust [M]. Elsevier, 2020: 3-25.

[207] Manav R., Robert S. Primer on artificial intelligence and robotics [J]. Journal of Organization Design, 2019, 8 (11): 1-14.

[208] Max G., Dan K., Okayanus P., Cornelius S., Minna M., Othmar M. L. Current State and challenges in the implementation of robotic process automation and artificial intelligence in accounting and auditing [J]. Journal of Finance and Risk Perspectives, 2019 (8): 31-46.

[209] Mayer R. C., Davis J. H., Schoorman F. D. An integrative model of organizational trust [J]. Academy of Management Review, 1995, 20 (3): 709-734.

[210] Mayer, Roger C., James H. Davis, F. David Schoorman. An integrative model of organizational trust [J]. Academy of Management Review, 1995, 20 (3): 709-734.

[211] McCarthy J., M. L. Minsky, N. Rochester, C. E. Shannon. A proposal for the Dartmouth summer research project on artificial intelligence August 31, 1955 [J]. AI Magazine, 2006 (27): 12-14.

[212] McClimans F. Welcoming our robotic security underlings [EB/OL]. https://www.hfsresearch.com/pointsofview/welcoming-our-roboticsecurity-Underlings, 2016.

[213] McDonald S. Contact-tracing apps are political Brookings [EB/OL]. https://www.brookings.edu/techstream/contact-tracing-apps-are-political/, 2020.

[214] McKee M., Stuckler D. If the world fails to protect the economy, COVID-19 will damage health not just now but also in the future [J]. Nature Medicine, 2020, 26 (5): 640-642.

[215] Mcknight D. H., Carter M., Thatcher J. B., et al. Trust in a specific technology: An investigation of its components and measures [J]. ACM Transactions on Management Information Systems, 2011, 2 (2): 12.

[216] McKnight D. Harrison, Norman L. Chervany. What is trust? A conceptual analysis and an interdisciplinary model [J]. AMCIS 2000 Proceedings, 2000:382.

[217] McKnight D. Harrison, Norman L. Chervany. What trust means in e-commerce customer relationships: An interdisciplinary conceptual typology [J]. International Journal of Electronic Commerce, 2001, 6 (2): 35-59.

[218] McLean, Graeme, Kofi Osei-Frimpong. Chat now Examining the variables influencing the use of online live chat [J]. Technological Forecasting and Social Change, 2019 (146): 55-67.

[219] Mei X., Lee H. C., Diao K. Y., Huang M., Lin B., Liu C., Yang Y., et al. Artificial intelligence-enabled rapid diagnosis of patients with COVID-19 [J]. Nature Medicine, 2020, 26 (8): 1224-1228.

[220] Merritt S. M., Ilgen D. R. Not all trust is created equal: Dispositional and history-based trust in human-automation interactions [J]. Human Factors, 2008, 50 (2): 194-210.

[221] Mileounis, R. H. Cuijpers, E. I. Barakova. Creating robots with personality: The effect of personality on social intelligence [Z]. The International Work-Conference on the Interplay Between Natural and Artificial Computation, 2015.

[222] Mishra A. K. Organizational responses to crisis. Trust in organizations [J]. Frontiers of Theory and Research, 1996, 3 (5): 261-287.

[223] Mori, Masahiro. The uncanny valley [J]. Energy, 1970, 7 (4): 33-35.

[224] Muntinga, Daniël G., Marjolein Moorman, Edith G. Smit. Introducing COBRAs: Exploring motivations for brand-related social media use [J]. International Journal of Advertising, 2011, 30 (1): 13-46.

[225] Murugeswari M. COVID-19 social distances and health issues in India [J]. Tathapi with ISSN 2320-0693 is an UGC CARE Journal, 2020, 19 (8): 947-952.

[226] Bacharach M. and Gambetta D. Trust as type detection [C]. Trust and Deception in Virtual Societies, Dordrecht: Springer, 2001: 1-26.

[227] Chung M., Ko E., Joung H., Kim S. J. Chatbot e-service and customer satisfaction regarding luxury brands [J]. Journal of Business Research, 2018.

[228] McTear M. F., Callejas Z., Griol D. The conversational interface (Vol. 6) [M]. Cham Switzerland: Springer, 2016.

[229] Hajli M., Sims J. M. Information technology (IT) productivity paradox in the 21st century [J]. International Journal of Productivity and Performance Management, 2015, 64 (4): 457-478.

[230] Koufaris M. Applying the technology acceptance model and flow theory to online consumer behavior [J]. Information Systems Research, 2002, 13 (2): 115-225.

[231] Mori M. The uncanny valley [J]. Energy, 1970, 7 (4): 33-35.

[232] Stevens M., MacDuffie J. P., Helper S. Reorienting and recalibrating inter organizational relationships: Strategies for achieving optimal trust [J]. Organization Studies, 2015, 36 (9): 1237-1264.

[233] M. T. P. M. B. Tiago, J. M. C. Veríssimo. Digital marketing and social media: Why bother? [J]. Business Horizons, 2014, 57 (6): 703-708.

[234] Wiesche M., Joseph D., Ahuja M., Watson-Manheim M. B., Langer N. The future of the IT workforce [C]. Proceedings of the 2019 on Computers and People Research Conference-SIGMIS-CPR, 2019: 12-13.

[235] Anderson M. C., Banker R. D., Ravindram S. The new productivity paradox [J]. Communications of the ACM, 2003, 46 (3): 91-94.

[236] Huang M. H., Rust R. T. Artificial intelligence in service [J]. Journal of Service Research, 2018, 21 (2): 155-172.

[237] Bailey M. N. What has happened to productivity growth? [J]. Science,

1986, 234 (4775): 443-451.

[238] Nay O. Can a virus undermine human rights? [J]. Lancet Public Health, 2020.

[239] Nicola M., Alsafi Z., Sohrabi C., Kerwan A., Al-Jabir A., Iosifidis C., Agha R., et al. The socio-economic implications of the coronavirus and COVID-19 pandemic: A review [J]. International Journal of Surgery, 2020.

[240] Nordheim C. B., Følstad A., Bjørkli C. A. An Initial Model of trust in chatbots for customer service—Findings from a questionnaire study [J]. Interacting with Computers, 2019, 31 (3): 317-335.

[241] Nussbaumer-Streit B., Mayr V., Dobrescu A. I., Chapman A., Persad E., Klerings I., Gartlehner G. Quarantine alone or in combination with other public health measures to control COVID-19: A rapid review [J]. Cochrane Database of Systematic Reviews, 2020 (4).

[242] Nysveen, Herbjørn, Per E. Pedersen, Helge Thorbjørnsen. Intentions to use mobile services: Antecedents and cross-service comparisons [J]. Journal of the Academy of Marketing Science, 2005, 33 (3): 330-346.

[243] Balasudarsun N., Sathish M., Gowtham K. Optimal ways for companies to use Facebook Messenger Chatbot as a Marketing Communication Channel [J]. Asian Journal of Business Research, 2018, 8 (2): 1-17.

[244] Gillespie N., Dietz G. Trust repair after an organization-level failure [J]. Academy of Management Review, 2009, 34 (1): 127-145.

[245] Sotolongo N., Copulsky J. Conversational marketing: Creating compelling customer connections [J]. Applied Marketing Analytics, 2018, 4 (1): 6-21.

[246] OECD. Tracking and tracing COVID: Protecting privacy and data while using apps and biometrics [R]. OECD, Paris, 2020.

[247] Oliveira T., M. F. Martins. Literature review of information technology adoption models at firm level [J]. Electronic Journal of Information Systems Evaluation, 2011, 14 (1): 110.

[248] O'Leary D. E. Auditor environmental assessments [J]. International Journal of Accounting Information Systems, 2003 (4): 275-294.

[249] Pak R., Mclaughlin A. C., Bass B. A multi-level analysis of the effects of age and gender stereotypes on trust in anthropomorphic technology by younger and older adults [J]. Ergonomics, 2014, 57 (9): 1277-1289.

[250] Pan M., W. Jang. Determinants of the Adoption of Enterprise Resource Planning within the Technology - Organization - Environment Framework: Taiwan's Communications Industry [J]. Journal of Computer Information Systems, 2008, 48 (3): 94-102.

[251] Pasley J. China is renewing lockdown restrictions after new coronavirus clusters were found in Wuhan and Shulan, 2 cities hundreds of miles apart [J]. Business Insider, 2020.

[252] Peiffer-Smadja, N. Maatoug, R. Lescure F., et al. Machine learning for COVID-19 needs global collaboration and data-sharing [J]. Nature Machine Intelligence, 2020.

[253] Brandtzaeg P. B., Følstad A. Chatbots: Changing user needs and motivations [J]. Interactions, 2018, 25 (5): 38-43.

[254] Kannan P. Digital marketing: A framework, review and research agenda [J]. International Journal of Research in Marketing, 2017, 34 (1): 22-45.

[255] Robinette P., Howard A. M., Wagner A. R. Timing is key for robot trust repair [Z]. In International Conference on Social Robotics, Springer, Cham, 2015: 574-583.

[256] Quah J. T., Chua Y. Chatbot assisted marketing in financial service industry [C]. Springer Nature Switzerland AG, 2019.

[257] Ragin, Charles C. The comparative method, moving beyond qualitative and quantitative strategies [M]. Berkeley: University of California Press, 1987: 74.

[258] Rahwan, M. Cebrian, N. Obradovich, J. Bongard, J. F. Bonnefon, C. Breazeal, J. W. Crandall, N. A. Christakis, I. D. Couzin, M. O. Jackson, N. R. Jennings, E. Kamar, I. M. Kloumann, H. Larochelle, D. Lazer, R. McElreath, A. Mislove, D. C. Parkes, A. Pentland, M. E. Roberts, A. Shariff, J. B. Tenenbaum, M. Wellman. Machine behaviour [J]. Nature, 2019, 568 (7753): 477-486.

[259] Ranchordas S. Innovation-friendly regulation: The sunset of regulation, the sunrise of inno-vation [M]. Social Science Electronic Publishing, 2015.

[260] Rihoux, Benoit, Charles C. Ragin. Configurational comparative methods: Qualitative comparative analysis (QCA) and related techniques [M]. Thousand Oaks: Sage, 2009.

[261] Roberts L. M. Changing faces: Professional image construction in diverse organizations [J]. Academy of Management Review, 2005 (30): 685-711.

[262] Rocklöv J., Sjödin H., Wilder-Smith A. COVID-19 outbreak on the Diamond Princess cruise ship: Estimating the epidemic potential and effectiveness of public health countermeasures [J]. Journal of Travel Medicine, 2020.

[263] Rogers E. M. Diffusion of innovations [M]. Simon and Schuster, 2010.

[264] Rousseau D. M., Sitkin S. B., Burt R. S., et al. Not so different after all: A cross-discipline view of trust [J]. Academy of Management Review, 1998, 23 (3): 393-404.

[265] Rushe D., Holpuch A. Record 3.3m Americans file for unemployment as the US tries to contain Covid-19 [J]. The Guardian, 2020-5-26.

[266] Lount Jr. R. B., Zhong C. B., Sivanathan N., Murnighan J. K. [J]. Getting off on the wrong foot: The timing of a breach and the restoration of trust [J]. PersSoc Psychol Bull, 2008, 34 (12): 1601-1612.

[267] R. Croson, T. Boles, J. K. Murnighan. Cheap talk in bargaining experiments: Lying and threats in ultimatum games [J]. Journal of Economic Behavior & Organization, 2003, 51 (2): 143-159.

[268] Bies R. J., Tripp T. M. Beyond distrust [J]. Trust in Organizations, 1996: 246-260.

[269] Lewicki R. J., Brinsfield C. Trust repair [J]. Annual Review of Organizational Psychology and Organizational Behavior, 2017, 4 (1): 287-313.

[270] Kramer R. M. Trust and distrust in organizations: Emerging perspectives, enduring questions [J]. Annual Review of Psychology, 1999, 50 (1): 569-598.

[271] Gordon R. J. Does the "new economy" measure up to the great inventions of the past? [J]. Journal of Economics Perspective, 2000, 14 (4): 49-74.

[272] Sainz F. Apple and Google partner on COVID-19 contact tracing technology [R]. Apple, 2020.

[273] Savall H., Zardet V. Mastering hidden costs and socio-economic performance [M]. Charlotte: Information Age Publishing, 2008: 7-67.

[274] Schaefer K. E., Chen J. Y. C., Szalma J. L., et al. A Meta-analysis of factors influencing the development of trust in automation: Implications for understanding autonomy in future systems [J]. Human Factors, 2016, 58 (3): 377-400.

[275] Scherer M. U. Regulating artificial intelligence systems: Risks, challenges, competencies, and strategies [J]. Harvard Journal of Law & Technology, 2015 (29).

[276] Shilo S., Rossman H., Segal E. Axes of a revolution: Challenges and promises of big data in healthcare [J]. Nature Medicine, 2020, 26 (1): 29-38.

[277] Sinclair N. How KPMG is using Formula 1 to transform audit [N]. CA Today, 2015-10-27.

[278] Solum L. B. Legal personhood for artificial intelligences [M]. Social Science Electronic Publishing, 2008.

[279] Statista. Year-on-year change of revenue passenger kilometers (RPKs) in the aviation industry in 2020, by region [J]. Statista, 2020.

[280] Strauss, A., J. Corbin. Basics of qualitative research-technologys and procedures for developing grounded theory (2nd edition) [M]. London: Sage Publications, 1998.

[281] Sutton S. G., Holt M., Arnold V. The reports of my death are greatly exaggerated'—Artificial intelligence research in accounting [J]. International Journal of Accounting Information Systems, 2016 (22): 60-73.

[282] Robinson S. L. Trust and breach of the psychological contract [J]. Administrative Science Quarterly, 1996: 574-599.

[283] Nagaraj S. AI enabled marketing: What is it all about? [J]. International Journal of Research, 2019, 8 (6): 501-518.

[284] Vάzquez Ó. Muñoz-García, I. Campanella, M. Poch, B. Fisas, N. Bel, G. Andreu. A classification of user-generated content into consumer decision journey stages [J]. Neural Networks, 2014 (58): 68-81.

[285] You S., P. L. Robert Jr. Human-robot similarity and willingness to work with a robotic co-worker [Z]. In Proceedings of the 2018 ACM/IEEE International Conference on Human-Robot Interaction, 2018: 251-260.

[286] You S., Robert L. Emotional attachment, performance, and viability in teams collaborating with embodied physical action (EPA) robots [J]. Journal of the Association for Information Systems, 2017, 19 (5): 377-407.

[287] Tavish T., Abigail Z., Keyi Z., Yixun Z. Robotic process automation for auditing [J]. Journal of Emerging Technologies in Accounting, 2018, 15 (1): 1-10.

[288] Teo T. S. H., C. Ranganathan, J. Dhaliwal. Key Dimensions of Inhibitors for the Deployment of Web-Based Business-to-Business Electronic Commerce [J]. IEEE Transactions on Engineering Management, 2006, 53 (3): 395-411.

[289] The National Artificial Intelligence Research and Development Strategic Plan [EB/OL]. [2016-11-17] . https://www.nitrd.gov/news/national_ai_rd_strategic_plan.aspx.

[290] The White House. The National Artificial Intelligence Research and Development Strategic plan [EB/OL]. https://www.whitehouse.gov/sites/default/files/whitehouse files/mi-cr osites/ostp/NSTC/national ai rd strategic plan.pdf: USA.gov, 2016.

[291] Tian H., Liu Y., Li Y., Wu C. H., Chen B., Kraemer M. U., Wang B., et al. An investigation of transmission control measures during the first 50 days of the COVID-19 epidemic in China [J]. Science, 2020, 368 (6491): 638-642.

[292] Tim Wu. Machine speech [J]. University of Pennsylvania Law Review, 2013, 161 (6): 1525-1531.

[293] Tornatzky L. G., Fleischer M., Chakrabarti A. K. Processes of technological innovation [M]. Lexington Books, 1990.

[294] Davenport T., Guha A., Grewal D., Bressgott T. How artificial intelligence will change the future of marketing [J]. Journal of the Academy of Marketing Science, 2019: 1-19.

[295] Murakami T. The Impact of ICT on economic growth and productivity [M]. Nomura Research Institute Ltd., 1997.

[296] Rao T. V. N., Jyothsna V., Laxmi S. J. An emerging role of chatbot in businesses as a novel interactive tool [J]. International Journal on Recent and Innovation Trends in Computing and Communication, 2019, 7 (2): 36-39.

[297] UN Department of Global Communications. Protecting human rights amid COVID-19 crisis [R]. 2020.

[298] Vaishya R., Javaid M., Khan I. H., Haleem A. Artificial intelligence (AI) applications for COVID-19 pandemic [J]. Diabetes & Metabolic Syndrome, 2020, 14 (4): 337-339.

[299] Van Leeuwen Marina T., Blyth Fiona M., March Lyn M., Nicholas Michael K., Cousins Michael J. Chronic pain and reduced work effectiveness: The hidden cost to Australian employers [J]. European Journal of Pain, 2006.

[300] Vasarhelyi M. Discussion of automated dynamic audit program tailoring: An expert system approach [J]. A Journal of Practice & Theory, 1993, 12 (2): 190-193.

[301] Vasarhelyi M. , A. Rozario, Andrea M. How robotic process automation is transformin accountin and auditin [J]. The CPA Journal, 2018.

[302] Devang V. , Chintan S. T. Gunjan and R. Krupa. Applications of artificial intelligence in marketing [C]. Annals of the University Dunarea de Jos of Galati: Fascicle: XVII, Medicine, 2019, 25 (1): 1-10.

[303] Wang W. , Siau K. Living with artificial intelligence-developing a theory on trust in health chatbots [C]. Proceedings of the Sixteenth Annual Pre-ICIS Workshop on HCI Research in MIS. San Francisco, CA, 2018.

[304] Waytz A. , Heafner J. , Epley N. The mind in the machine: Anthropomorphism increases trust in an autonomous vehicle [J]. Journal of Experimental Social Psychology, 2014, 52 (113): 7.

[305] Welch O. J. , Reeves T. E. , Welch S. T. Using a genetic algorithm-based classifier system for modeling auditor decision behavior in a fraud setting [J]. International Journal of Intelligent Systems in Accounting Finance and Management, 1998 (7): 173-186.

[306] Wen Yong Pang, Jian Jie Qing, Qiu Lin Liu, Guang Zai Nong. Developing an Artificial Intelligence (AI) system to patch plywood defects in manufacture [J]. Procedia Computer Science, 2020.

[307] West C. P. , Montori V. M. , Sampathkumar P. COVID-19 testing: The threat of false-negative results [C]. Elsevier, 2020.

[308] WHO. Commitment and call to action: Global collaboration to accelerate new COVID-19 health technologies [R]. 2020.

[309] WHO. WHO Director-General's opening remarks at the media briefing on COVID-19-11 [R]. 2020.

[310] Willcocks L. , Lacity M. Robotic process automation: Strategic transformation lever for global business services? [J]. Journal of Information Technology Teaching Cases, 2016: 1-12.

[311] World Health Organization. Coronavirus disease (COVID-19) outbreak situation, 2020.

[312] World Health Organization. COVID-19 virus press conference, 2020.

[313] Bottom W. P. , Gibson K. , Daniels S. E. , Murnighan J. K. When talk is not cheap: Substantive penance and expressions of intent in rebuilding cooperation [J]. Organization Science, 2002, 13 (5): 497-513.

[314] Bottom W. P., Ladha K., Miller G. J. Propagation of individual bias through group judgment: Error in the treatment of asymmetrically informative signals [J]. Journal of Risk and Uncertainty, 2002, 25 (2): 147-163.

[315] Xu A., Liu Z., Guo Y., Sinha V., Akkiraju R. A new chatbot for customer service on social media [Z]. In Proceedings of the 2017 CHI conference on human factors in computing systems, 2017: 3506-3510.

[316] Li X., Hess T. J., Valacich J. S. Why do we trust new technology? A study of initial trust formation with organizational information systems [J]. The Journal of Strategic Information Systems, 2008, 17 (1): 39-71.

[317] Luo X., Tong S., Fang Z., Qu Z. Frontiers: Machines vs. Humans: The impact of artificial intelligence chatbot disclosure on customer purchases [J]. Marketing Science, 2019, 38 (6): 937-947.

[318] Yu-hui L. An empirical investigation on the determinants of e-procurement adoption in Chinese manufacturing enterprises [R]. IEEE, 2008.

[319] Yuvaraja D. A study of robotic process automation use cases today for tomorrow's business [J]. International Journal of Computer Technologys, 2018, 55 (6): 12-18.

[320] Levy Y., Ellis T. J. A systems approach to conduct an effective literature review in support of information systems research [J]. Informing Science, 2006 (9): 1-32.

[321] Yu Y., Yang Y., Jing F. The role of the third party in trust repair process [J]. Journal of Business Research, 2017 (78): 233-241.

[322] Zainol Z., Fernandez D., Ahmad H. Public sector accountants' opinion on impact of a new enterprise [J]. Procedia Computer Science, 2017 (124): 247-254.

[323] Zhang Z., Liu S., Xiang M., Li S., Zhao D., Huang C., Chen S. Protecting healthcare personnel from 2019-nCoV infection risks: Lessons and suggestions [J]. Frontiers of Medicine, 2020: 1-3.

[324] Ågerfalk P. J. Artificial intelligence as digital agency [J]. European Journal of Information Systems, 2020, 29 (1): 1-8.

[325] Ågerfalk P. J., Conboy K., Myers M. D. Information systems in the age of pandemics: COVID-19 and beyond [J]. European Journal of Information Systems, 2020: 1-5.